民族文字出版专项资金资助项目
新型职业农牧民培育工程教材

生猪养殖技术

གསོན་ཕག་གསོ་སྐྱོང་ལག་རྩལ།

农牧区惠民种植养殖实用技术丛书（汉藏对照）

《生猪养殖技术》编委会　编

青海人民出版社

图书在版编目(CIP)数据

生猪养殖技术 ：汉藏对照 /《生猪养殖技术》编委会编；索南扎西，扎西才让译. -- 西宁 ：青海人民出版社，2016.12(2020.11 重印)
(农牧区惠民种植养殖实用技术丛书)
ISBN 978-7-225-05271-7

Ⅰ. ①生… Ⅱ. ①生… ②索… ③扎… Ⅲ. ①养猪学—汉、藏 Ⅳ. ①S828

中国版本图书馆 CIP 数据核字（2016）第 322476 号

农牧区惠民种植养殖实用技术丛书
生猪养殖技术(汉藏对照)
《生猪养殖技术》编委会 编
索南扎西 扎西才让 译

出 版 人 樊原成
出版发行 青海人民出版社有限责任公司
西宁市五四西路 71 号 邮政编码:810023 电话:(0971)6143426(总编室)
发行热线 (0971)6143516/6137730
网 址 http://www.qhrmcbs.com
印 刷 西宁东宝印务有限责任公司
经 销 新华书店
开 本 890mm×1240mm 1/32
印 张 7.25
字 数 196 千
版 次 2016 年 12 月第 1 版 2020 年 11 月第 3 次印刷
书 号 ISBN 978-7-225-05271-7
定 价 20.00 元

《生猪养殖技术》编委会

主　　任：张黄元

主　　编：焦小鹿

副 主 编：马清德　宁金友

编写人员：范　涛　郭继军　艾德强　韩学平

德乾恒美　付弘赟　袁桂英

审　　稿：杨毅青　周继平　邓生栋

策　　划：熊进宁　毛建梅　马　倩

翻　　译：索南扎西　扎西才让

《གསོན་ཕག་གསོ་སྐྱིལ་ལག་རྩལ》

རྩོམ་སྒྲིག་ཨུ་ཡོན་ལྷན་ཁང་།

ཀྲུའུ་རིན། ཀྲང་རྡོང་ཡོན།

གཙོ་སྒྲིག་པ། ཙའོ་ཞའོ་ལུའུ།

གཙོ་སྒྲིག་གཞོན་པ། སྣ་ཚེན་ཏེག ཉིང་ཅིན་ཡིའུ།

རྩོམ་སྒྲིག་མི་སྣ། རྡན་ཐའོ། ཀའོ་ཅི་ཙུན། ཨའེ་ཏེག་ཚེང་། ཧན་ཞུའེ་ཕུན།
བདེ་ཆེན་དཔག་མེད། རྒྱ་རྡོང་ཡུན། ཡོན་ཀུའེ་ཡིང་།

ཞུ་དག་མི་སྣ། དབྱང་ཡེ་ཆེན། ཀྲོའུ་ཅི་ཕུན། ཏིན་ཧྲིན་ཧྥུང་།

རྩིས་འགོད། ཞུང་ཅིན་ཉིང་། མའོ་ཅིན་མེ། སྣ་ཚན།

ཡིག་སྒྱུར་པ། བསོད་ནམས་བཀྲ་ཤིས། བཀྲ་ཤིས་ཚེ་རིང་།

前　　言

养猪业是青海省农区畜牧业的重要组成部分，是农业增效、农民增收的主导产业。2014 年，全省生猪存栏 117.9 万头，年出栏 16.5 万头，猪肉产量 11.8 万吨。近年来，通过加强标准化、规模化养殖场建设，生猪生产持续稳定发展，规模养殖水平不断提高。目前，青海省生猪规模化养殖比重达到 49%，规模养殖已成为全省养猪业发展的主要方向。为了提高养猪生产整体水平，推动规模化、标准化发展，加快农民增收致富奔小康的步伐，根据全省养猪业生产实际，青海省农牧厅组织编写了《生猪养殖技术》一书，既可满足当前全省生猪生产迅速发展的需要，又可为广大农牧民和规模养殖场提供培训教材。

本书包括猪的品种、猪的饲料、猪的育肥技术、养猪新技术、猪病防治、规模猪场建设等内容，根据培训对象的特点，在保证传授基本理论知识的同时，突出了技能培训。该书可供基层专业技术人员、养殖场、规模养殖户和养殖户学习应用，又可作为畜牧科技培训和职业技能鉴定的适用教材。

本书在编写过程中，曾得到青海畜牧兽医科学院周继平研究员的大力支持，审阅书稿并提出宝贵的修改意见，在此表示感谢。

由于编写经验和时间仓促，知识面有限，书中可能有不尽完善和错误之处，恳请广大读者批评指正。

编　者

2015 年 7 月

སྔོན་གཞི།

ཕག་གསོ་ལས་རིགས་ནི་མཚོ་སྔོན་ཞིང་ཆེན་ཞིང་ལས་ས་ཁུལ་གྱི་ལས་རིགས་གལ་ཆེན་གྲས་ཀྱི་གཅིག་དང་། ཞིང་ལས་ལེགས་འཕེལ་དང་ཞིང་པ་མང་ཚོགས་ཀྱི་ཡོང་སྒོ་སྤེལ་བའི་ཐོན་ལས་གཙོ་བོའང་ཡིན། 2014ལོར། ཞིང་ཆེན་ཡོངས་ཀྱི་ལག་ཡོད་ཕག་གྲངས་ཁྲི 117.9དང་། ལོ་རེའི་བཤས་ཁོངས་སུ་གཏོང་གྲངས་ཁྲི 16.5 ཕག་ཤའི་ཐོན་འབོར་ཏུན་ཁྲི 11.8ཡིན། ཉེ་བའི་ལོ་འགའི་རིང་ལ། ཚད་ལྡན་ཅན་དང་གཞི་ཁྱོན་ཅན་གྱི་གསོ་སྐྱེལ་ར་བ་འཛུགས་སྐྲུན་བྱེད་པར་ཤུགས་སྣོན་བྱས་པ་ནས་བཟུང་། ཕག་གསོ་བའི་ལས་རིགས་རྒྱུན་ཆད་མེད་པར་འཕེལ་རྒྱས་སུ་འགྲོ་བཞིན་ཡོད་ལ། གཞི་ཁྱོན་ཅན་གྱི་གསོ་སྐྱེལ་ཆུ་ཚད་འཕེལ་རྒྱས་ཆེན་པོ་སོང་ཡོད། མིག་སྔར། མཚོ་སྔོན་ཞིང་ཆེན་གྱི་གཞི་ཁྱོན་ཅན་གྱི་གསོ་སྐྱེལ་ར་བའི་བསྡུར་གཞི་ཟིན་གྲངས 49%ཡིན་པ་དང་། གཞི་ཁྱོན་ཅན་གྱི་གསོ་སྐྱེལ་ར་བ་འཛུགས་སྐྲུན་བྱེད་རྒྱུ་ནི་ཞིང་ཆེན་ཡོངས་ཀྱི་གསོ་ཕག་ལས་རིགས་གོང་དུ་སྤེལ་བའི་ཁ་ཕྱོགས་གཙོ་བོ་ཡིན། ཕག་གསོ་ཐོན་སྐྱེད་ཀྱི་སྤྱིའི་ཆུ་ཚད་ཇེ་མཐོར་བཏང་ནས། གཞི་ཁྱོན་ཅན་དང་ཚད་ལྡན་ཅན་གྱི་ཕྱོགས་ལ་སྐྱུལ་བ་དང་། ཞིང་པ་མང་ཚོགས་ཀྱི་ཡོང་སྒོ་འཕེལ་ཏེ་འབྱོར་འབྲིང་སྤྱི་ཚོགས་ཀྱི་གོམ་སྟབས་ཇེ་མགྱོགས་སུ་གཏོང་ཆེད། མཚོ་སྔོན་ཞིང་ཆེན་ཕྱུགས་ལས་ཐིན་གྱིས་ཞིང་ཆེན་ཡོངས་ཀྱི་ཕག་གསོ་ལས་རིགས་ཀྱི་ཐོན་སྐྱེད་དངོས་ལ་དམིགས་ཏེ། 《གསོན་ཕག་གསོ་སྐྱེལ་ལག་རྩལ》ཞེས་པའི་དེབ་ཆུང་འདི་རྩོམ་སྒྲིག་བྱས་པ་འདིས། མིག་

ཕྱར་ཞིང་ཆེན་ཡོངས་ཀྱི་ཕག་གསོ་ལས་རིགས་འཕེལ་རྒྱས་སུ་འགྲོ་བཞིན་པའི་དགོས་མཁོ་དང་མཐུན་པར་མ་ཟད། རྒྱ་ཆེའི་ཞིང་འབྲོག་མང་ཚོགས་ཀྱིས་གཞི་ཁྱོན་ཅན་གྱི་གསོ་སྐྱེལ་ར་བ་གསར་སྐྲུན་བྱེད་པར་གསོ་སྐྱོང་རང་བཞིན་གྱི་བསླབ་དེབ་ཅིག་ཀྱང་འདོན་སྤྲོད་བྱས་ཡོད།

དེབ་འདིའི་ནང་དུ་ཕག་གི་རིགས་རྒྱུད་དང་ཕག་གི་གཟན་ཆག ཕག་གསོ་སྐྱེལ་བྱེད་པའི་ལག་རྩལ། ཕག་གསོ་ཐབས་གསར་བ། ཕག་ནད་སྔོན་འགོག་དང་སྨན་བཅོས། གཞི་ཁྱོན་ཆེ་བའི་ཕག་ར་འཛུགས་སྐྲུན་བྱེད་ཐབས་སོགས་འདུས་ལ། གསོ་སྐྱོང་བྱེད་ཡུལ་གྱི་དགོས་མཁོ་ལྟར། རྨང་གཞི་རང་བཞིན་གྱི་གཞུང་ལུགས་ཤེས་བྱ་བརྒྱུད་ཁྲིད་བྱས་པའི་རྨང་གཞིའི་སྟེང་དུ་ལག་རྩལ་གྱི་གསོ་སྐྱོང་ཡང་མངོན་པར་གསལ་ཡོད། དེབ་འདི་གཞི་རིམ་གྱི་ཆེད་ལས་ལག་རྩལ་མི་སྣ་དང་གསོ་སྐྱེལ་ར་བ། གསོ་སྐྱེལ་ཁྱིམ་ཚང་སོགས་ཀྱིས་སློབ་སྦྱོང་བྱས་ཆོག་པར་མ་ཟད། གསོ་སྐྱོང་དང་ཆེད་ལས་ནུས་རྩལ་གསལ་འབྱེད་བྱེད་པར་སློབ་དེབ་བྱས་ཀྱང་འཚམ་པ་ཡིན།

དེབ་འདི་རྩོམ་སྒྲིག་བྱེད་པའི་གོ་རིམ་ཁྲོད་དུ། མཚོ་སྔོན་ཕྱུགས་ལས་སྨན་བཅོས་ཚན་རིག་གླིང་གི་ཞིབ་འཇུག་མི་སྣ་ཀྲོའུ་ཅི་ཕུན་གྱིས་རྒྱབ་སྐྱོར་དང་། མ་ཡིག་ལ་ཞུ་དག་བྱེད་དུས་རིན་ཐང་བྲལ་བའི་བསམ་འཆར་མང་པོ་བཏོན་པར་བཀའ་དྲིན་ཆེ་ཞུ་བ་ཡིན།

རྩོམ་སྒྲིག་གི་ཉམས་མྱོང་མེད་པ་དང་རྩོམ་སྒྲིག་དུས་ཡུན་ཐུང་བ། ཤེས་བྱའི་ཡོན་ཚད་ཞན་པ་བཅས་ཀྱི་དབང་གིས་བསླབ་དེབ་འདི་ལས་སྐྱོན་ཆ་འབྱུང་སྲིད་པས། རྒྱ་ཆེའི་ཀློག་པ་པོ་རྣམས་ཀྱིས་དག་བཅོས་མཛུབ་སྟོན་གནང་བར་ཞུ།

སྒྲིག་མཁན་གྱིས།

2015ལོའི་ཟླ་7པར།

目　　录

དཀར་ཆག

第一章　猪的品种

第一节　地方猪品种

一、品种简介

（一）八眉猪

图1－1　八眉猪

八眉猪分布于陕西、青海、甘肃和宁夏等省（区）。青海省主要分布在东部农区的互助、湟中、大通、民和、乐都、平安、湟源、贵德等县。八眉猪按其体格大小、外貌特征和生产特点，可分为大型猪、中型猪、小型猪三种类型。青海省现存的八眉猪主要属中型猪，体长125厘米，成年公猪体重104.27千克，成年母猪体重87.44千克。全身被毛黑色，鬃毛粗、硬，眉毛呈倒“八”字，耳大下垂，背腰狭长而平直。腹大下垂，四肢粗壮，尾较细。繁殖能力强，母猪受胎率高，在较好的饲养条件下，经产母猪窝产仔数12.65头左右（图1－1）。目前，青海省在大力推广以八眉猪为母本的三元杂交生产模式。

（二）香猪

香猪产于贵州省与广西壮族自治区交界处的丛江县、三都县、环江县和巴马瑶族自治县等地，根据其体型大小分为两个类型，一类具体型较大，身躯较长，四肢细短，头大、嘴稍粗，耳较大下垂等特点；另一类型则体型小，身躯短，背腰宽，腹大，头小，嘴细，耳较小稍竖起，四肢纤细，在数量上居多，占70%左右。香猪体型小、发育慢，6月龄体高40厘米，体长60~75厘米，体重20~30千克，平均日增重仅120~150克。性成熟早，一般3~4月龄性成熟。产仔数较少，一般为5~6头。(图1-2)

图1-2　香猪

（三）藏猪

藏猪主产于青藏高原，包括云南省迪庆藏猪、四川省阿坝及甘孜藏猪、甘肃省合作猪以及分布于西藏自治区山南、林芝、昌都等地的藏猪类群，是世界上少有的高原型猪种。藏猪被毛多为黑色，鬃毛长而密，被毛下密生绒毛。体小，嘴筒长直、呈锥形，额面窄、额部皱纹少。胸较窄，体躯较短，背腰平直或微弓，后躯略高于前躯，臀倾斜，四肢结实紧凑、直立，蹄质坚实，乳头多为5对（图1-3）。在终年放牧饲养条件下，12月龄体重20~25千克，24月龄时35~40千克。虽然繁殖力低，生长发育极其缓慢，但它能适应恶劣的高寒气候、终年放牧和低劣的

图1-3　藏猪

饲养管理条件。迪庆藏猪成年公猪平均体重 42.2 千克，成年母猪 54.34 千克，在放牧条件下母猪一般年产仔 1 窝。

二、地方猪种的种质特性

（一）性成熟早，繁殖力强

地方猪种性成熟早，普遍具有较高的繁殖性能，主要表现在母猪的初情期和性成熟早，母猪 3～4 月龄就可发情，4～5 月龄即可初配。产仔数多、乳头数多、泌乳力强、母性好、发情明显、利用年限长；公猪的睾丸发育较快，初情期、性成熟期和配种日龄均较早。

（二）耐粗饲，抗逆性强

地方猪种具有较强的抗逆性，一是长期生活在北方地区的地方猪种具有较强的抗寒能力；二是大都能耐青粗饲料，能利用大量青粗饲料；三是能在较低的能量水平和蛋白水平情况下获得相应的增重，其生长状况要比在同样低营养条件下的国外猪种及培育猪种好得多；四是藏猪、内江猪、八眉猪、乌金猪等中国地方猪种具有很强的高海拔适应性。

（三）肉质优良，产品独特

地方猪种素以肉质鲜美著称于世，在肉色、pH 值、系水力、大理石纹、肌纤维直径、熟肉率和肌肉脂肪含量等诸多肉质性能指标方面都优于国外引进猪种或培育猪种。地方猪种的产品独特，如云南乌金猪生产的“云腿”和浙江金华猪生产的“金华火腿”等最为著名。

（四）生长缓慢，早熟易肥，胴体瘦肉率低

地方猪种普遍生长速度较慢，如八眉猪育肥期日增重 300 克左右，民猪日增重为 418 克。由于采用阶段育肥法，在育肥前期往往营养水平较低，到育肥后期则营养水平不断提高，腹腔内脂

肪沉积能力极强，形成了地方猪种易肥、胴体瘦肉率低的特性。

第二节　引进猪种

一、国外引进猪品种

（一）大白猪（大约克夏猪）

图1－4　大白猪

原产于英国北部的约克郡及其临近地区，在全世界猪种中占有重要的地位，在欧洲被誉为“全能品种”。大白猪体躯大，体型匀称，被毛全白，耳大直立，背腰多微弓，腹部充实而紧，四肢较高（图1－4）。引入我国后，体型无明显变化，在饲养水平较低的地区体型变小或腹围增大。相对其他国外引进猪种，大白猪的繁殖性能较高，经产母猪平均产仔12.15头，产活仔数10头。母猪泌乳性较强，哺育率较高，母猪初情期在5月龄左右。大白猪具有增重快、饲料转化率高的优点，20～100千克育肥期平均日增重850克以上，胴体瘦肉率62%以上。大白猪广泛分布于全国各地，在国内的二元杂交中，常用大白猪作父本，地方猪种作母本开展杂交生产。

（二）长白猪（兰德瑞斯猪）

长白猪原产于丹麦，原名兰德瑞斯。长白猪外貌清秀，体躯呈流线型。被毛纯白，头狭长，颜面直，耳大前倾，颈、肩部轻盈，背腰特长，腹部直而不松弛，体躯丰满，后腿肌肉发达，皮薄，骨细结实，乳头6～7对。长白猪的繁殖性能较好，初产母猪平均产仔数为10.8头，经产母猪平均产仔数为11.33头（图1－5）。性成熟期和初配日龄因我国南北气候差异而有所不同，在严寒的气候条件下，性成熟期多在6月龄左右，10月龄体重130～140千克开始配种。育肥猪在良好条件下，日增重可达800克以上，胴体瘦肉率60%～63%。长白猪在国外三元杂交中常作为第一父本或母本，在较好的饲养条件下，杂种猪生长速度快，且体长和瘦肉率的杂交改良效果明显。

图1－5　长白猪

（三）杜洛克猪

杜洛克猪原产于美国东北部，体型大，被毛红色。耳中等大，耳尖下垂，颜面微凹，体躯深广，肌肉丰满，四肢粗壮。杜洛克猪平均窝产仔数9～10头。母性好，仔猪生命力强，断奶存活率较高。饲养期间，增重速度快，饲料利用率高，胴体瘦肉较多。相对其他国外引入猪，杜洛克猪体质更为强健，肌肉结实，尤其是腿肌和腰肉丰满。比较耐粗饲，对饲料选择不严格，对各种环境的适应性较好。20～90千克育肥期平均日增重850克以上，胴体瘦肉率62%～63%。杜洛克猪作为终端父本能较大幅度地提高育肥猪胴体瘦肉率，且肉质良好（图1－6）。在国内二元杂交父本中，杜洛克猪占51%，在三元杂交终端父本中，杜洛克猪占58%。

图1－6　杜洛克猪

二、国外引进猪种特点

（一）生长速度快

在我国标准饲养条件下，20～90千克育肥期平均日增重650～750克，高的可达800克以上，料肉比2.5～3.0∶1。国外核心群生长速度更快，育肥期平均日增重可达900～1 000克，料肉比低于2.5∶1。

（二）屠宰率和胴体瘦肉率高

生猪体重90千克时的屠宰率可达70%～72%，背膘薄，一般小于2厘米；眼肌面积大，胴体瘦肉率高；在合理的饲养条件下，90千克体重屠宰时的胴体瘦肉率为60%以上，优质的达65%以上。

（三）繁殖性能较差

母猪通常发情不太明显，配种较难，产仔数较少。长白猪和大白猪经产仔数为11～12.5头，杜洛克猪、皮特兰猪和汉普夏猪一般不足10头。

（四）肉质欠佳

肌纤维较粗，肌内脂肪含量较少，口感、嫩度、风味不及我国地方猪种。

（五）抗逆性较差

对饲养管理条件的要求较高，在较低的饲养水平下，生长发育缓慢，有时生长速度还不及中国地方猪种。

第二章　猪的饲料

第一节　猪的常用饲料

一、粗饲料

在猪的传统饲养模式中，除每天需要大量的精饲料外，粗饲料特别是农作物及粮食加工副产品在猪的饲料中占据相当一部分。

（一）粗饲料营养特性

粗饲料主要是指干的饲草和秸秕等农副产品，属饲料分类系统中第一大类。这类饲料体积大、难消化、可利用养分少，绝干物质中粗纤维含量在18%以上，它的来源广、种类多、产量大、价格低，是农村养猪生产中主要应用的农副产品类。

粗饲料中以青干草的营养价值最高，如上等苜蓿干草的干物质中含有18%以上的粗蛋白，每千克干物质中含有的能量相当于0.3～0.4千克粮食。农作物秸秆和枯草是粗饲料中营养价值最低的饲草，一般体积大、粗硬、适口性差，含粗纤维25%～40%，含粗蛋白质不到5%，几乎不含胡萝卜素，不适合喂猪。在农作物秸秆中，玉米秸、谷草、麦秸、豆秸、稻草、稻壳等，又是粗饲料中营养价值最低的一类饲料，因而更不适合喂猪。

（二）常用的粗饲料

主要包括干草、谷类作物的秸秕、农副产品类、树叶类、糟渣类等。

二、青绿饲料

青绿饲料包括天然野草、人工栽培牧草、青刈作物和可利用的新鲜树叶等，这类饲料分布很广、养分比较完全，而且适口性好，消化利用率较高。因此，有条件时可以利用青绿饲料喂猪，用来降低生产成本，尤其在农村个体养殖中可以推广。

（一）青绿饲料营养特性

青绿饲料含水量高，热能值较低，含有酶、激素、有机酸等，有利于猪的生长及母猪的发情、配种与繁殖。由于青绿饲料具有多汁性与柔嫩性，猪的适口性强，猪对青绿饲料中有机物质的消化率在85%以上。青绿饲料中蛋白质含量丰富，一般禾本科牧草和蔬菜类饲料的粗蛋白质含量在1.5%～3.0%之间，豆科青饲料在3.2%～4.4%之间。青绿饲料中粗纤维含量较少，木质素低，无氮浸出物较高。青绿饲料中矿物质约占鲜重的1.5%～2.5%，是矿物质的良好来源，其中钙磷比例适宜，猪的生物利用率高。维生素含量丰富，特别是胡萝卜素含量较高，每千克饲料中含50～80毫克，维生素B族、维生素E、维生素C、维生素K含量较多，且缺乏维生素D。

（二）常用的青绿饲料

主要包括牧草及杂草、栽培青饲料、叶菜、水生青饲料及其他。

三、青贮饲料

青贮饲料是用新鲜的植物性饲料，在厌氧条件下，使乳酸菌大量繁殖产生乳酸，从而抑制其他腐败菌的生长，可较好地保存青饲料的营养特性，是一种口味酸甜、柔软多汁、营养丰富的饲料。青贮饲料的营养价值取决于青贮原料的质量和制作技术的高低。这类饲料包括添加有适量糠麸或其他添加物的青贮饲料及水分含量在45%或45%以上的半干青贮饲料。

（一）青贮饲料的特点

青贮饲料可以有效保持青绿多汁饲料的营养特性，且消化性强、适口性好。青贮多汁饲料具有酸香味，柔软多汁，适应后猪喜食。青贮可以扩大饲料资源，猪不喜欢采食或不能采食的青绿植物经过青贮发酵，可以变为猪喜食的饲料，这样不但可以改变口味，而且可软化秸秆，增加可食部分的数量。青贮饲料可以经济而安全地长期保存，它比贮藏干草需用的空间小，一般每立方米干草重量仅70千克左右，约含干物质60千克，而每立方米青贮料重量为450~700千克，其中含干物质为150千克。

（二）青贮饲料的饲用

取用青贮饲料要由上层开始取，不能掏坑。每日一次取层厚度应在10厘米以上，取层过薄会造成猪只吃裸露的非新鲜青贮饲料。要及时将周边的霉腐变质的青贮料清除掉。每次取料后应将塑料膜覆盖好，减少污染。

（三）常用青贮饲料原料

许多青绿饲料都可制作青贮，其中以含糖量较多的青饲料效果最好。禾本科牧草、青贮作物如青玉米、苏丹草、块根、甘薯藤等都是青贮的好原料。

四、能量饲料

常用能量饲料主要有谷实类及糠麸类饲料。这类饲料富含淀粉、糖类和纤维素，是猪饲料的主要组成部分，通常用量占日粮的60%左右。能量饲料在营养上的基本特点是淀粉含量丰富，粗纤维含量少（一般在5%左右），易消化，能值高。蛋白质含量在10%左右，但赖氨酸和蛋氨酸较少，矿物质中磷多钙缺，维生素中缺乏胡萝卜素。

（一）谷实类饲料

1. 谷实类饲料营养特性：谷实类饲料大多是禾本科植物的成熟种子，淀粉含量高，粗纤维含量低，可利用能量高。缺点是蛋白质含量低，氨基酸组成上缺乏赖氨酸和蛋氨酸，缺钙及维生素A、维生素D，磷含量较多，但利用率低。

2. 常用谷实类饲料：有玉米、高粱、小麦、大麦、燕麦、荞麦等。

（二）糠麸类饲料

1. 糠麸类饲料的营养特性：糠麸类饲料包括碾米、制粉加工的主要副产品。同原粮相比，除无氮浸出物含量较少外，其他各种养分含量都较高。因粗纤维含量较高，故消化率低于原粮，且糠麸吸水性强，易发霉变质，不易贮存。

2. 常见糠麸类饲料：如糠、麦麸。

（三）块根、块茎及瓜果类饲料

1. 营养特性：根茎、瓜类最大的特点是水分含量很高，达75%~90%，相对的干物质含量很少，单位重量鲜饲料中所含的营养成分低。

2. 常用块根、块茎类饲料：包括胡萝卜、甘薯、木薯、饲用甜菜、芜菁甘蓝、马铃薯、菊芋块茎、南瓜等。

（四）液体能量饲料及其他

包括动物脂肪、植物油和油脚（榨油的副产物）、糖蜜和乳清等。

五、蛋白质饲料

蛋白质饲料包括植物性蛋白质饲料、动物性蛋白质饲料、单细胞蛋白质饲料以及酿造工业副产物等。

（一）植物性蛋白质饲料

此类饲料包括饼粕在内及一些粮食加工副产品等。饼粕类饲料是油料籽实榨油后的产品。其中榨油后的产品通称“饼”，用溶剂提油后的产品通称“粕”，这类饲料包括大豆饼和豆粕、棉籽饼、菜籽饼、花生饼、芝麻饼、向日葵饼、胡麻饼和其他饼粕等。其中豆饼是猪良好的蛋白质饲料。棉籽饼及花生饼来源丰富，价格低廉，是猪蛋白质饲料的重要来源。各类油料籽实的共同特点是油脂与蛋白质含量较高，而无氮浸出物比一般谷物类低。

（二）动物性蛋白质饲料

此类饲料包括鱼粉、肉骨粉、血粉、羽毛粉、蚕蛹粉等。

（三）微生物蛋白质饲料

此类饲料主要指饲料酵母等。它是利用工业废水废渣等为原料，接种酵母菌，经发酵干燥而成的单细胞蛋白质饲料。

六、矿物质饲料

矿物质饲料是补充动物矿物质需要的饲料。它包括人工合成的、天然单一的和多种混合的矿物质饲料，以及配合在载体中的恒量、微量、常量元素补充料。在各种植物性和动物性饲料中都含有一定动物所必需的矿物质，但往往不能满足动物生命活动的需要量。因此，应补充所需的矿物质饲料。

（一）常量矿物质

包括含氯、钠饲料，多为工业盐，含氯化钠95%以上；含钙饲料包括石灰石粉（为天然的碳酸钙）、石膏、蛋壳和贝壳粉等；含磷饲料常用磷酸盐，如磷酸的钙盐和钠盐等。

（二）微量矿物质

多为化工生产的各种微量元素的无机盐类和氧化物，近年来微量元素的有机酸盐和螯合物以其生物效价高和抗营养干扰能力强而受到重视。常用的补充微量元素类有铁、铜、锰、锌、钴、碘、硒等，可作为添加剂补充。

（三）天然矿物质饲料资源的利用

一些天然矿物质，如麦饭石、沸石、膨润土等，它们不仅含有常量元素，更富含微量元素，并由于这些天然矿物质结构的特殊性，所含元素大都具有可交换性或溶出性，因而容易被动物吸收利用。

七、饲料添加剂

饲料添加剂是指配合饲料中加入的各种微量成分，主要包括营养性添加剂（包括氨基酸、维生素和微量元素添加剂）和非营养性添加剂（包括抗生素、抗菌药物、激素、酶制剂、调味剂、有机酸等），其作用是完善饲粮的全价性，提高饲料利用效率，促进猪的生长，防治其疾病。

第二节　饲料加工与鉴定

一、饲料加工

（一）粉碎

粉碎是通过轧碎、切割、冲击等降低饲料原料粒度的方法。猪饲料的粉碎粒度一般要求为0.5～0.8毫米，过粗会降低饲料利用率和猪生产性能，过细则降低生产率，增加能耗，使猪易患胃溃疡。

（二）混合

混合是饲料制造工艺中最关键的环节之一，其目的是生产出营养物质均匀分布的混合饲料。规模猪场常用的混合机主要有分批立式混合机和分批卧式混合机，一般生产配合饲料和预混料时要求混合均匀度的变异系数分别为≤10%和≤5%。

二、主要原料感官鉴定方法

（一）玉米

较好的玉米呈黄色且均匀一致，无杂色玉米。随机抓一把玉米在手中，嗅其有无异味，粗略估计（目测）饱满程度、杂质、霉变、虫蛀粒的比例，初步判断其质量；用指甲掐玉米胚芽部分，若很容易掐入，则水分较高，若掐不动，感觉较硬，则水分较低。也可用牙咬判断，或用手搅动（抛动）玉米，如声音清脆，则水分较低，反之水分较高。

（二）豆粕

较好的豆粕呈黄色或浅黄色，且色泽一致。较生的豆粕颜色较浅，有些偏白。豆粕过熟时，则颜色较深，近似黄褐色。

观察豆粕形状及有无霉变、发酵、结块和虫蛀等，并估计其所占比例。好的豆粕呈不规则碎片状，豆皮较少，无结块、发酵、霉变及虫蛀；有霉变的豆粕一般都有结块，并伴有发酵，掰开结块，可看到霉点和面包状粉末。

判断豆粕是否经过二次浸提，二次浸提过的豆粕颜色较深，焦糊味较浓。

观察有无杂质及杂质数量，有无掺假（豆粕主要防掺豆壳、秸秆、麸皮、锯木粉、沙子等物）。

（三）菜粕

先观察菜粕的颜色及形状，判断其生产工艺类型，浸提的菜粕呈黄色或浅褐色粉末或碎片状，而压榨的菜粕颜色较深，有焦糊物，多为碎片或块状，杂质也较多，掰开块状物可见分层现象。压榨的菜粕因其品质较差，一般不被选用。

再观察菜粕有无霉变、掺杂、结块现象，并估计其所占比例（菜粕中还有可能掺入沙子、桉树叶、菜籽壳等物）。

（四）麸皮

麸皮一般呈土黄色，细碎屑状，新鲜一致。闻麸皮气味，是否有麦香味或其他异味如异嗅、发酵味、霉味等。抓一把麸皮在手中，仔细观察是否有掺杂和虫蛀；掂一掂麸皮份量，若较坠手则可能掺有钙粉、膨润土、沸石粉等物；将手握紧，再松开，感觉麸皮水分，水分高较粘手，再用手捻一捻，看其松软程度，松软的麸皮较好。

（五）鱼粉

观看鱼粉颜色、形状。鱼粉呈黄褐色、深灰色（颜色以原料及产地为准）粉状或细短的肌肉纤维性粉状，蓬松感明显，含有少量鱼眼珠、鱼鳞碎屑、鱼刺、鱼骨或虾眼珠、蟹壳粉等，松散无结块、无自燃、无虫蛀等现象。闻鱼粉气味，有鱼粉正常气味，略带腥味、咸味，无异味或异嗅、氨味，否则表明鱼粉放置过久，已经腐败，不新鲜。抓一把鱼粉握紧，松开后，能自动疏散开来，否则说明油脂或水分含量较高。

第三节　日粮配合

一、日粮配合的原则

1. 选择饲养标准应根据生产实际情况，并按照猪可能达到的生产水平、健康状况、饲养管理水平、气候变化等适当调整。

2. 因地制宜，因时制宜，尽量利用本地区现有饲料资源。

3. 注意饲料的适口性，避免选用发霉、变质或有毒的饲料原料。

4. 注意考虑猪的消化生理特点，选用适宜的饲料原料，并力求多样搭配。

5. 配合饲料要注意经济的原则，尽量选用营养丰富、质优价廉的饲料原料。

二、饲粮配合的基本要求

（一）育肥期划分

应为不同月龄和体重阶段的猪设计相应的饲粮配方。在生产实践中，通常根据猪的生长发育规律和营养需要特点，把整个生长育肥期依体重划分为两个阶段，即前期20～60千克，后期60～90千克或以上。也可分为三个阶段，即前期20～35千克（俗称幼猪或者小克郎猪），中期35～60千克（俗称中猪或者大克郎猪），后期60～90千克或以上（俗称催肥猪）。

（二）营养分配原则

猪常用能量饲料一般是玉米和麸皮，占50%～70%，小麦等可代替部分玉米，麸皮用量占15%～25%。蛋白质饲料主要是豆粕，占15%～30%，菜籽粕、棉籽粕等可代替部分豆粕，但种猪最好不使用棉籽粕或菜籽粕，仔猪可使用部分鱼粉等动物性蛋白质饲料；氨基酸不足时可添加人工合成氨基酸如赖氨酸、蛋氨酸等。矿物质饲料中含钙饲料主要是石粉，占0.5%～2%；含钙、磷饲料主要是磷酸氢钙和骨粉，占0.5%～2.5%；食盐用量根据营养需要而定，育肥猪为0.23%～0.25%。

（三）选用饲料要求

配制生长育肥猪的饲粮，应结合本地、本场的实际情况选用饲料，同时还需注意饲料种类与胴体肉质品质的关系。饲喂大麦、小麦、豌豆、蚕豆、甘薯等时，可使猪胴体肉质紧密坚实，且风味较佳。育肥后期，当大量饲喂米糠、玉米、花生、大豆、豆饼和亚麻饼等时，其胴体肉质质地松软，风味较差；过多饲喂新鲜鱼屑、鱼粉、蚕蛹、南瓜以及霉烂玉米等，可出现松软欠坚实并有腥臭味的黄膘肉，外观很差，失去经济价值。

（四）确定合理日粮喂量

1. 按每天采食能量计算喂量：每天喂量（千克）=每天每头采食能量总量（兆焦）÷每千克混合料所含能量（兆焦）。

2. 按猪体重计算喂量：每天喂量（千克）=实际体重（千克）×采食量系数（采食量系数：小猪0.06~0.07；中猪0.04~0.05；大猪0.03~0.04）。

三、日粮配合方法

饲粮配合方法很多，常用的有试差法和对角线法等。

（一）试差法

根据猪的不同生理阶段的营养要求或已选好的饲养标准，初步选定原料，再根据经验粗略配制一个大致比例的配方，然后依据饲料成分及营养价值表计算配方中饲料的能量和蛋白质，将计算的能量和蛋白质分别加起来（每个原料的同一养分总和），与饲养标准相比较，看是否符合或接近。如果某养分比规定的要求过高或过低，则需对配方进行调整，直至与标准相符为止。最后，按同样步骤再满足钙和磷要求，再添加食盐与预混料。

1. 查找饲养标准，主要包括消化能、粗蛋白、钙、磷、赖氨酸等指标。

2. 根据实际饲料原料库存情况，列出猪饲料营养价值表，得到各种饲料原料的营养成分。

3. 按能量和蛋白质的需求量或饲料比例分配营养，进行初步搭配，首先考虑粗蛋白和能量的含量，并计算出营养水平，求出与标准的差值。

4. 将试配的日粮成分与标准进行比较，首先调整能量和蛋白质含量，使它们符合饲养标准。采用的方法是降低饲料配方中某种原料比例，同时增加另一种原料比例。计算时，可先求出每代替1%时，日粮能量和蛋白质变化的程度，然后结合第三步求出的与标准的差值，计算出应该代替的百分数。

5. 观察后调整配方的营养水平，调整矿物质和氨基酸含量。矿物质不足时，先以高磷的原料满足需要，再计算钙的含量，不足的钙以低磷高钙的原料补足。氨基酸不足时，以合成氨基酸补充。

（二）对角线法

适用于饲料种类及营养指标少的情况。例如，利用粗蛋白含量为30%的猪浓缩饲料与能量饲料玉米（含粗蛋白为8.5%）混合，为体重20～35千克的生长育肥猪配制粗蛋白为16%的饲粮1 000千克。

1. 算出两种饲料在配合料中应占的比例（如下图）。首先如图对角线所示，以大数减去小数，分别得出差数14%和7.5%。再分别将此差数除以差数之和，即为这两种饲料所占的比例数：玉米14÷（14+7.5）=65.11%；浓缩料7.5÷（14+7.5）=34.89%。

2. 计算两种饲料在配合料中所需重量：玉米1 000千克×65%=650（千克）；浓缩料1 000千克×35%=350（千克）。

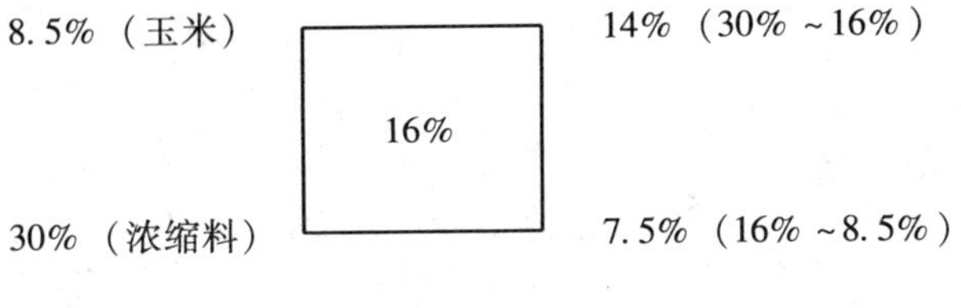

（三）推荐配方

以常用的玉米—豆粕—麸糠型日粮为主。

1. 10～20千克体重：玉米粉57%，豆粕20%，鱼粉5%，米糠或麦麸15%，磷酸氢钙1%，贝壳粉0.65%，食盐0.35%，预混料（含微生素、微量元素、非营养添加剂等）1%。该配方含粗蛋白 18.4%，消化能 13.5 兆焦/千克，粗纤维 3.5%，钙 0.73%，磷 0.682%，赖氨酸 0.92%。

2. 30～65 千克体重：玉米粉 62%，豆粕 20%，米糠或麦麸 15%，磷酸氢钙 1.2%，贝壳粉 0.8%，食盐 0.35%，预混料（含微生素、微量元素、非营养添加剂等）1%。该配方含粗蛋白 16%，消化能 13.29 兆焦/千克，粗纤维 3.8%，钙 0.656%，磷 0.577%，赖氨酸 0.74%。

3. 60～100 千克体重：玉米粉 70%，豆粕 15%，米糠或麦麸 12%，磷酸氢钙 1%，贝壳粉 0.8%，食盐 0.35%，预混料（含微生素、微量元素、非营养添加剂等）1%。该配方含粗蛋白 14%，消化能 13.54 兆焦/千克，粗纤维 3.7%，钙 0.60%，磷 0.535%，赖氨酸 0.65%。

第三章　猪的育肥技术

第一节　杂交利用

一、杂种优势的利用

（一）杂交

杂交指不同品种、品系的动物或植物进行交配产生新的一代，从而能充分利用各品种的加性效应和非加性效应。杂交技术已成为现代化养猪生产的重要手段，对提高猪的生产性能以及养猪的经济效益具有十分重要的作用。

（二）杂种优势

杂交所得的后代称为杂种。杂种个体通常表现出较强的生活力和生殖力，且生产性能较高，其性状的表型均值超过亲本均值，这种现象称为杂种优势。杂种优势可分为三种类型：一是个体杂种优势，指杂种本身的生活力较高，生产性能较好；二是母体杂种优势，指杂种的母亲也是杂种，表现出繁殖力较强，母性较好的优点；三是父体杂种优势，指杂种的父亲也是杂种，其配种能力强、精液质量好、生产性能高。

二、猪的杂交模式

（一）两品种经济杂交

又叫二元杂交，是用两个不同品种的公母猪进行一次杂交，其杂种一代全部用于生产商品肉猪（图 3－1）。这种方式简单易行，特别适合于农村的经济条件，可充分利用生长肥育性能的杂种优势，但未能利用繁殖性能的杂种优势。一般农户家中饲养本地母猪然后与外种公猪，如长白公猪或约克公猪杂交生产商品育肥猪。

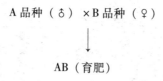

A 品种（♂）×B 品种（♀）

↓

AB（育肥）

图 3－1　二元杂交模式

（二）三品种经济杂交

又称三元杂交，先用两个品种杂交，产生的杂种母本再与作为终端父本的第三个品种杂交，产生的三元杂种作为商品育肥猪。三元经济杂交在现代化养猪业中具有重要作用，在经济条件较好地区的养猪专业户和规模养殖场常采用三元杂交。

1. 杜长大（或杜大长）：是先以长白猪（大白猪）与大白猪（长白猪）进行杂交，杂一代母猪再与杜洛克公猪杂交所产生的三元杂种（图 3－2），是我国生产出口活猪的主要组合，也是大中城市菜篮子基地及大型农牧场所使用的组合。这类杂种猪日增重可达 700～800 克，胴体瘦肉率达 63% 以上，主要是利用了三个外来品种的优点，体型好，出肉率高，但对饲料和饲养管理的要求相对较高。

长白（♂）×大白（♀）　　大白（♂）×长白（♀）

↓　　↓

长大（♀）×杜洛克（♂）×大长（♀）

↓　　↓

杜长大（育肥）　杜大长（育肥）

图3－2　洋三元杂交模式

2. 杜长八（或杜大八）：以八眉猪为母本与大白猪（或长白猪）进行杂交，生产大八（长八）二元母猪，再与杜洛克猪进行杂交，生产三元商品猪（图3－3）。

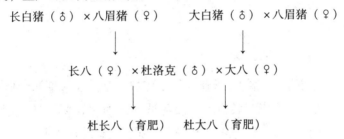

长白猪（♂）×八眉猪（♀）　　大白猪（♂）×八眉猪（♀）

↓　　↓

长八（♀）×杜洛克（♂）×大八（♀）

↓　　↓

杜长八（育肥）　杜大八（育肥）

图3－3　土三元杂交模式

（三）配套系杂交

又叫四品种（品系）杂交，是采用四个品种或品系，先分别进行两两杂交，然后在杂交一代中分别选出优良的父、母本猪，再进行四品种杂交（图3－4）。其优点是可同时利用杂种公、母猪双方的杂种优势。目前，国外所推行的“杂优猪”，大多数是由四个专门化品系杂交而产生，如美国的“迪卡”配套系、英国的“PIC”配套系等。

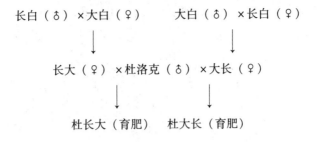

A（♂）×B（♀）　　C（♂）×D（♀）

↓　　　　　　　↓

AB（♂）　×　CD（♀）

↓

ABCD

图 3－4　配套系杂交模式

第二节　肉猪生产

一、生长发育规律

1．生长育肥猪的生长速度先是增快（加速生长期），到达最大生长速度（拐点或转折点）后降低（减速生长期），转折点发生在成年体重的 40% 左右，相当于育肥猪的适宜屠宰期。

2．生长育肥猪活重达 20～30 千克为骨骼生长高峰期，60～70 千克为肌肉生长高峰期，90～110 千克为脂肪蓄积旺盛期。因此，在生长育肥猪生长期（60～70 千克活重以前）应给予高营养水平的饲粮，到育肥期（60～70 千克活重以后）则要适当限饲，特别是控制能量饲料在日粮中的比例，以抑制体内脂肪沉积，提高胴体瘦肉率。

3．生长育肥猪体内水分和脂肪的含量变化最大，而蛋白质和矿物质的含量变化较小。

二、育肥方法

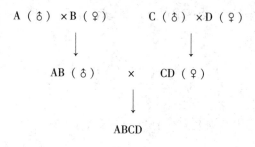

不同的育肥方式对生长育肥猪的增重速度、饲料转化率和胴

体瘦肉率均有很大影响。生长育肥猪的育肥方式一般可分为“吊架子”和“一条龙”两种。

（一）“吊架子”育肥法

也叫“阶段育肥法”，一般将整个育肥期划分为小猪阶段、架子猪（中猪）阶段和催肥阶段。小猪阶段饲喂较多的精料，饲粮能量和蛋白质水平相对较高；架子猪阶段利用猪骨骼发育较快的特点，采用低能量和低蛋白的饲粮进行限制饲养（吊架子），一般以青粗饲料为主，饲养4～5个月；而催肥阶段则利用肥猪易于沉积脂肪的特点，增大饲粮中精料比例，提高能量和蛋白质的供给水平，快速育肥。这种育肥方式可通过“吊架子”来充分利用当地青粗饲料等自然资源，降低生长育肥猪饲养成本，但它拖长了饲养期，生长效率低，已不适应现代集约化养猪生产的要求。

（二）“一条龙”育肥法

也叫“直线育肥法”，是按照猪在各个生长发育阶段的特点，采用不同的营养水平和饲喂技术，在整个生长育肥期间能量水平始终较高，且逐阶段上升，蛋白质水平较高。这种方式饲养的猪增重快，饲料转化率高，这是现代集约化养猪生产普遍采用的方式。

然而，按“一条龙”育肥法饲养的生长育肥猪往往使育肥猪沉积大量的体脂肪而影响其瘦肉率。因此，商品瘦肉猪应采取“前敞后限”的饲养方式，即在育肥猪体重60千克以前，按“一条龙”饲养方式，采用高能量、高蛋白质饲粮；在育肥猪体重达60千克后，适当降低饲粮能量和蛋白质水平，限制其每天采食的能量总量。

三、饲养管理

（一）合理分群

育肥猪群饲，可充分利用圈舍和设备，便于管理，提高效率，群饲又可使猪同槽争食增进食欲，促进生长发育。在育肥猪分群时，最好同窝猪为一群，需要把不同窝不同来源的猪合群饲养时，应尽量把品种相同、体重相近、神经类型相似的猪编为一群，把弱小或有病猪挑出，单独分批饲养。猪群位次关系固定后，要保持稳定，直至出栏。在育肥期间不要变更猪群，否则每重新组群一次，由于咬斗影响增重，使育肥期延长。

群饲分群饲喂时，由于强弱位次不同的影响，可使个体间增重的差异达13%。自由采食时，则差异缩小。但采食量和增重仍有差异，在管理上要照顾弱猪，使猪群发育均匀。

每头猪所占面积越大，对猪的生长越有利，一般每头猪占1～1.2平方米时育肥的效果即达较佳水平。为提高猪舍利用率，密度不宜过稀。试验表明，猪群以10头左右育肥效果最佳，考虑到猪舍利用，以不超过20头为宜。

（二）调教与管理

调教可使猪养成在固定地点排便、睡觉、进食的习惯，不仅可简化日常管理工作，减轻劳动强度，还能保持猪舍的清洁干燥，营造舒适的饲养环境。猪在合群或调入新圈时，要抓紧调教，重点抓好以下两项工作。

1. 防止强夺弱食，在重新组群和新调圈时，猪要建立新的群居秩序，为使所有猪都能均匀采食，除了要有足够的饲槽长度外，对喜争食的猪要勤赶，使不敢采食的猪能够采食，帮助建立群居秩序，分开排列，均匀采食。

2. 固定生活地点，使吃食、睡觉、排便三定位，保持猪圈干燥清洁。通常将守候、勤赶、积粪、垫草等方法单独或交错使用进行调教。例如，在调入新圈时，把圈栏打扫干净，将猪床铺上少量垫草，饲槽放入饲料，并在指定排便处堆放少量粪便，然后将猪赶入新圈，督促其到固定地点排便，一旦发现个别猪只未在指定地点排便，应将其散拉在地面的粪便清扫干净，铲放到粪堆上，并坚持守候、看管和勤赶，这样很快就会使猪只养成三角定位的习惯。有的猪经积粪引诱其排便无效时，利用猪喜欢在潮湿处排便的习性，可洒水于排便处，进行调教。

（三）饲喂方式

生长育肥猪的饲喂方法，一般分为自由采食和限量饲喂两种。限量饲喂主要有两种方法，一是对营养平衡的日粮在数量上予以控制，即每次饲喂自由采食量的70%～80%，或减少饲喂次数；二是降低日粮的能量浓度，把纤维含量高的粗饲料配合到日粮中去，以限制其对养分特别是能量的采食量。

自由采食和限量饲喂对增重速度、饲料转化率和胴体品质有一定影响。自由采食增重快，沉积脂肪多，饲料转化率降低。限量饲喂饲料转化率改善，胴体背膘较薄，但日增重较低。因此，若要得到较高日增重，以自由采食为好；若只追求瘦肉多和脂肪少，则以限量饲喂为好。如果既要求增重快，又要求胴体瘦肉多，则以两种方法结合为好，即在育肥前期采取自由采食，让猪充分生长发育，而在育肥后期（活重55～60千克后）采取限量饲喂，限制脂肪过多沉积。

（四）饲料调制

饲料加工调制与饲料的适口性、转化率有着密切关系。活重30千克以下幼猪的饲料颗粒直径以0.5～1.0毫米为宜，30千克以上猪的饲料颗粒直径以1.5～2.5毫米为宜。配合饲料一般适宜生喂玉米、高粱、大麦、小麦等谷实饲料及其加工副产物糠麸类。生喂营养价值高，煮熟后饲料营养价值约降低10%，尤其是维生素会被严重破坏。但大豆、豆饼、棉籽饼、菜籽饼等以煮熟饲喂为好，这样可破坏其内含的胰蛋白酶抑制因子，提高蛋白质的消化率。湿喂对猪有利，湿拌料一般以料水比1∶0.9～1.8为好，但应现拌现喂，避免腐败变酸。

（五）饲喂次数及饮水

采取自由采食方法时不存在饲喂次数的问题，而在限量饲喂条件下，可日喂3次，且早晨、午间、傍晚3次饲喂时的饲料量分别占日粮的35%、25%和40%。

猪的饮水量随生理状态、环境温度、体重、饲料性质和采食量等而变化，一般在春秋季节其正常饮水量应为采食饲料风干重的4倍或体重的16%，夏季约为5倍或体重的23%，冬季则为2~3倍或体重的10%左右。猪饮水一般以安装自动饮水器较好，或在圈内单独设一水槽经常保持充足而清洁的饮水，让猪自由饮用。

（六）去势、防疫和驱虫

1. 一般在仔猪35日龄、体重5~7千克时进行去势。去势的猪性情安静，食欲增强，增重加快，肉的品质得到改善。

2. 制定合理的免疫程序，认真做好预防接种工作。应每头接种，避免遗漏，对从外地引入的猪，应隔离观察，并及时免疫接种。

3. 及时驱除内外寄生虫，通常在猪90日龄时进行第一次驱虫，必要时可在135日龄左右再进行第二次驱虫。

（七）管理制度

对猪群的管理要形成制度化，按规定时间给料、给水、清扫粪便，并观察猪的食欲、精神状态、粪便有无异常，对不正常的猪要及时诊治。要完善统计、记录制度，对猪群周转、出售或发病死亡、称重、饲料消耗、疾病治疗等情况加以记载。

四、提高肉猪生产力的措施

（一）选择优良品种及适宜的杂交组合

瘦肉型猪种与兼用型猪种和脂肪型猪种相比较，其对能量和蛋白质的利用率更高，增重快、耗料省、瘦肉率高。我国地方猪种的增重速度和饲料转化率不及长白猪等瘦肉型猪种，其胴体短、膘厚、脂肪多、瘦肉少，但对粗纤维的消化率较高，且肉质优良。不同品种或品系之间进行杂交，利用杂种优势，是提高生长育肥猪生产力的有效措施，在我国大多利用二元杂种猪和三元杂种猪育肥。

（二）饲喂配合饲料，合适的日粮营养水平

配合饲料是根据猪的不同生长阶段、不同生产目的的营养需要，配制出来的营养全面的饲料。因此，要合理使用配合饲料，达到提高经济效益的目的。另外，要有适宜的饲粮营养水平，在生长育肥猪饲养实践中多采用不限量饲喂，在一定范围内，饲粮能量浓度的高低对其生长速度和饲料转化率的影响程度较小。饲粮蛋白质和必需氨基酸水平不仅与生长育肥猪的肌肉生长有直接关系，而且也对其增重有重要的影响。添加适量的矿物质和维生素，以保证其充分生长。粗纤维含量是影响饲粮适口性和消化率的主要因素，应控制在5%～8%。

（三）加强饲养管理，提高仔猪初生重和断奶重

仔猪的初生体重越大，生活力越强，其生长速度越快，断奶体重也就越大；仔猪断奶体重越大，则转群时体重也越大，生长快速、育肥效果好。

（四）建设标准猪舍，创造适宜的环境条件

建设标准猪舍，保证所需的适宜温度、湿度、光照、密度等条件。一是提供适合各类猪群的适宜环境温度、合理的饲养密度和通风条件，可提高增重和饲料转化率。二是在冬季应充分利用阳光，但过强的光照会引起猪兴奋，减少其休息时间和提高代谢率，进而影响增重和饲料转化率。因此，育肥猪舍内的光照可暗些，只要便于猪采食和饲养管理工作即可，使猪得到充分休息。

三是减少猪舍空气中有害气体的积聚，改善猪舍通风换气条件，及时处理粪尿，保持适宜的圈养密度。四是噪声对猪的休息、采食、增重都有不良影响，要尽量避免突发性的噪声。

（五）适时屠宰

生长育肥猪的适宜屠宰活重的确定，要结合日增重、饲料转化率、每千克活重的售价、生产成本等因素来进行综合分析。由于我国猪种类型和经济杂交组合较多、各地区饲养条件差别较大，生长育肥猪的适宜屠宰活重也有较大不同。地方猪种中早熟、矮小的猪及其杂种猪适宜屠宰活重为 70～75 千克，其他地方猪种及其杂种猪的适宜屠宰活重为 75～85 千克；我国培养猪种和以我国地方猪种为母本、国外瘦肉型品种猪为父本的二元杂种猪，适宜屠宰活重为 85～90 千克；以两个瘦肉型品种猪为父本的三元杂种猪，适宜屠宰活重为 90～100 千克；以培育品种猪为母本、两个瘦肉型品种猪为父本的三元杂种猪和瘦肉型品种猪间的杂种后代，适宜屠宰活重为 100～115 千克。

第四章　养猪新技术

第一节　现代养猪工艺

一、现代养猪的概念和特点

（一）现代养猪概念

现代养猪技术就是按现代化工业生产方式来进行猪的生产，实行流水生产工艺，采取全进全出方式，以期达到高生产水平、高生产效益、优质产品质量的养猪生产。

1．规模化养猪

就是利用先进的科学方法组织和管理养猪生产，以提高劳动生产率、繁殖成活率、出栏率和商品率，从而达到养猪的稳产、高产、优质和低成本高效益的目的。具有运用综合科技手段、规模较大、装备必要的机械设备和自动化仪器、创造适宜的畜舍环境、管理科学化等特点，是现代化养猪的初级阶段。

2．工厂化养猪

以生产线的形式，实行流水作业，按照固定周期节奏，连续均衡地进行生产。具有流水式的工艺流程、专门化的猪舍、完善化的繁育体系、系列化的全价饲粮、现代化的设施设备、严密化的兽医保健、高效率的管理体制、标准化的产品生产等特点，是现代化养猪的高级阶段。

（二）现代养猪生产特点

1. 按照生产工艺流程的要求，将猪群划分为若干生产工艺群，主要有繁殖母猪群、保育仔猪群和生长育肥猪群。繁殖母猪群又包括后备母猪群、配种母猪群、妊娠母猪群和分娩哺乳母猪群。

2. 应用现代科技理论，将各生产工艺群按“全进全出”流水式生产工艺要求组织生产，即是按一定繁殖间隔期组建一定数量的分娩哺乳母猪群，通过母猪（包括后备母猪）配种、妊娠、分娩、仔猪哺育等环节，以保证生产工艺过程中各个环节对猪只数量的需要。年出栏1 万 ~3万头的肉猪场，通常以 7 天为一个繁殖间隔周期，即每隔 7 天组建一批分娩哺乳母猪群。

3. 拥有既能适应各类猪群生理和生产要求，又便于组织“全进全出”各工艺流程猪群数量相适应的专用猪舍。专用猪舍包括公猪舍、配种舍、妊娠舍、分娩舍、仔猪保育舍、生长育肥猪舍等。通过工程技术的处理，这些专用猪舍一般能满足猪的生物学特性和各类猪只对环境条件的需要。

4. 拥有优良遗传品质、高生产性能的猪群和完善的繁育制种体系；拥有严密的兽医卫生制度、合理的免疫程序和符合环境卫生要求的污物、粪便处理系统。

5. 能均衡地供应各类猪群所需的各种配合饲料，按饲养标准配制各类猪群所需的饲粮，实行标准化饲养。

6. 拥有一支较高科技文化素质、技术水平和管理能力的职工队伍，具有合理组织和专业分工明确的高效率营销体制，利用先进的科学管理技术和合理的劳动组织，保证企业管理的高水平，保证养猪的高效益。同时，采用先进的科学管理技术，形成规模化生产，可以规模化、均衡地生产出符合质量标准要求的产品，满足市场的需求。

二、现代化养猪生产工艺

（一）养猪生产工艺流程

现代化养猪生产将养猪生产过程中的配种、妊娠、分娩、哺乳、生长和育肥等生产环节，划分成一定时段，按照全进全出、流水作业的生产方式，对猪群实行分段饲养，进行合理周转。

后备公猪和后备母猪的饲养期 16～17 周，母猪配种妊娠期 17～18周，母猪分娩前 1 周转入哺乳母猪舍，仔猪哺乳期 4～5 周。断奶后，母猪转入空怀妊娠母猪舍，仔猪转入保育舍，保育猪饲养期 4～5 周，然后转入生长育肥猪舍，生长育肥猪饲养 14～15 周体重达到 90 千克以上时出栏（图 4－1）。

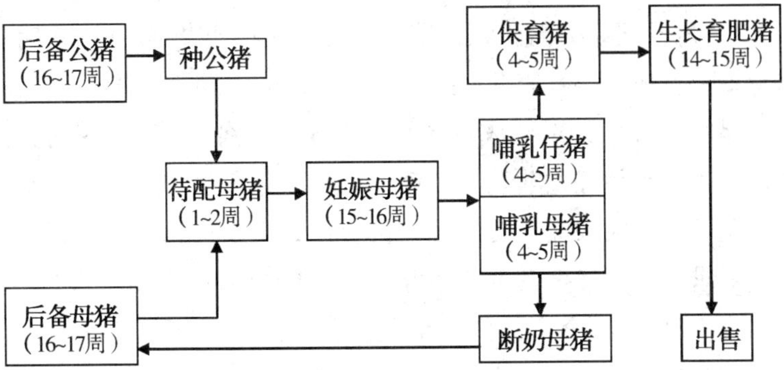

图 4－1　养猪生产工艺流程图

（二）几种常见的饲养工艺流程

1. 三段饲养工艺流程：即空怀及妊娠期→泌乳期→生长育肥期。三段饲养二次转群是比较简单的生产工艺流程，适用于规模较小的养猪企业。其特点是简单、转群次数少、猪舍类型少、节约维修费用，还可以重点采取措施。例如，分娩哺乳期可以采用好的环境控制措施，满足仔猪生长的条件，提高成活率，提高生产水平。

2. 四段饲养工艺流程：即空怀及妊娠期→泌乳期→仔猪保育期→生长育肥期。在三段饲养工艺中，将仔猪保育阶段独立出来就是四段饲养三次转群工艺流程。保育期一般 5 周，猪的体重达 20 千克转入生长育肥舍。断奶仔猪比生长育肥猪对环境条件要求高，这样便于采取措施提高成活率。在生长育肥舍饲养 14 ~ 15 周，体重达 90 ~ 110 千克出栏。

3. 五段饲养工艺流程：即空怀配种期→妊娠期→泌乳期→仔猪保育期→生长育肥期。五段饲养四次转群与四段饲养工艺相比，是把空怀待配母猪和妊娠母猪分开，单独组群，有利于配种，提高繁殖率。空怀母猪配种后观察 21 天，确认后转入妊娠舍饲养至产前 7 天转入分娩哺乳舍。这种工艺的优点是断奶母猪复膘快、发情集中、便于发情鉴定，容易把握时间适时配种。

4. 六段饲养工艺流程：即空怀配种期→妊娠期→泌乳期→保育期→育成期→育肥期。六段饲养五次转群与五段饲养工艺相比，是将生长育肥期分成育成期和育肥期，各饲养 7 ~ 8 周。仔猪从出生到出栏经过哺乳、保育、育成、育肥四段。此工艺流程优点是可以最大限度地满足其生长发育的饲养营养、环境管理的不同需求，充分发挥其生长潜力，提高生产效率。

5. 以场全进全出的饲养工艺流程：大型规模化猪场要实行多点式养猪生产工艺及猪场布局，以场为单位实行全进全出，有利于防疫和管理，可以避免猪场过于集中给环境控制和废弃物处理带来的负担（图 4 – 2）。

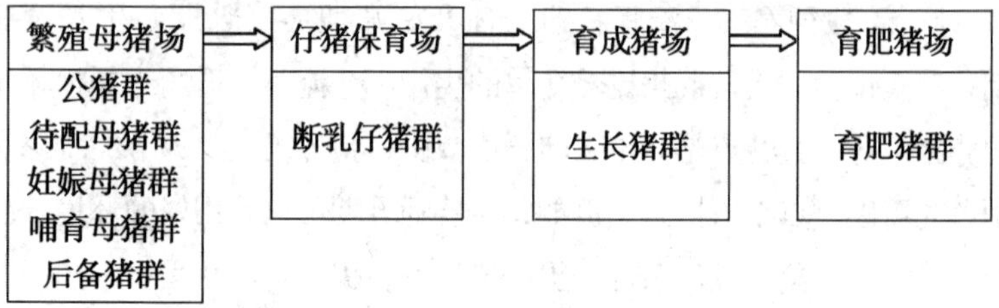

图 4 – 2　以场全进全出的饲养工艺流程

（三）生产方式

1. 传统一条龙生产方式：是按照空怀配种、妊娠、分娩哺乳、保育、生长、育肥的生产流程，在同一地点一条流水线作业，又称“一点一线”生产模式。其优点是场地集中，转群管理方便。缺点是猪群过于集中，各类猪群都在同一生产线上，有一个环节出现问题会影响其他环节，不利于仔猪的生长发育。同时，容易造成疫病的水平、垂直传播，不利于疫病防控。

2. 多点生产方式：是将母猪区、保育区与生长育肥区分开饲养的管理模式，又称“二点三点”饲养模式，适合仔猪早期断乳隔离饲养的一种新模式。一般要求各区之间至少相隔 250 ~ 1 000米。一种是两点式，即母猪区 1 个点，保育和生长育肥 1 个点；另一种是三点式，即母猪区、保育区、生长育肥区分 3 个点进行。其优点是使仔猪处于良好的环境中生长发育，成活率高、生长快、生产率较高，并对阻隔猪的疾病传播有明显效果。缺点是猪场建设成本高（图 4 – 3）。

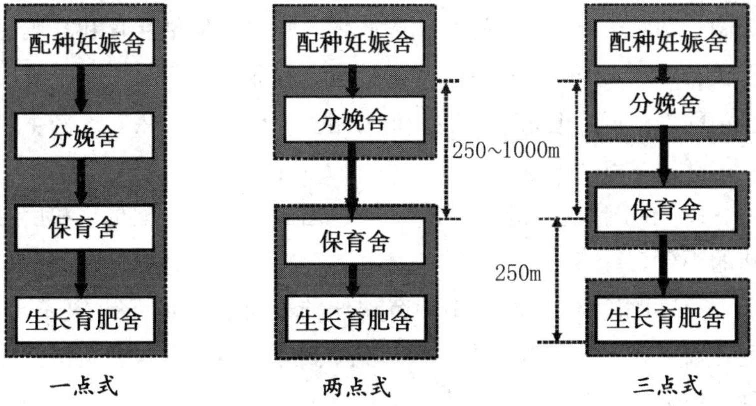

图 4 – 3　传统与多点生产方式比较

三、生产工艺的组织方法

（一）确定饲养模式

养猪的生产模式不仅要根据经济、气候、能源、交通等综合条件来确定，还要根据猪场的性质、规模、养猪技术水平来确定。各类猪群的饲养方式、饲喂方式、饮水方式、清粪方式等都需要饲养模式来确定。如果规模太小，采用定位饲养，投资很高、栏位利用率低、每头出栏猪成本高，难以取得经济效益。如采取集约化饲养，有的采用公猪与待配母猪同舍饲养，有的分舍饲养；母猪有定位饲养，也有小群饲养；配种方式可采用自然交配，也可采用人工授精。一般来说，凡能够提高生产水平的技术和设施应尽量采用，能用人工代替的设施可以暂缓使用，以降低成本。

（二）确定生产节律

生产节律是指相邻两群哺乳母猪转群的时间间隔（天数）。合理的生产节律是全进全出工艺的前提，是有计划利用猪舍和合理组织劳动管理、均衡生产商品育肥猪的基础。

生产节律一般采用1、2、3、4、7或10天制，可根据猪场规模而定，年产5万~10万头商品育肥猪的大型企业多实行1或2天制，即每天有一批母猪配种、产仔、断奶、仔猪保育和育肥猪出栏；年产1万~3万头商品育肥猪的企业多实行7天制；规模较小的养猪场一般采用10或12天制。一般猪场采用7天制生产节律，其优点如下。

1. 由于猪的发情周期为21天，因此可减少待配母猪和后备猪的头数。

2. 可将繁育技术工作和劳动任务安排在一周5天内完成，避开周六和周日；由于大多数母猪在断乳后第4~6天发情，配种工作可安排在3天内完成。

3. 要利于按周、按月和按年制订工作计划，建立有序的工作和休假制度，减少工作的混乱性和盲目性。

（三）确定工艺参数

为了准确计算猪群结构即各类猪群的存栏数、猪舍及各猪舍所需栏位数、饲料用量和产品数量，必须根据养猪的品种、生产力水平、技术水平、经营管理水平和环境设施等，实事求是地确定生产工艺参数。

1. 繁殖周期：繁殖周期决定母猪的年产仔窝数，关系到养猪生产水平的高低，其计算公式如下：繁殖周期 = 母猪妊娠期（114 天）+ 仔猪哺乳期 + 仔猪断奶至母猪受胎时间（其中，仔猪哺乳期一般为 35 天，也有采用 21 ~ 28 天早期断奶）。

仔猪断奶至母猪受胎时间包括断奶至发情时间（7 ~ 10 天）和配种受胎时间，其计算公式如下：仔猪断乳至母猪受胎时间 = 断乳至母猪发情时间（7 ~ 10 天）+ 21 ×（1 - 发情期受胎率）。

例如，哺乳期 35 天，情期受胎率 90%，断奶至发情时间为 10 天，繁殖周期 = 114 + 35 + 10 + 21 ×（1 - 0.9）= 161 天；如情期受胎率达到 100%，则繁殖周期为 159 天；情期受胎率每增加 5%，繁殖周期就增加 1 天。

2. 年产窝数：母猪年产窝数 = 365 天 × 分娩率/繁殖周期。

母猪年产窝数与情期受胎率、哺乳期的关系如表 4 - 1。

表 4 - 1　母猪年产窝数与情期受胎率、仔猪哺乳期的关系

情期受胎率（%）		70	75	80	85	90	95	100
母猪年产窝数（窝/年）	21 天断奶	2.29	2.31	2.32	2.34	2.36	2.37	2.39
	28 天断奶	2.19	2.21	2.22	2.24	2.25	2.27	2.28
	35 天断奶	2.10	2.11	2.13	2.14	2.15	2.17	2.18

3. 其他参数：仔猪早期断奶、妊娠母猪饲养管理是提高母猪生产力的关键环节，规模猪场主要工艺参数见表 4 - 2（仅供参考）。

表 4－2　养猪生产工艺参数

项　　目	参数	项　　目	参数
妊娠期	114 天	生长期成活率	98%
哺乳期	35 天	公母猪比例	1∶25
断奶至受胎	7～14 天	公母猪年更新率	33%
情期受胎率	90%	空栏消毒期	7 天
分娩率	95%	生产节律	7 天
窝产活仔数	10 头	提前进产房天数	7 天
哺乳期成活率	90%	确定妊娠天数	21 天
保育期	35 天	繁殖周期	158～165 天
保育期成活率	95%	年产窝数	2.10～2.19 窝/年
生长育肥期	105 天		

（四）猪群结构

根据猪场规模、生产工艺流程和生产条件，将生产过程划分为若干阶段，不同阶段组成不同类型的猪群，计算出每一类群猪的存栏数量就形成了猪群的结构。饲养阶段划分目的是为了最大限度地利用猪群、猪舍和设备，提高生产效率。

年出栏万头商品猪场猪群结构见表 4－3（仅供参考）。

表 4－3　年出栏万头商品猪场猪群结构

猪群种类	饲养期（周）	组数（组）	每组头数（头）	存栏数（头）
空怀配种母猪群	5	5	27	135
妊娠母猪群	12	12	24	288
泌乳母猪群	6	6	23	138
哺乳仔猪群	5	5	230	1 150
保育仔猪群	5	5	207	1 035

续表

猪群种类	饲养期（周）	组数（组）	每组头数（头）	存栏数（头）
生长育肥群	15	15	196	2 940
后备母猪群	16	16	4	64
公猪群	52			22
后备公猪群	20			8
总存栏数				5 780

（五）猪栏配置

1. 各类猪每栏饲养量：空怀配种母猪群一般每栏4～5头，妊娠母猪群每栏2～5头，保育和生长育肥猪每栏8～12头，种公猪、后备公猪和哺乳母猪每栏1头，后备母猪每栏4～6头。同时，要考虑猪群周转时进行空栏消毒、维修而确定的机动存栏数，用以计算各类猪群所需的各类圈数。

2. 猪栏配备数量：猪舍的类型一般根据猪场规模按猪群种类划分，各类猪群猪栏数量需准确计算。其计算公式如下：

各饲养群猪栏分组数 = 猪群组数 + 消毒空舍时间（天）/生产节律（7天）

每组栏位数 = 每组猪群头数/每栏饲养量 + 机动栏位数

各饲养群猪栏总数 = 每组栏位数 × 猪栏组数

以消毒空舍时间为7天、生产节律为7天计算，则万头猪场的栏位数见表4－4（仅供参考）。

表 4－4　万头猪场各饲养群猪栏配置数量

猪群种类	猪群组数（组）	每组头数（头）	每栏饲养量（头/栏）	猪栏组数（组）	每组栏位数（个）	总栏位数（个）
合　计						774
空怀配种母猪群	5	27	4	6	7	42
妊娠母猪群	12	24	4	13	6	78
泌乳母猪群	6	23	1	7	24	168
保育仔猪群	5	207	10	6	21	126
生长育肥群	15	196	10	16	20	320
公猪群			1			22
后备公猪群			1			8
后备母猪群	16	4	4	5	2	10

另外，也可根据存栏基础母猪头数来计算猪群结构和猪栏配置，不同基础母猪规模的猪场猪群结构、猪栏配置见表 4－5 和表 4－6（仅供参考）。

表 4－5　规模猪场猪群结构

猪群类别	100 头基础母猪规模	300 头基础母猪规模	600 头基础母猪规模
合　计	1 064	3 190	6 380
成年种公猪	4	12	24
后备公猪	1	2	4
后备母猪	12	36	72
空怀妊娠母猪	84	252	504
哺乳母猪	16	48	96
哺乳仔猪	160	480	960
保育猪	228	684	1 368
生长育肥猪	559	1 676	3 352

表 4-6　规模猪场猪舍猪栏配置数

猪舍类别	100 头基础母猪规模	300 头基础母猪规模	600 头基础母猪规模
合计	144	431	862
种公猪舍	4	12	24
后备公猪舍	1	2	4
后备母猪舍	2	6	12
空怀妊娠母猪舍	21	63	126
哺乳母猪舍	24	72	144
保育猪舍	28	84	168
生长育肥猪舍	64	192	384

第二节　发酵床养猪技术

一、发酵床养猪技术的工艺流程

发酵床养猪技术是发酵床通过维护和日常管理伴随进猪与出猪的能力和物质循环流动和利用的养猪新模式，发酵床垫料利用达到一定年限后从猪圈中清除出来，经处理后用做有机肥。猪圈用新垫料重新填充，垫料的使用年限受垫料原料种类、配方、日常管理等因素的影响（图 4-4）。

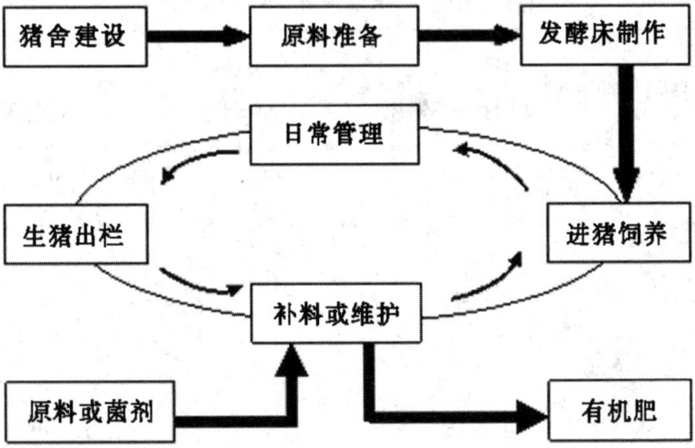

图 4-4　发酵床养猪技术工艺流程

（一）猪舍建设

发酵床养猪猪舍的建设十分重要，可以在原建猪舍的基础上稍加改造就行，一般要求猪舍东西走向，坐北朝南，充分采光、通风良好，南北可以敞开，通常每间猪圈净面积约 25 平方米，可饲养肉猪 15～20 头，猪舍墙高 3 米，屋脊高 4.5 米，屋面朝南面的中部具有可自由开闭的窗子，阳光可照射整个猪床面积的 1/3。如果用温室大棚养猪，那就既省事又省钱，因为大棚造价低，而且小气候更容易调节。冬天采光好、保温，猪可以安全越冬；夏天放下遮阳膜，把四周裙膜摇起，可以通风降温。

（二）发酵床制作

1. 发酵菌准备：猪排出的粪便由发酵床中的菌种降解，菌种的好坏直接影响粪便的降解效率，因此土壤微生物菌种的采集就显得十分关键。土壤微生物的采集可以在不同的季节、不同的地点采集不同的菌种，采集到的原始菌种放在室内阴凉、干燥处保存。随着发酵床养猪技术的推广应用，高效、安全、经济、适用性更广的菌种一定会被人们不断地发现和利用。

2. 垫料选择：按照原料来源广泛、供应稳定、价格低廉的原则，主料必须为高碳原料，水分不宜过高，主要包括锯末、稻壳、5 厘米以下碎树木屑、刨花、粉碎花生壳、粉碎农作物秸秆、干鲜牛粪、废弃蘑菇培养料等。辅助原料主要包括果渣、豆腐渣、酒糟、饼粕、稻壳粉、麦麸、生石灰、过磷酸钙、磷矿粉、红糖或糖蜜及猪粪等，辅助原料占整个垫料的比例不超过 20%。一般建议选择 2 种以上垫料混合均匀制成，垫料最理想的组合有锯末 + 稻壳、锯末 + 玉米秸秆两种，注意玉米秸秆最好粉碎，不能使用经防腐处理的板材生产的锯末。

3. 垫料制作：一般猪舍中垫料的总厚度北方为 80 ~ 120 厘米，南方 50 ~ 80 厘米，可先铺 30 ~ 40 厘米厚的木段作为疏松通气底层，然后铺锯末或稻壳；也可先铺 30 ~ 50 厘米厚的玉米秸秆或 30 厘米厚的稻壳，然后再铺锯末。以下介绍几种发酵床制作方法，仅供参考。

方法一：根据发酵床的大小按比例准备好原料，取稻壳、锯末各 10% 备用。首先按每立方米 2.5 千克米糠加入菌液 2 千克均匀搅拌，水分掌握在 30% 左右（手握成团、一触即散为宜）；再将搅拌好的原料装入塑料袋中扎紧口厌氧发酵，或将搅拌好的原料打堆，四周用塑料布盖严厌氧发酵，室温尽量保持 20 ~ 25℃，夏天 2 ~ 3 天，冬季 5 ~ 7 天。发酵好的原料应发出酸甜的酒曲香味即发酵成功。将发酵好的米糠和其余的稻壳和锯末充分混合搅拌均匀，在搅拌过程中使垫料水分保持在 40% ~ 50%（用手捏紧后松开，感觉蓬松且迎风有水气，说明水分掌握较为适宜），再均匀铺在圈舍内，用塑料薄膜盖严，3 天即可使用。将发酵好的垫料摊开铺平，再用预留的 10% 稻壳、锯末混合物覆盖，上面整平，厚度约 10 厘米。

方法二：将锯末40%，稻壳50%，猪粪10%，米糠2.5千克/立方米，发酵菌剂150克/立方米等按比例分层加入发酵床内，调整水分至60%～65%，并且每层喷洒由原液配制的500倍稀释液。

方法三：取玉米秸秆90%，深层土10%混合后铺垫30厘米，撒一层粗盐；取锯末90%，深层土10%混合后铺垫20厘米，撒一层粗盐，再用锯末5厘米铺平，菌液2千克/立方米稀释后均匀喷洒在垫料上，湿度达75%，再用干锯末铺5厘米。

一般冬季发酵7～15天，夏季3～7天，抓一把10厘米以下的垫料放到鼻子下闻，如没有霉臭味和异味即可，在正常情况下表现出淡淡的酸香味，表明制作成功；或用温度计插入垫料20厘米以下5分钟，如温度在50℃左右表明成功，即可进猪饲养。一般可使用1年以上。

二、发酵床养猪管理要求

（一）猪群管理

1. 进猪前彻底消毒：由于发酵垫料内部有大量的益生菌形成生物屏障，所以垫料表面不用消毒，周围环境的消毒按常规进行。

2. 针对性免疫接种：严格执行防疫程序，把好防疫关；所有猪只在进入发酵床之前，必须进行驱虫。

3. 在猪饲料中不添加抗生素：可在饲料或饮水中添加微生物饲料添加剂，或采用微生物发酵饲料，既可以促进猪只健康生长，又可以起到补充有益菌、维护发酵床的作用。

4. 猪群健康监控：对猪群健康状况，每天进行查圈评估，及时挑出有典型疾病特征的猪只送至病猪隔离舍治疗，始终保证生产群猪只健康状况良好。

（二）发酵床管理

1. 猪的饲养密度太大可使床的发酵状态降低，不能迅速降解、消化猪的粪尿，一般以每头猪占地1.2～1.5平方米为宜。小猪时可适当增加饲养密度。

2. 发酵床的床面不能过于干燥，一定的湿度有利于微生物的繁殖，如果过于干燥还可能会导致猪的呼吸系统疾病，可定期在床面喷洒活性剂。地面湿度必须控制在60%，应经常检查，如水分过多应打开通风口，利用空气调节湿度。

3. 入圈生猪事先要彻底清除体内的寄生虫，防止将寄生虫带入发酵床，以免猪在啃食菌丝时将虫卵再次带入体内而发病。

4. 要密切注意土壤微生物的活性，必要时需加活性剂来调节土壤微生物的活性，以保证发酵能正常进行。

5. 猪舍中的锯屑变少时，适当补充微生物原种和营养液。

6. 为利于猪拱翻地面，猪的饲料喂量应控制在正常量的80%，生猪一般在固定地方排粪、撒尿，当粪尿成堆时挖坑埋上即可。

7. 猪舍内禁止使用化学药品，防止其对土壤微生物的杀害作用，降低微生物的活性。

8. 垫料使用1年以后，如发现垫料表面成细黑土状态，可把最上面10厘米的垫料更换，并撒上少量菌种和玉米粉，这样可延长使用1～2年。如此可更换垫料几次，第一次更换表面垫料10厘米，第二次更换15厘米，第三次更换20厘米，直到发现不能正常分解粪便时全部清理，重新铺设全部垫料。

第五章 猪病防治

第一节 猪病免疫

一、猪病免疫防治原则

1. 加强饲养管理，使猪群处于良好的健康状态。

2. 严格制订和执行卫生消毒措施，保持环境相对清洁，以减少或杜绝病原存在和污染的机会。

3. 了解本地区的疫病流行情况，制订和执行适于本场的免疫计划。

4. 正确选用高质量、安全可靠的疫苗，严禁使用伪劣、过期或变质的疫苗。

5. 做好疫苗接种前后的抗体监测工作，以了解猪群免疫状况和接种效果。适时调整免疫程序，必要时进行补免。

二、猪场防疫管理

1. 日常管理

（1）制订猪场兽医防疫计划和各部门防疫岗位责任制，实行场长负责制。

（2）猪场应建立兽医室，并配备相应专业技术人员和必要的诊断及监测设备，建立健全免疫接种、诊断与监测、病猪剖检记录。

（3）坚持自繁自育的原则，需要引进种猪时，必须从非疫区且必须申报检疫审批并检疫合格后方可引进；引进后需隔离饲养至少45天，经观察、检疫，确认健康后并群饲养。

（4）猪场严禁饲养禽、犬、猫及其他动物。

（5）生产区人员不得接触生猪肉，外来车辆不得进入猪场，必要时需经严格消毒后方可进入。生产人员若要进入生产区，必须严格遵守消毒程序；饲养人员严禁相互串栋（舍），每栋猪舍出入口放置消毒盆（垫）。

2. 疫病诊断与监测：对猪场发病死亡猪只，兽医技术人员必须开展临床和病理诊断，并做好发病和死亡情况记录。采集发病死亡猪只血清、组织样本，及时送相关部门或实验室进行病原学和血清学诊断。定期开展疫病监测工作，掌握猪群病原感染与带毒状况，按猪群规模采集一定数量的血清样本并送相关实验室进行检测，一般每年进行3~4次。

3. 疫情处理：规模饲养场所发生疫病或怀疑发生疫病时，应按《中华人民共和国动物防疫法》的有关规定进行处置，及时诊断，采用隔离、环境消毒、染疫动物处置措施。

4. 疫苗免疫：做好各类疫苗免疫工作，特别是重大疫病的免疫预防。根据猪群免疫状况和疫病流行季节，结合本场具体情况制定免疫方案和免疫程序。规模猪场免疫可参考以下程序进行，仅供参考（表5－1）。

5. 药物防治：根据本场细菌性疾病发生情况，制订各个阶段猪群合理科学的药物预防与保健方案，制订猪场寄生虫控制计划。

6. 疫病净化：根据国家行业管理部门的要求，结合疫病控制规划，积极开展种猪群伪狂犬病、猪瘟等疫病的净化工作，建立健康的种猪群。

表 5－1　常见猪病的免疫程序

疫苗名称	免疫接种对象	疫苗接种时间
猪口蹄疫灭活疫苗	断奶仔猪、后备猪、种猪	仔猪断奶时首免，种公猪和后备猪每 4 个月注射 1 次，母猪断奶后1～2天注射 1 次
猪瘟弱毒冻干苗	仔猪、后备猪、种猪	仔猪 20 日龄首免，50～60 日龄二免，母猪在产后 20 天免疫 1 次，种公猪和后备猪在春秋各免疫 1 次
猪瘟猪丹毒猪肺疫三联苗	仔猪、后备猪、种猪	仔猪在 50～60 日龄免疫，母猪在产后 20 天免疫 1 次，种公猪和后备猪在春秋各免疫 1 次
仔猪副伤寒活菌苗	仔猪	仔猪在 30 日龄免疫 1 次
大肠杆菌疫苗	仔猪、母猪	仔猪 7 日龄免疫，母猪在产前 20 天免疫 1 次

第二节　卫生消毒制度

一、总体要求

猪场应保持整个环境的清洁卫生，建立卫生消毒管理制度。消毒宜选择高效低毒、广谱的消毒药品，定期对猪场的道路和环境进行消毒，并在一些重大疫病发生和流行时期，增加清扫和消毒次数。每天坚持打扫猪舍，保持料槽、水槽、用具等干净卫生，地面整洁。同时搞好灭鼠、灭蚊蝇等工作。

二、消毒程序

（一）非生产区消毒

1．人员消毒：凡进入场区的人员，必须走消毒通道进行消毒，消毒通道可设置紫外线灯、高压喷雾消毒装置、消毒垫、洗手设备等消毒设备。紫外线灯可用于体表消毒，但紫外线灯可能对人体有害或因紫外线灯设置不合理影响消毒效果；高压喷雾消毒装置用于体表消毒效果较好，可有效地阻断外来人员携带的病原微生物；消毒垫用于鞋底消毒，人员入口可做成浅池型，垫入有弹性的塑料、地毯等材料，消毒药随时适量添加保持水位，每天更换1次，消毒剂每3～4月更换1次。设置消毒盆，对进入猪场的人员进行洗手消毒。

2．车辆消毒：除运输车外其他社会车辆一律不得进入场区，大门设消毒池，并进行喷雾消毒。饲料运输车的挡泥板和底盘必须用消毒液充分喷雾，驾驶室更要严格消毒。运猪车不得进入生产管理区，在靠近装猪台前进行清洗、干燥、消毒后方可装载。

3．环境消毒：经常清扫道路、空地，保持其清洁卫生，并定期进行消毒，每周1～2次。对猪场相通的周边道路也要消毒，每月2次以上。

（二）生产区消毒

1．人员消毒：进入生产区的人员需更换工作服、胶鞋，通过消毒通道经消毒后进入。有条件的猪场应先洗澡、更衣、消毒方才可以进入，其顺序为外间更衣→洗澡→里间换工作服→喷雾或紫外线消毒→换鞋→消毒池（消毒垫）→生产区。

2．车辆消毒：进入生产区的车辆必须彻底消毒，消毒液每周更换。

3. 生产区内地面

（1）道路、空地、运动场消毒：选用高压清洗机，每周用消毒液进行1～2次喷雾消毒，也可用烧碱和石灰水定期白化。

（2）赶猪通道、装猪台消毒：每次赶猪前必须消毒，赶猪后清洗、消毒，防止交叉感染。消毒剂可选用碘制剂、酚制剂、季胺盐等，每3～4个月互换1次。

（3）空栏（舍）消毒：尽量拆除和移走围栏、料槽、垫板、网架等设备，彻底清除排泄物、垫料、剩余饲料等，确保清扫干净。先用消毒药水对网床、垫板、栏杆、地面、墙壁和其他设备充分喷雾湿润或浸泡，24小时后用高压水枪冲洗干净即可。对拆下的设备，可先用碘制剂或酚制剂浸泡消毒30～60分钟后，用高压水枪冲洗干净。待栏舍干燥后用消毒药水自上而下喷雾，保证空间、墙壁、地面及设备均得到消毒。墙体、地面也可用2%烧碱和生石灰水涂刷。

（4）病猪隔离室消毒：用碘制剂或过氧化物制剂喷雾消毒，每天1～2次。

4. 其他：出入猪舍的各种器具、推车等必须经过严格消毒，各种饲喂工具每天清洗干净，定期消毒。要根据进入生产区的药物、饲料等物料外表面（包装）特性不同采取喷雾、紫外线照射、密闭熏蒸等方式消毒。注射器械可用高温消毒，手术器械在使用后用消毒药水浸泡消毒，并清洗晾干备用。每次使用过的活疫苗空瓶应集中放入有盖塑料桶中灭菌处理，防止病毒扩散。

第三节　猪主要疫病防治

一、猪瘟

猪瘟又称猪霍乱，俗称烂肠瘟。猪只不分大小、品种、性别，一年四季都可发病，且流行广、发病率和死亡率高、危害较大，是国际法定检疫对象。

1. 急性：体温升高 40～42℃，精神沉郁、怕冷、挤在一起。常发生结膜炎、齿龈、唇内外及舌体上有溃疡或出血斑点。病初便秘，排出干硬粪便。5～6 天后腹泻粪便呈糊状和水样，混有血液。病的后期在鼻端、唇、耳、四肢、腹内侧皮肤上有点状或斑状出血。1～3 周病程，常常继发细菌感染，特别以肺炎类和坏死肠炎较多见。

2. 慢性：贫血、消瘦、全身衰弱，病程可超过 1 个月。体温升高不明显，食欲时好时坏，便秘腹泻交替，耳尖、尾根、四肢皮肤发生坏死，甚至干脱。繁殖障碍性猪瘟主要引起流产、死胎、畸形、木乃伊胎和产生带毒小猪及先天性振颤等综合征。

3. 预防措施：仔猪 20～25 天注射猪瘟疫苗 5 头份，60 日龄注射猪瘟疫苗 10 头份。

二、猪口蹄疫

寒冷季节发病迅速，传播快，体温升高 41℃以上，不食、粪干，1～2 天后口腔、鼻黏膜、蹄叉出现水泡，不久溃烂，形成溃疡、出血、跛型，严重者站立不稳。小猪体质差，易继发感染其他病患而死亡。本病主要危害心脏，致急性心肌炎而死亡。年龄大的猪一般呈良性经过，较少死亡。哺乳仔猪死亡率较高。患口蹄疫的猪蹄部和鼻吻部病变典型，易于辨别，但应与猪传染性水泡病相区别。

预防措施：没有特效的治疗方法，一般对配种前母猪或断奶后仔猪、大猪进行普防，发病后应及时上报疫情。

三、猪蓝耳病

又称猪生殖与呼吸道综合征，是一种以母猪流产、死胎、木乃伊胎和呼吸困难为特征的病毒性传染病。不同年龄、品种、性别的猪均可感染。在不同的感染猪群中的临床症状也有很大差异，同时易继发多种细菌性感染而使病情加剧，死亡率上升。怀孕母猪出现早产、死产、产弱仔和木乃伊胎；部分离乳母猪长时间不发情和受胎率下降，仔猪表现快速的腹式呼吸或喘气、腹泻、拱背、消瘦，易引发感染而加剧病情，离乳前猪死亡率高达80%～100%；青年猪以呼吸道症状为主，主要是呼吸困难、急促等，呈间歇性肺炎；公猪精神不佳，性功能下降、精液减少、精液品质下降。

防治措施：目前对于猪蓝耳病病毒感染，尚无有效的治疗方法，只能采取综合防治措施来防止该病毒侵入猪场或控制在猪场内传播。

四、猪流行性感冒

潜伏期2～7天，通常受到一种或多种刺激之后出现症状，发病突然，并迅速传播。患病猪体温很快升至40～41.5℃，精神萎靡、食欲减退甚至废绝，眼结膜潮红，口鼻眼流出黏液样分泌物，先稀后浓，呼吸和心跳加快，后期咳嗽气喘，呈腹式呼吸，粪便干硬，少数腹泻。肌肉和关节酸疼，卧地不起，少数患病猪卧地时挣扎欲起或被驱赶时出现阵发性抽搐，致昏迷而死。若无并发感染，多数患猪可在7天左右康复。

防治措施：做好圈养卫生，注意通风透气，避免日晒雨淋，寒夜露宿。患猪（怀孕母猪除外）可用安乃近或氨基比林加青链霉素注射，连用2天，每天2次。怀孕母猪可用柴胡加板蓝根注射，也可分开注射，每天2次，连用3天。还可服用银翘解毒丸，中猪每次2粒，每天1～2次。

五、仔猪腹泻

仔猪腹泻是目前最严重的仔猪疾病之一，也是引起仔猪死亡的重要原因，其病因复杂、相互关联、相互影响，临床表现各异，且差异大。

（一）常见仔猪腹泻

1. 仔猪黄痢：主要发生于1周龄以内的仔猪，以3日龄为常见。粪便呈黄色浆状，腥臭，严重者肛门松弛，排粪失禁，肛门和阴户呈红色。

2. 仔猪白痢：主要发生于7～30日龄，以7～14日龄为常见，排出乳白色或灰白色浆状、糊状的腥臭粪便。

3. 仔猪红痢：又叫出血性肠炎或坏死性肠炎，由魏氏梭菌产生毒素而引起发病。主要发生于3日龄以内的仔猪，以排红色黏液粪便为特征，发病快、病程短，常常是全窝发病全窝死亡，发病季节不明显。

4. 病毒性腹泻：主要是传染性胃肠炎、流行性腹泻和仔猪轮状病毒感染，以呕吐、水样腹泻和脱水为特征，粪便腥臭，混有气泡，10日龄以内仔猪发病率和死亡率较高。病死仔猪尸体明显脱水。

5. 寄生虫腹泻：以球虫、蛔虫、锥虫引起的腹泻较为多见，发生于20日龄以上的仔猪，一般呈慢性经过，伴有食欲不振、咳嗽、呼吸困难、贫血等症状，有的便秘与腹泻交替或体温升高。

（二）预防与治疗

1. 怀孕母猪注射大肠杆菌腹泻三价苗，对黄白痢有较好的预防作用。

2. 搞好圈舍卫生，保证母猪吃上含蛋白质、维生素、微量元素丰富的饲料。

3. 保证仔猪吃到初乳，注意保温，防止母猪无乳。

4. 饮水中加入维生素、抗生素控制疫病发生。对病猪肌注止痢金刚等药品，每头 2 ~ 3 毫升。

5. 可用土霉素、氯霉素、卡那霉素、新霉素、呋喃唑酮、复方新若明、痢特灵、环丙沙星、氟哌酸、氧氟沙星、磺胺类、痢菌净、恩诺沙星、青霉素、链霉素等药物治疗。

6. 母猪分娩前可适量给予硫酸镁、植物油等缓泻剂以防便秘。哺乳类母猪可在饲料中加入土霉素、红霉素或磺胺二甲氧嘧啶等药物。

7. 对脱水严重的仔猪，可腹腔注射 5% 葡萄糖生理盐水 10 ~ 30 毫升，并加入适量抗生素（如卡那霉素、链霉素等）。

第六章　规模猪场建设

第一节　猪场规划布局

一、猪场场址选择

场址选择应根据猪场的性质、规模和任务，考虑场地的地形、地势、水源、土壤、当地气候等自然条件。同时应考虑饲料及能源供应、交通运输、产品销售，与周围工厂、居民点及其他畜禽场的距离，以及当地农业生产、猪场粪污就地处理能力等社会条件，进行全面调查，综合分析后再做出决定。

（一）地形地势

1. 地形：猪场地形要求开阔整齐，有足够面积，一般按繁殖母猪每头40～50 平方米或上市商品育肥猪每头 3～4 平方米考虑，同时符合当地城乡建设发展规划，并需留有发展余地。

2. 地势：要求地势平坦高燥、背风向阳，地下水应在 2 米以下，一般坡度以 1%～3% 为宜，最大不超过 20%；不宜建在山坳和谷地，防止形成空气涡流；避开西北方向的山口和长形谷地，减少冬春季风雪侵袭。

（二）水源水质

猪场水源要求水量充足，水质良好，符合饮用水卫生标准，便于取用和进行卫生防护，并易于净化和消毒。主要水源包括地面水、地下水和降水，其中流动的活水或地下水是理想水源。以地面水作为水源时要经过过滤和消毒处理，取水点周围100米范围内不得有任何污染区，上游1 000米、下游100米之内不得有污水排放口。以地下水作为水源时，水井周围30米范围内不得有厕所、粪池等污染源。

水源水量充足，必须满足场内生活用水、猪只饮用水及饲养管理用水的要求。干清粪生产工艺的规模猪场每日供水量见表6－1。

表6－1　规模猪场供水参考量

供水量	100头基础母猪规模	300头基础母猪规模	600头基础母猪规模
猪场供水总量	20	60	120
猪群饮水总量	5	15	30

注：炎热和干燥地区的供水量可增加25%，单位：吨/日。

各类猪每头每日的总需水量与饮用量见表6－2。

表6－2　各类猪每头每日总需水量和饮用量参考值

类　别	总需水量（L）	饮用量（L）
公猪	40	10
空怀妊娠母猪	40	12
哺乳母猪	75	20
哺乳母猪	75	20
断奶仔猪	5	2
生长猪	15	6
育肥猪	25	6

注：表内参数供选择水源时参考。

（三）土壤特性

一般情况下，猪场土壤要求以沙壤土最为理想，沙壤土透气性好、易渗水，既可避免雨后泥泞潮湿，又可抑制微生物、寄生虫和蚊蝇的孳生；沙壤土导热性小，温度稳定，有利于土壤的自净及猪的健康和卫生防疫。但是在一些地区，由于受自然条件限制，选择理想的土壤困难，应在猪舍的设计、施工和管理上采取一定措施加以弥补。

（四）供电和交通

电力供应对猪场至关重要，选址应靠近输电线路，保证有足够的电力供应，减少供电投资。特别是集约化程度较高的猪场，必须具备可靠的供电，并应有备用电源。

猪场应选择交通便利的地方，但应考虑猪场的防疫需要和对周围环境的污染问题，不能太靠近公路、铁路等主要交通干线，至少距离主要干线 400 米以上。一般来说，距铁路、国家一、二级公路应不少于 300～500 米，最好在1 000米以上；距三级公路（省内公路）应不少于150～200 米，距四级公路（县级及地方公路）不少于 50～100 米。

（五）周围环境

猪场选址必须遵守社会公共卫生和兽医卫生准则，使其不至于成为周围环境的污染源，同时也要注意不受周围环境的污染。一般来说，猪场应处在居民区的下风向，地势要低于居民区，要避开居民区的排污道。与村镇居民区、工厂及其他畜禽场间应保持适当距离，以避免相互污染。最好距离生活饮用水水源地、其他养殖场（养殖小区）、种畜禽场和城镇居民区、文化教育科研等人口集中区域1 000米以上；距动物隔离场所、无害化处理场所、动物屠宰加工场、动物及畜产品集贸市场、动物诊疗场所3 000米以上。如有围墙、林地等屏障距离可适当缩短。禁止在旅游区及工业污染严重的地区建场。

二、猪场规划

（一）场区规划原则

1. 在体现建场方针、任务的前提下，做到节约用地。

2. 应全面考虑粪污处理利用。

3．合理利用地形地物，有效利用原有道路、供水、供电线路及原有建筑物等，以减少投资，降低成本。

（二）场内分区规划

猪场一般可分为4个功能区，即生活区、生产管理区、生产区和隔离区。为便于防疫和安全生产，应根据当地全年主风向与地势，按顺序安排以上各区，即生活区→生产管理区→生产区→隔离区。

1．生活区：包括文化娱乐室、职工宿舍、食堂等，这是管理人员和家属日常生活的地方，应单独设立。由于规划用地、建设成本等问题，规模较小的猪场可与生产管理区合并建设，设在生产区的上风向或地势较高的地方。

2．生产管理区：包括猪场生产管理必须的附属建筑物，如办公室、接待室、财务室、会议室、技术室、化验分析室、饲料加工调配车间、饲料储存库、水电供应设施、车库、杂品库等。该区与日常饲养工作关系密切，距生产区距离不宜太远，地势上应高于生产区，并在生产区的上风向或偏风向。生产区大门应设在该区，两侧设门卫和消毒更衣室。生产管理区大门设消毒池，可允许车辆进入管理区。

3．生产区：包括各类猪舍和生产设施，也是猪场的最主要区域，一般建筑面积占全场总面积的70%～80%。严禁一切外来车辆与人员进入。

生产区猪舍包括配种舍、妊娠舍、分娩舍、保育舍和生长育肥舍，布局时应考虑有利于防疫、方便管理和节约用地的原则，种猪舍要求与其他猪舍隔开，应设在人流较少和生产区的上风向或偏风向，种公猪舍在空怀妊娠母猪舍的上风向，既可防止母猪的气味对公猪的不良影响，又可利用公猪的气味刺激母猪发情。分娩舍既要靠近空怀妊娠舍，又要靠近保育舍。保育舍和生长育肥舍应设在下风向或偏风向，生长育肥舍应离出猪台较近。在设计上猪舍方向保持与当地夏季主导风向呈30°~60°角，使猪舍在夏季得到最佳的通风条件。总之，应根据当地自然条件，充分利用有利因素，从而在布局上做到对生产最为有利。

4. 隔离区：包括兽医室、隔离猪舍、尸体剖检和处理设施、粪污处理及贮存设施等。该区是卫生防疫和环境保护的重点，应设在整个猪场的下风向、地势较低的地方。兽医室可靠近生产区，其他设施应远离生产区。猪场应设专门的污水及粪污处理设施，并符合环保要求，防止污染环境。

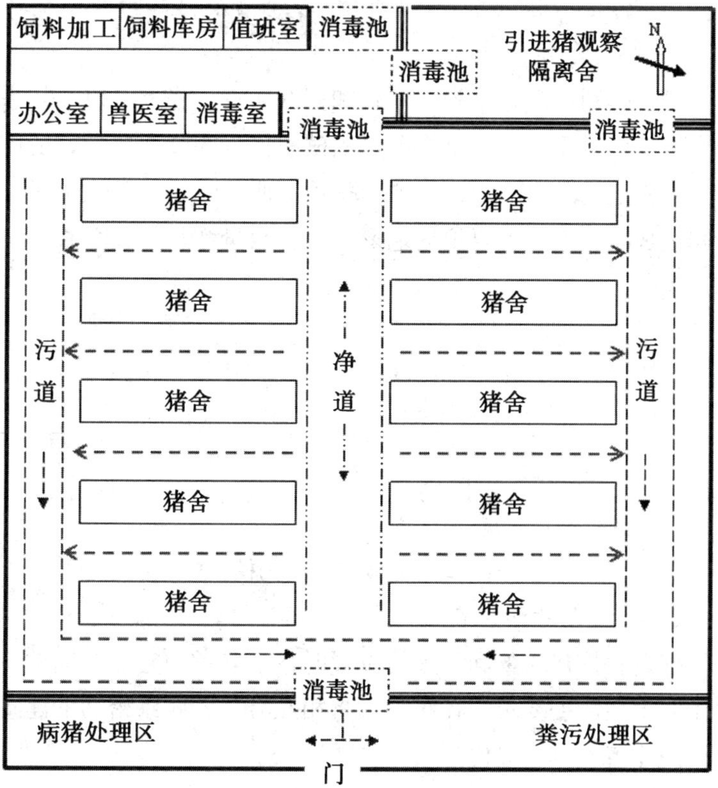

图6-1 规模猪场平面布局图

三、猪场建筑布局

猪场建筑物的布局，就是合理设计各种房舍建筑物及设施的排列方式和次序，确定每栋建筑物和各种设施的位置、朝向和相互之间的间距。应根据饲养规模、饲养管理方式、集约化程度和机械化水平、饲料需要量和供应情况等，确定各种建筑物的形式、种类、面积和数量，综合考虑各种因素后，制定布局方案和布局图（图6－1）。猪舍排列和布局必须符合生产工艺流程要求，一般按配种舍、妊娠舍、分娩舍、保育舍、生长育肥舍依次排列，尽量保证一栋猪舍一个工艺环节，便于管理和防疫。

（一）建筑物的排列

猪舍排列可以是单列、双列和多列布局（图6－2）。如果场地允许，尽量避免将建筑物布置成横向狭长或竖向狭长，造成饲料、粪污运输距离加大，管理和联系不便，道路和管线加长，增加建设成本。实践中要根据地形、畜舍数量和每栋畜舍长度，酌情布置。

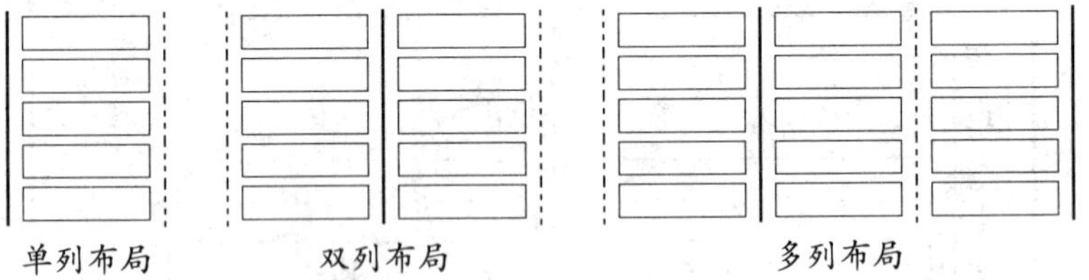

图6－2　猪场建筑物排列模式图

（二）建筑物的位置

确定每栋建筑物和设施的位置时，主要考虑它们之间的功能关系和卫生防疫要求。在布局时将相互有关、联系密切的建筑物及设施靠近安排，以便于生产（图6－3）。

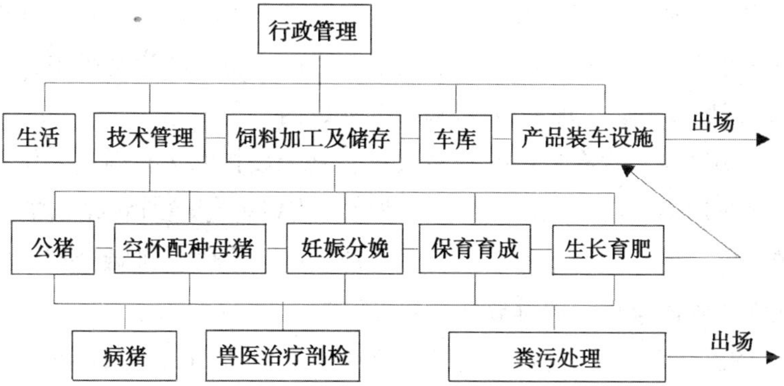

图 6-3　猪场各类建筑物和设施功能关系模式图

（三）建筑物的朝向和间距

1. 朝向：确定建筑物朝向时主要考虑光照和通风，畜舍的适宜朝向以冬季纵墙和屋顶多接受光照、冷风渗透少，夏季少接受光照、通风量大为宜。畜舍朝向以南向或南偏东、偏西 45°以内为宜。

2. 间距：确定畜舍间距主要考虑光照、通风、防疫、防火和节约占地面积。间距大有利于通风排污、防疫和防火，但会增加占地面积；间距小可节约占地面积，但不利于采光、通风、防疫和防火。

根据光照决定畜舍间距时，间距保持檐高的 3~4 倍可满足光照要求；根据通风来确定时，间距为檐高的 3~5 倍时可满足通风和防疫要求；根据防火材料确定时，防火间距为 6~8 米。综合光照、通风、防火和防疫要求，畜舍间距不得小于檐高的 3~5 倍。

（四）其他设施

1. 场内道路和排水：场区内道路由公共道路和生产区净道、污道组成。生产区净道和污道要分开、互不交叉、出入口分开。净道用于行人、运送饲料及产品等，污道则专运粪污、病猪、死猪等。公共道路分为主干道和一般道路，各功能区之间道路连通形成消防环路，主干道连通场外道路。主干道一般宽4米，其他道路宽3米。其路面以混凝土或沙石路面为主，转弯半径不少于9米，场区道路纵坡一般控制在2.5%以内。

场区地势宜有1%~3%的坡度，路旁设排水沟，雨水采用明沟或暗沟就近排入场内水沟后排出。从猪舍等建筑物排出的生产、生活污水用管道输送至污水处理设施或沼气池进行处理，经处理达到国家规定的排放标准后排放。

2. 场区绿化：绿化不仅美化环境，净化空气，也可防暑、防寒，改善猪场小气候，降低噪声，促进安全生产，从而提高经济效益。场区绿化可按冬季主风的上风向设防风林，在猪场周围设隔离林，猪舍之间、道路两旁进行遮荫绿化，场区裸露地面上可种花草，绿化总面积不低于占地总面积的50%。

第二节 猪舍建筑

猪舍是养猪场的核心部分和主要环境工程设施，理想的猪舍环境温度适宜猪的生长发育、繁殖，猪舍内的空气质量优良，保持干燥等，则有利于操作管理和生猪生产。

一、猪舍建筑设计原则

1. 保证猪舍有良好的小气候环境，具有正常的采光和良好的通风设施，冬季保温，夏季凉爽，并保持干燥。设计要求是在寒冷地区以保暖防潮为主，温暖地区以隔热为主、兼顾防寒防潮，在炎热地区则以隔热防潮为主。

2. 有完善的舍内卫生设备，有充足的饮水、生产管理用水及排污设施。

3. 要与机电设备密切配合，便于机电设备、供水设备等的安装和操作，提高劳动生产率。

4. 根据不同时期对猪的要求，有足够维持正常生活和生产的面积，且猪舍结构合理。

5. 因地制宜，就地取材，降低成本，节约投资。

二、猪舍建筑基本结构

包括地面、墙、门窗、屋顶等，又称为猪舍的外围护结构。

（一）地基及基础

支持整个建筑物的土层称为地基。猪舍多为单层建筑，在土层上所承受的压力不大，一般可修建在天然地基上。作天然地基的土层必须具备足够的承重能力、足够的厚度，且组成一致、压缩性小而匀、抗冲刷能力强、膨胀性小、地下水位在 2 米以下，并无侵蚀作用。沙砾、碎石、岩性土层以及足够厚度、不受地下水冲刷的沙质土层是良好的天然地基。黏土、黄土、富含植物的有机土层不适宜作为天然地基。

基础是指墙没入土层的部分，是墙的延续与支撑。主要作用是承载猪舍自身重量、屋顶积雪重量和墙、屋顶承受的风力。要求坚固、耐久，有抗机械能力及防潮、抗震、抗冻能力。一般基础比墙宽 10 ~ 15 厘米。基础的埋置深度，根据猪舍的总荷载、地基承载力、地下水位及气候条件等确定。基础受潮会引起墙壁及舍内潮湿，应注意基础的防潮防水。为防止地下水通过毛细管作用浸湿墙体，在基础墙顶部应设防潮层。

（二）地面

猪舍地面是猪活动、采食、躺卧和排粪尿的地方，关系到舍内空气环境、卫生状况和使用价值。地面散失的热量占猪舍总散失热量的12% ~15%。猪舍地面要求保温、坚实、不透水、平整、不滑，便于清扫和清洗消毒。地面一般应保持 2% ~3% 的坡度，以利于保持地面干燥。猪舍地面分为实体地面和漏缝地板等。

土质地面、三合土地面和砖地面保温性能好，但不坚固、易渗水，不便于清洗和消毒；水泥地面坚固耐用、平整，易于清洗消毒，但保温性能差。为克服水泥地面传热快的缺点，在地表下层可用炉灰渣、膨胀珍珠岩、空心砖等材料增强地面的保温性能。实体地面不适用于幼龄猪。漏缝地板由混凝土或木材、金属、塑料制成，能使猪与粪尿隔离，易保持卫生清洁、干燥，尤其有利于幼龄猪生长发育。

（三）墙壁

墙壁为猪舍建筑结构的重要部分，将猪舍与外界隔开，对舍内温度、湿度的介质有重要作用。据测定，猪舍总散失热量的35%～40%是通过墙壁散失的。根据墙壁不同的功能可分为承重墙、隔墙、外墙、内墙、纵墙和山墙。

猪舍墙壁总体要求坚固、耐久、抗震、耐水、防火、抗冻；结构简单、便于清扫和消毒，具有良好的保温隔热性能。具体来说，墙壁坚固耐用，承载力和稳定性必须满足结构设计要求；墙内表面便于清洗和消毒，地面以上1～1.5米高的墙面应设水泥墙裙；墙壁应具有良好的保温隔热性能，墙体材料采用黏土砖，内表面宜用白灰水泥沙浆粉刷，有利于保温防潮，提高舍内照明度和便于消毒。

墙壁的厚度应根据当地的气候条件和所选墙体材料的热工特性来确定，既要满足墙的保温要求，同时尽量降低成本，避免造成浪费。猪舍主体墙厚度一般为37～49厘米。

（四）门与窗

猪舍设门有利于猪的转群、运送饲料、清除粪便等，一栋猪舍至少有两个门，一般设在猪舍的两端，门向外开，门外设坡道，便于猪只和手推车出入。门高2～2.4米，宽1.5～2米。一般通过门损失的热量可达到4%～8%，门应修建严密、结实，冬季可加设门斗。

窗户主要用于采光和通风换气。窗户面积大，采光多、换气好，但冬季散热和夏季向舍内传热也多，不利于冬季保温和夏季防暑。窗户的大小、数量、形状、位置应根据当地气候条件合理设计，一般窗户面积占猪舍面积的10%～12.5%，窗台高0.9～1.2米，窗户上口至檐距离0.3～0.4米。

（五）屋顶

屋顶起遮挡风雨和保温隔热的作用，要求坚固，有一定的承重能力，不漏水、不透风、耐火，结构轻便，同时具有良好的保温隔热性能。猪舍加设吊顶，可明显提高其保温隔热性能，但随之也增大了投资。

猪舍高度决定舍内空气环境和管理操作，猪在舍内活动空间应距地面1米以上的高度范围内，人员在舍内的适宜操作空间应距地面2米左右的高度。为保持猪舍内较好的空气环境，必须有足够的舍内空间，空间过大不利于冬季保温、过小不利于夏季防暑，一般猪舍高度为2.2～3米为宜，在以冬季保温为主的寒冷地区可适当降低猪舍高度。

下面介绍几种常见的猪舍规格：①长80～100米，宽8～10米，高2.4～2.5米；②长40～50米，单列宽5～6米，高2.3～2.4米；③长40～50米，双列宽8～10米，高2.3～2.4米；④长20～25米，单列宽5～6米，高2.4～2.5米；⑤长20～25米，双列宽8～9米，高2.4～2.5米。

三、猪舍建筑要求

（一）猪舍常见类型

猪舍按屋顶形式、墙壁结构与窗户以及猪栏排列等分以下几种。

1. 按屋顶形式分：可分为单坡式、双坡式、联合式、平顶式、拱顶式、钟楼式、半钟楼式等（图6－4）。

（1）单坡式：跨度小，结构简单，造价低，光照和通风好，适合小规模猪场。

（2）双坡式：跨度大，是双列猪舍和多列猪舍的常用形式。一般用石棉瓦、小青瓦或彩塑瓦，造价低于平顶水泥预制件猪舍，但夏季应另设防暑降温系统。

（3）平顶式：猪舍屋顶用水泥钢筋预混材料建造，屋顶可蓄水隔热，特别利于夏季猪舍防暑降温。

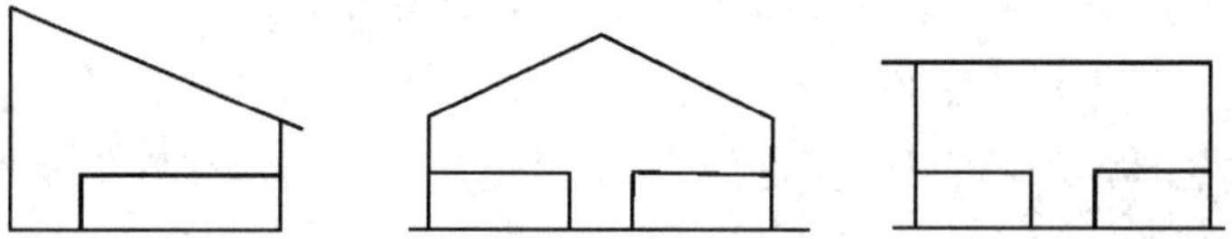

图6－4　猪舍常见类型

2. 按墙壁结构与窗户分：可分为开放式、半开放式和密闭式猪舍。

（1）开放式：猪舍三面有墙，一面无墙，其结构简单，通风采光好，造价低，夏季利于防暑降温，冬季要在半墙上挂草帘或塑料布，才能提高猪舍保温性能。

（2）半开放式：三面设墙，一面设半截墙，略优于开放式。

（3）密闭式：分有窗式和无窗式。有窗式四面设墙，窗设在纵墙上，窗的大小、数量和结构应结合当地气候而定。北方地区猪舍南窗大，北窗小，以利保温。无窗式四面为墙，墙上只设应急窗，与外界环境隔绝较好，舍内通风、采光、温度和湿度靠人工设备调控，生产率较高，但建设成本高，运行费用高。

3. 按猪栏排列分：可分为单列式、双列式、多列式（图6－5）。

（1）单列式：猪栏呈一字排列，一般靠北墙设饲喂走道，舍外可设或不设运动场，跨度较小，结构简单，省工省料造价低，但不适于机械化管理。

（2）双列式：猪栏排成两列，中间设一走道，有的还在两边设清粪道，猪舍建设面积利用率高，保温好，管理方便，便于使用机械。目前大多数规模猪场均采用双列式。

（3）多列式：猪栏排列成三列以上，建设面积利用率更高，容纳猪多，保温性好，运输线短，管理方便，缺点是采光不好，舍内阴暗潮湿，通风不好，必须辅以机械、人工控制其通风、光照及温湿度。

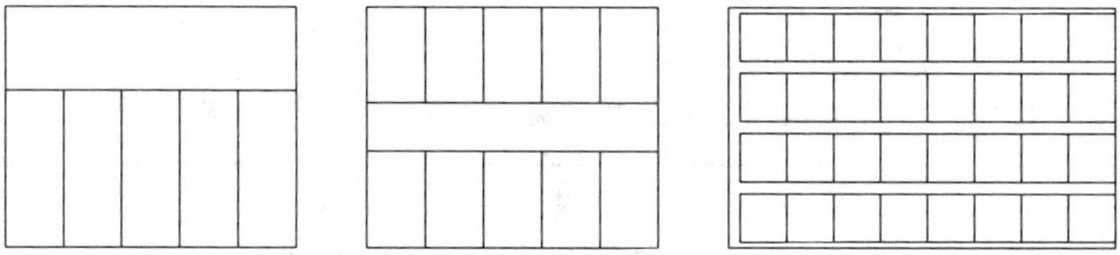

图 6－5　猪栏排列方式

（二）猪舍内部布置

1. 公猪舍：公猪舍多采用单列式，舍内高 2.3～3 米，宽 4～5 米，并在舍外向阳面设运动场。种公猪均为单圈饲养。

2. 空怀与妊娠母猪舍：空怀、妊娠母猪舍可为单列式（可带运动场）、双列式、多列式等几种。空怀、妊娠母猪可群养，也可单养。

3. 哺乳母猪舍：哺乳母猪舍常见为三走道双列式。哺乳母猪舍供母猪分娩、哺育仔猪用，哺乳母猪舍的分娩栏应设母猪限位栏和仔猪活动栏两部分。中间部位为母猪限位栏，宽为 0.6～0.65 米，两侧为仔猪栏。仔猪活动栏内一般设仔猪补饲槽和保温箱，保温箱采用加热地板、红外线灯或热风器等给仔猪局部供暖。

4. 仔猪培育舍：仔猪培育可采用地面或网上群养，每圈 8～12 头，仔猪断奶后转入培育舍，一般应原窝饲养，每窝占一圈。

5. 生长育肥猪舍：为减少猪群周转次数，往往把育成和育肥两个阶段合并成一个阶段饲养，生长育肥猪多采用地面群养，每圈 8～10 头，每头猪的占栏面积和采食宽度分别为 0.8～1 平方米和 35～40 厘米。

6. 隔离猪舍：包括对新购入的种猪进行隔离的引进猪隔离观察舍和对本场疑似传染病但还有经济价值的猪进行隔离治疗的猪舍，饲养容量为全场母猪总数的 5% 左右。

各类猪圈养头数及占栏面积见表 6－3，各类猪舍建筑面积见表 6－4。

表 6－3　各类猪的圈养头数及每头猪的占栏面积和采食宽度

猪群类别	大栏群养头数	每圈适宜头数	面积（平方米/头）	采食宽度（厘米/头）
断奶仔猪	20～30	8～12	0.3～0.4	18～22
后备猪	20～30	4～5	1.0	30～35
空怀母猪	12～15	4～5	2.0～2.5	35～40
妊娠前期母猪	12～15	2～4	2.5～3.0	35～40
妊娠后期母猪	12～15	1～2	3.0～3.5	40～50
哺乳母猪	1～2	1～2	6.0～9.0	40～50
生长育肥猪	10～15	8～12	0.8～1.0	35～40
公　猪	1～2	1	6.0～8.0	35～45

表 6－4　不同饲养规模各类猪舍建筑面积

猪舍类型	100 头基础母猪规模	300 头基础母猪规模	600 头基础母猪规模
合计	1 674	5 011	10 022
种公猪舍	64	192	384

续表

猪舍类型	100 头基础母猪规模	300 头基础母猪规模	600 头基础母猪规模
后备公猪舍	12	24	48
后备母猪舍	24	72	144
空怀妊娠母猪舍	420	1 260	2 520
哺乳母猪舍	226	679	1 358
保育猪舍	160	480	960
生长育肥猪舍	768	2 304	4 608

注：表内数据以猪舍建筑跨度8米为例。

（三）猪舍辅助建筑

主要包括饲料加工车间、人工授精室、兽医诊断室、水塔、水泵房、锅炉房、维修间、消毒室、办公室等（表6－5）。

表6－5　不同饲养规模辅助建筑面积

辅助建筑	100 头基础母猪规模	300 头基础母猪规模	600 头基础母猪规模
合计	450	1 000	1 555
更衣、沐浴、消毒室	40	80	120
兽医诊疗、化验室	30	60	100
饲料加工、检验与贮存	200	400	600
人工授精室	30	70	100
变配电室	20	30	45
办公室	30	60	90
其他建筑	100	300	500

注：其他建筑包括值班室、食堂、宿舍、水泵房、维修间和锅炉房等。

四、设施设备

（一）猪栏

1．猪栏种类：根据材料的不同，可分为实体猪栏、栅栏式猪栏和综合式猪栏三种（图6－6）。实体猪栏采用砖砌结构外抹水泥混合结构或采用水泥预制构件组装而成；栅栏式采用金属焊接成栅栏状并固定装配而成；综合式是将以上两种猪栏综合而成，两猪栏相邻的隔栏采用实体结构，沿饲喂通道一面采用栅栏结构。

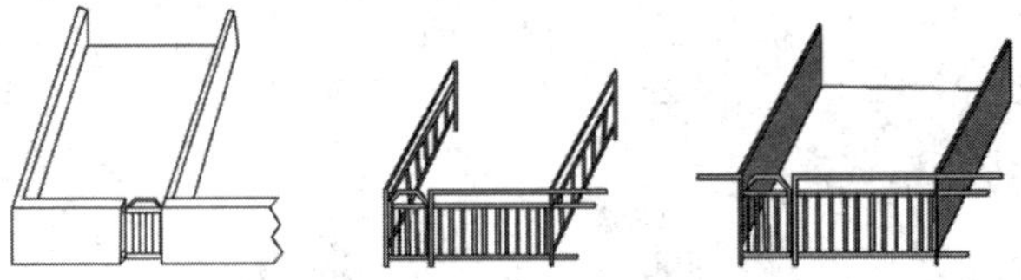

实体式　　栅栏式　　综合式

图6－6　猪栏种类

根据所养猪的种类不同，猪栏又分为公猪栏、配种栏、母猪栏、分娩栏、保育猪栏、生长育肥猪栏等。

2. 公猪栏：有实体式、栏栅式和综合式三种，每栏饲养1头公猪，一般栏高1. 2～1. 4米，长3～4米，宽2.7～3.2米，每头公猪占地7～9平方米。配种栏的设置有多种方式，可以专门设配种栏，也可以利用公猪栏和母猪栏，大多采用两种方式：一是待配母猪栏与公猪栏紧密配置，3～4头母猪栏对应一头公猪栏；二是待配母猪栏与公猪栏隔通道相结合配置，公猪栏也是配种栏，配种时将母猪赶到公猪栏内配种。如采用人工授精技术或设立种公猪站可不必配备配种栏。

3. 母猪栏：指饲养后备母猪、空怀妊娠母猪的猪栏，可分为群养母猪栏、单体母猪栏和分娩栏三种。

（1）群养母猪栏：通常6～8头母猪占用一个猪栏，栏高1米，每头母猪所需面积1.2～1.6平方米，主要用于饲养后备和空怀母猪。

（2）单体母猪栏：每个栏位饲养1头母猪，栏高1米，长3～3.3米，宽2.9～3.1米，主要饲养妊娠母猪。

（3）分娩栏：分娩栏是一种单体栏，是母猪分娩哺乳的场所。由母猪限位架、仔猪围栏、仔猪保温箱和网床组成，分娩栏的中间为母猪限位架，两侧是仔猪采食、饮水、取暖和活动的地方。其中，限位架一般栏高 1 米，长 2.2 ~2.3 米，宽 0.6 ~0.7 米；仔猪围栏的长度与限位架相同，宽 1.7 ~1.8 米，高 0.5 ~0.6 米；仔猪保温箱可用水泥预制板、玻璃钢或其他高强度的保温材料，在仔猪围栏特定的位置分隔而成。

4. 保育栏：指饲养保育猪的猪栏，由围栏、自动食槽和网床组成，栏高 0.7 米，长 1.9 ~2.2 米，宽 1.7 ~1.9 米，可养10 ~25 千克的仔猪 10 ~12 头。

5. 生长育肥猪栏：通常在地面饲养，基本上以同窝仔猪为基础群养，一般可采用实体、栅栏和综合三种形式。栏内地面设局部水泥漏缝地板或金属漏缝地板，其栏架有金属栏和实体栏，一般栏高 0.9 米，长 3 ~3.3 米，宽 2.9 ~3.1 米。

（二）漏缝地板

漏缝地板有钢筋混凝土板条、板块、钢筋编织网、钢筋焊接网、塑料板块、陶瓷板块等。对漏缝地板的要求是耐腐蚀，不变形，表面平，不滑，导热性小，坚固耐用，漏粪效果好，易冲洗消毒，适宜各种日龄猪的行走站立，不卡猪蹄。哺乳母猪、哺乳仔猪和保育猪宜采用质地良好的金属丝编织地板，生长育肥猪和成年猪宜采用水泥漏缝地板。干清粪猪舍的漏缝地板应覆盖于排水沟上方（表6 –6）。

表6 –6　不同猪栏漏缝地板间隙宽度

类　　别	间隙宽度（毫米）
成年种猪栏	20 ~25
分娩栏	10
保育猪栏	15
生长育肥猪栏	20 ~25

（三）食槽

对于限量饲喂的公猪、母猪、分娩母猪，一般都采用钢板食槽或混凝土地面食槽；对于自由采食的保育仔猪、生长猪、育肥猪则多采用钢板自动落料食槽（图6－7）。食槽应限制猪只采食过程中将饲料拱出槽外。自动落料食槽应保证猪只随时采食到饲料。

1. 自动食槽：可以用钢板制造，也可以用水泥预制板拼装，有长方形、圆形等多种形式。长方形食槽分单面和双面两种，单面食槽可供一个猪栏使用，双面食槽可供相邻两个猪栏使用。

2. 限量食槽：采用金属或水泥制成，每头猪喂饲时所需饲槽的长度大约等于猪肩宽。

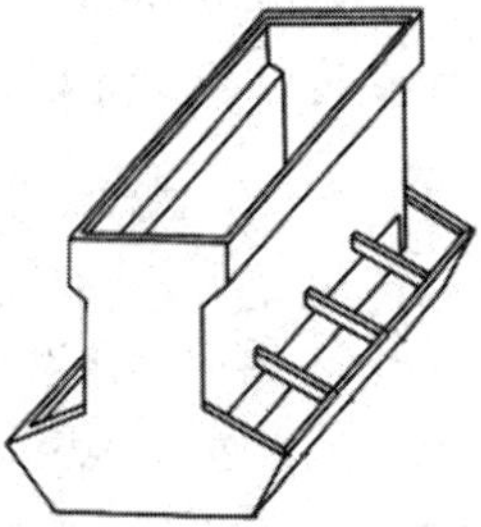
双面自动食槽

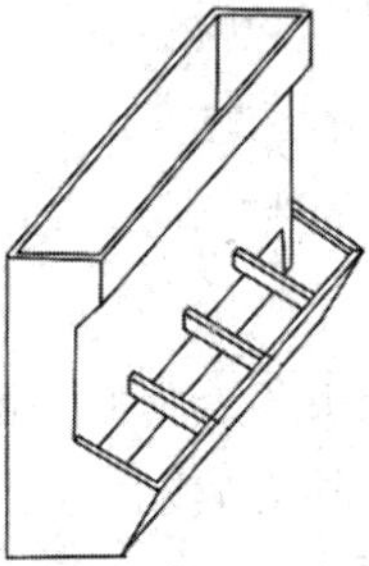
单面自动食槽

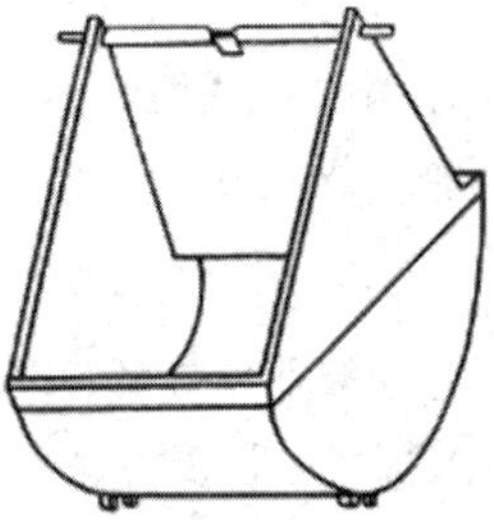
限量食槽

图6－7　食槽

不同食槽高度、采食间隙和前缘高度见表6－7。

表6－7　猪食槽基本参数

型　　式	适用猪群	高度（毫米）	采食间隙（毫米）	前缘高度（毫米）
水泥定量饲喂食槽	公猪、妊娠母猪	350	300	250
铸铁半圆弧食槽	分娩母猪	500	310	250
长方体金属食槽	哺乳仔猪	100	100	70
长方型金属自动落料食槽	保育猪	700	140～150	100～120

（四）饮水设备

猪舍饮水系统由管道、活接头、阀门和自动饮水器组成。常用的自动饮水器有鸭嘴式、乳头式、杯式等，应用最为普遍的是鸭嘴式自动饮水器（图6－8）。在群养猪栏中，每个自饮水器可负担15头猪饮用；在单养猪栏中，每个栏内应安装1个。

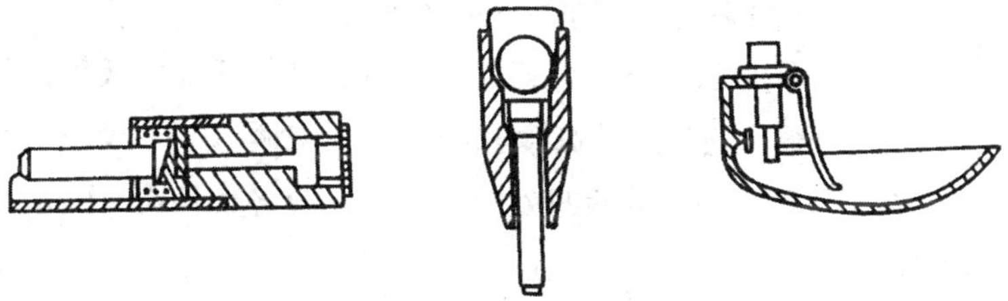

鸭嘴式饮水器　　乳头式饮水器　　杯式饮水器

图6－8　自动饮水器种类

不同自动饮水器安装高度见表6－8。

表6－8　自动饮水器安装高度

适用猪群	高度（毫米）
成年公猪	600
空怀妊娠母猪	600
哺乳母猪	600
哺乳仔猪	120
保育猪	280
生长育肥猪	380

（五）环境控制设备

为猪群创造适宜温度、湿度、通风换气、卫生条件等使用的设备，主要包括供热保温设备、通风降温设备、清洁消毒设备等。

1. 供热保温设备：现代猪舍的供暖可分为集中采暖和局部采暖两种方法。集中采暖由热水锅炉、供水管路、散热器、回水管路及水泵等设备构成，以保持舍内适宜的温度。局部采暖有电热地板、热水加热地板和电热灯加热等设备。目前，多数猪场实现高床分娩和育仔，寒冷季节哺乳母猪舍和保育猪舍应设置供暖设施，哺乳仔猪采用电热板或红外线灯取暖。

（1）红外线加热设备：包括红外线灯、红外线辐射板等。红外线灯发光发热，通过悬挂高度和开关时间来调节，一般高度为40～50 厘米。红外线辐射板只发热不发光，应将其悬挂或固定在保温箱的顶盖上。

（2）电热保温板：采用机械强度高、耐酸碱、耐老化、不变形的工程塑料制成，目前生产上使用的电热板有调温型和非调温型两种。电热保温板可直接放在栏内地面适当位置，也可放在特制的保温箱的底板上。

（3）加热地板：在分娩栏、保育栏可采用热水加热地板，即在舍内或栏舍内水泥地制作之前，先将加热水管预埋于地下，使用时用水泵加压使热水在加热系统的管道内循环。加热温度的高低，由通入的热水温度来控制。

2. 通风降温设备：是为了排除猪舍内的有害气体，降低舍内的温度和控制湿度等使用的设备。是否采用机械通风和人工控湿，可依据猪场具体情况来确定。对于猪舍面积小、跨度不大、门窗较多的猪场，可利用自然通风。如果猪舍空间大、跨度大、猪的密度高，特别是采用全漏缝或半漏缝地板的养猪场，一定要采用机械强制通风。

（1）通风机配置：常用的有：①侧进（机械），上排（自然）通风；②上进（自然），下排（机械）通风；③机械进风（舍内进），地下排风和自然排风；④纵向通风，一端进风（自然），一端排风（机械）。

（2）湿帘—风机降温系统：适合于全封闭式猪舍温控。由湿帘、风机、循环水路和控制装置组成，湿帘安装在猪舍的进气口，与负压机械风机配合进行降温。风机运行后造成舍内负压，使室外空气经湿帘多孔湿润表面，引起水蒸发吸取大量潜热，从而降低舍内温度。

（3）喷雾降温系统：由水箱、压力泵、过滤器、喷头、管道及控制装置构成，利用高压水雾化后吸收空气中的热量而使舍内温度降低。

3. 清洁与消毒设备：主要有水冲洗设备、消毒设备。水冲洗设备宜选配高压清洗机、管路、水枪组成的可移动高压冲水系统；消毒设备宜选配手动背负式喷雾器、踏板式喷雾器和火焰消毒器。

（1）人员、车辆清洁消毒设施：凡是进场人员都必须更换场内工作服，工作服应在场内清洗、消毒，更衣间主要设有更衣柜、热水器、淋浴间、洗衣机、紫外线灯等。

集约化猪场原则上要保证场内车辆不出场，场外车辆不进场。为此，装猪台、饲料或原料仓、集粪池等设计在围墙边。考虑到其他特殊原因，有些车辆必须进场，应设置进场车辆清洗消毒池、车身冲洗喷淋机等设备。

（2）环境清洁消毒设备：常用的环境清洁消毒设备有地面冲洗喷雾消毒机、火焰消毒器、手动喷雾器等。地面冲洗喷雾消毒机主要优点是冲洗彻底干净、节约用水和药液，既可冲洗又可喷雾，体积小操作方便、工作效率高、省劳力；火焰消毒器优点是杀菌率高达97%，操作方便、高效、低耗、低成本，消毒后设备和栏舍干燥及无药液残留；手动喷雾器有背负式喷雾器和背负式压缩喷雾器，主要用于对猪舍及设备的药物消毒。

（六）废弃物处理设备

1. 粪污处理设备：规模猪场宜采用干湿分离、人工清粪方式处理粪污，应配置专用的粪污处理设备。清粪设备主要有链式刮粪清粪机、往复式刮粪清粪机等；粪尿水固液分离机应用最多的有倾斜筛式固液分离机、振动式固液分离机、回转滚筒式和压榨式固液分离机等。堆肥处理设备有自然堆粪、堆粪发酵塔、螺旋式充氧发酵仓等。另外，也可采取生产沼气的方式进行处理，沼气发生设备主要由粪泵、发酵罐、加热器和贮气罐等部分组成。

2. 病死猪处理设备：常用的有腐尸坑和焚化炉。腐尸坑也称生物热坑，一般坑深 9～10 米，内径 3 米，坑底及壁用防渗、防腐材料建造。

（七）其他设备

其他设备主要有粉碎机、制粒机、搅拌机等饲料加工设备；仔猪运输车、运猪车和粪便运输车等运输设备，可根据猪场具体情况自行设计和定制。此外，还应购置检疫、检验和治疗设备；妊娠诊断、精液检测、称重、活体测膘等仪器设备等。

第三节　猪场环境保护

一、猪场对环境的影响

（一）猪场对大气的污染

猪的粪尿中含有大量的有机物质，排出体外会迅速腐败发酵，产生硫化氢、氨、胺、硫醇、苯酸、挥发性有机酸、吲哚、粪臭素、乙酸、乙醛等恶臭物质污染空气，还有猪舍的粉尘和微生物也是大气的污染来源。这些气体随风向周围扩散，危害猪群和人群的健康，使猪的增重速度减慢、人的工作效率降低，还可能引起疫病的传播。此外，猪场内的粪污孳生大量的蚊蝇，也能传染疾病，污染环境。

（二）猪场对水和土壤的污染

猪场的粪便污水不经处理或处理不当，任意排放，可污染土壤、地表水和地下水。污水可以使水体“富营养化”，变黑发臭。病原微生物、寄生虫、残留的药物或添加剂、消毒药等也会随降水或污水流入水体和土壤，当流入的量超过了土壤和水体的自净能力时即发生污染。若水或土壤中含有大量的病原微生物、寄生虫和各种有害物质，则对人和其他生物构成极大的威胁。

二、粪污处理技术

（一）清粪方式

规模化畜禽养殖场排放的粪污应实行固液分离，粪便应与废水分开处理和处置；逐步推行干清粪方式，最大限度地减少废水的产生和排放，降低废水的污染负荷。

1. 干清粪方式：即人工或机械将干粪清除，污水经明沟或暗沟排出猪舍，它的特点是设备投资少、运行成本低、环境控制投入少。

2. 水冲、水泡清粪方式：水冲清粪是靠猪把粪便踏下去落到粪沟里，在粪沟的一端设有翻斗水箱，放满水后自动翻转倒水，将沟内粪便冲出猪舍。

水泡清粪是在粪沟一端的底部设挡水坎，使沟内总保持一定深度的水（约15厘米），使落下的粪便浸泡变稀，随着落下的粪便增多，稀粪被挤入猪舍一端的粪井，定期或不定期清除；或者在粪沟内设一个活塞，清粪时拔开活塞，稀粪流出猪舍。因其耗水、耗电，舍内潮湿，污水和稀粪处理设施跟不上，使用效果欠佳。

（二）猪粪的处理和利用

1. 用作肥料：猪粪还田是我国传统农业的重要环节，“粮—猪—肥—粮”型的传统农业生产即猪多肥多、肥多粮多是比较典型的生态农业，猪粪还田在改良土壤、提高农作物产量方面起着重要的作用。

2. 制沼气：粪便污水可以用于制沼气。沼气发酵的类型有高温发酵（45～55℃）、中温发酵（35～40℃）和常温发酵（30～35℃）。在我国普遍采用的是常温发酵，发酵池的容积以每头猪0.15立方米为宜。

（三）粪尿处理工艺

1. 通过人工清扫或机械刮粪，使粪尿分离，将粪便等固形物进行堆积发酵，猪尿等液状物进行厌氧或氧化处理，适用于干清粪方式（图6－9）。

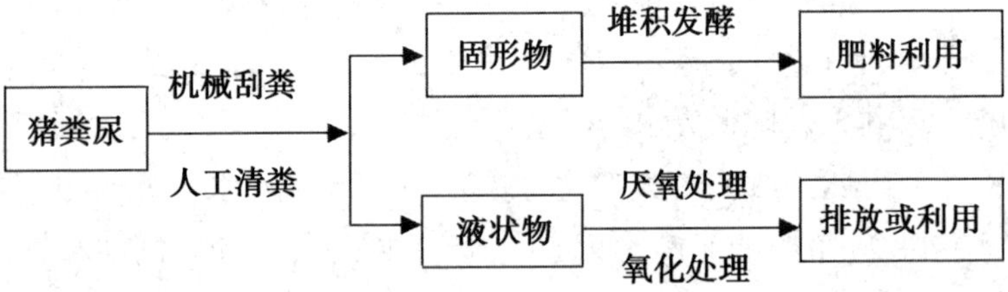

图6－9　通过人工清扫或机械刮粪处理

2. 猪粪尿直接进行厌氧发酵处理后分离为浓稠物和稀液，然后分别进行处理（图6－10）。

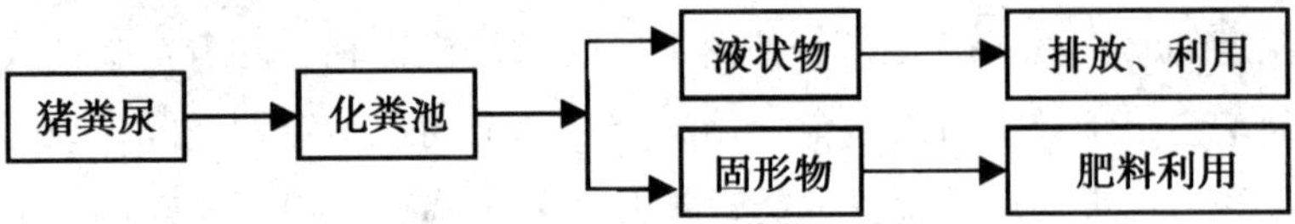

图6－10　直接进行厌氧发酵处理

3. 通过固液分离机把猪粪尿分离为固形物和液状物，生产沼气加以利用（图6－11）。

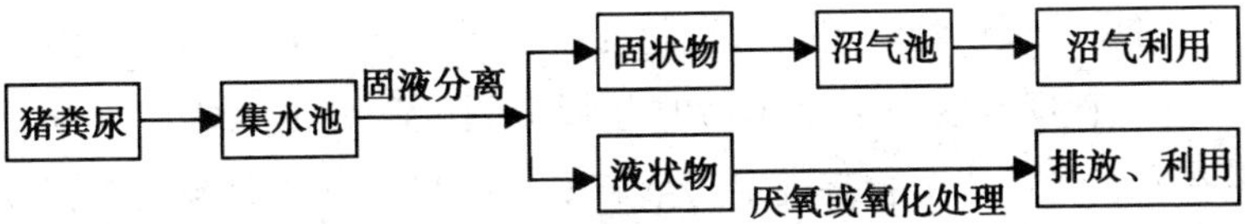

图6－11　通过固液分离机进行处理

第四节　猪场生产管理

一、猪群管理

繁殖猪群是由种公猪、种母猪和后备猪组成，各自所占比例称为猪群结构，科学地确定猪群结构才能保证猪群的迅速增殖，提高生产水平。图6－12为一个100头基础母猪的猪场的猪群结构与周转。其中1.5～2岁母猪35头（35%），2～3岁母猪30头（30%），3～4岁母猪20头（20%），4～5岁母猪10头（10%），5岁以上母猪5头（5%）。

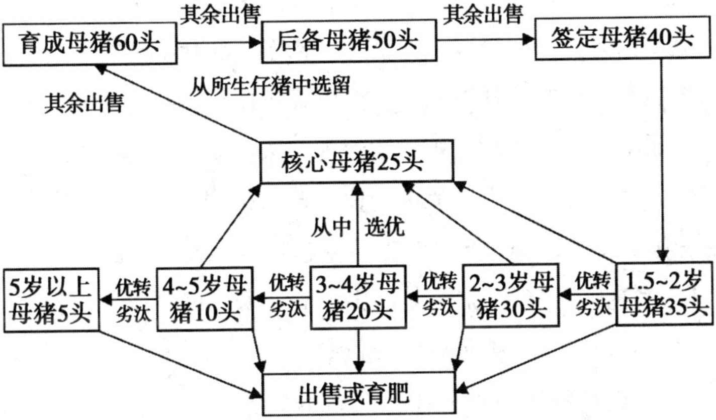

图6－12　100头基础母猪的猪场的猪群结构与周转图

二、制度管理

猪场的规章制度包括管理制度和生产技术操作规程等。

1. 管理制度：主要包括财务管理制度、员工工资和福利管理制度、猪场统一着装规定、生产安全突发事件应急预案、猪场卫生消毒制度、猪场环卫清洁制度、猪场防疫制度、猪场疫情报告制度、猪场检疫检测制度、猪场生物安全措施、兽药和生物制品管理制度、药械废弃物的处理规定、猪场用水管理规定、猪场消防安全规定、岗位责任制度、安全生产制度等。

2. 生产技术操作规程：主要包括种猪饲养技术、后备猪饲养管理技术操作规程、猪人工授精技术操作规程、配种妊娠舍饲养管理技术操作规程、分娩舍饲养管理技术规程、保育舍饲养管理技术规程、生长育肥舍饲养管理技术规程、种猪销售操作规程、生猪出栏称重操作规程、猪场免疫程序、猪场消毒驱虫计划、引种隔离程序、种猪淘汰标准等。

三、档案管理

改进猪群的管理工作，不断提高生产水平，必须健全生产记录，及时进行整理分析。主要包括引种档案、育种档案、生产档案、免疫档案、饲喂档案、饲料配方档案、自配料检测记录、产品销售档案等，要求各项记录、档案需保存3年以上。

根据《畜禽标识和养殖档案管理办法》要求，养殖场应当建立养殖档案，标明畜禽养殖场名称、畜禽标识代码、动物防疫合格证编号、畜禽种类。养殖档案主要包括以下几个方面。

1. 畜禽养殖场平面布局：根据养殖场建设要求和实际布局情况，由养殖场自行绘制平面布局图。

2. 畜禽养殖场免疫程序：根据本场各类疫病情况，由养殖场制定。

3. 生产记录：见表6－9。

表 6－9　生产记录表

圈舍号	时间	变动情况（数量）				存栏数	备　注
		出生	调入	调出	死淘		

注：1. 圈舍号：填写畜禽饲养的圈、舍、栏的编号或名称。不分圈、舍、栏的此栏不填。2. 时间：填写出生、调入、调出和死淘的时间。3. 变动情况（数量）：填写出生、调入、调出和死淘的数量。调入的需要在备注栏注明动物检疫合格证明编号，并将检疫证明原件粘贴在记录背面。调出的需要在备注栏注明详细的去向。死亡的需要在备注栏注明死亡和淘汰的原因。4. 存栏数：填写存栏总数，为上次存栏数和变动数量之和。

4. 饲料、饲料添加剂和兽药使用记录：见表6－10。

表 6－10　饲料、饲料添加剂和兽药使用记录表

开始使用时间	投入产品名称	生产厂家	批号/加工日期	用量	停止使用时间	备注

注：1. 养殖场外购的饲料应在备注栏注明原料组成。2. 养殖场自加工的饲料在生产厂家栏填写自加工，并在备注栏写明使用的药物饲料添加剂的详细成分。

5. 消毒记录。见表6－11。

表6－11 消毒记录表

日期	消毒场所	消毒药名称	用药剂量	消毒方法	操作员签字

注：1. 时间：填写实施消毒的时间。2. 消毒场所：填写圈舍、人员出入通道和附属设施等场所。3. 消毒药名称：填写消毒药的化学名称。4. 用药剂量：填写消毒药的使用量和使用浓度。5. 消毒方法：填写熏蒸、喷洒、浸泡、焚烧等具体使用方法。

6. 免疫记录：见表6－12。

表6－12 免疫记录表

时间	圈舍号	存栏数量	免疫数量	疫苗名称	疫苗生产厂	批号（有效期）	免疫方法	免疫剂量	免疫人员	备注

注：1. 时间：填写实施免疫的时间。2. 圈舍号：填写动物饲养的圈、舍、栏的编号或名称。不分圈、舍、栏的此栏不填。3. 批号：填写疫苗的

批号。4. 数量：填写同批次免疫畜禽的数量，单位为头、只。5. 免疫方法：填写免疫的具体方法，如喷雾、饮水、滴鼻点眼、注射部位等方法。6. 备注：记录本次免疫中未免疫动物的耳标号。

7. 诊疗记录：见表6－13。

表6－13 诊疗记录表。

时间	畜禽标识编码	圈舍号	日龄	发病数	病因	诊疗人员	用药名称	用药方法	诊疗结果

注：1. 畜禽标识编码：填写15位畜禽标识编码中的标识顺序号，按批次统一填写。猪、牛、羊以外的畜禽养殖场此栏不填。2. 圈舍号：填写动物饲养的圈、舍、栏的编号或名称。不分圈、舍、栏的此栏不填。3. 诊疗人员：填写做出诊断结果的单位，如某某动物疫病预防控制中心。执业兽医填写执业兽医的姓名。4. 用药名称：填写使用药物的名称。5. 用药方法：填写药物使用的具体方法，如口服、肌肉注射、静脉注射等。

8. 防疫监测记录：见表6－14。

表6－14 防疫监测记录表

采样日期	圈舍号	采样数量	监测项目	监测单位	监测结果	处理情况	备注

注：1. 圈舍号：填写动物饲养的圈、舍、栏的编号或名称。不分圈、舍、栏的此栏不填。2. 监测项目：填写具体的内容如布鲁氏菌病监测、口蹄疫

免疫抗体监测等。3. 监测单位：填写实施监测的单位名称，如某某动物疫病预防控制中心。企业自行监测的填写自检。企业委托社会检测机构监测的填写受委托机构的名称。4. 监测结果：填写具体的监测结果，如阴性、阳性、抗体效价数等。5. 处理情况：填写针对监测结果对畜禽采取的处理方法，如针对结核病监测阳性牛的处理情况，可填写为对阳性牛全部予以扑杀；针对抗体效价低于正常保护水平，可填写为对畜禽进行重新免疫。

9. 病死畜禽无害化处理记录：见表6-15。

表 6-15　病死畜禽无害化处理记录表

日期	数量	处理或死亡原因	畜禽标识编码	处理方法	处理单位（或责任人）	备注

注：1. 日期：填写病死畜禽无害化处理的日期。2. 数量：填写同批次处理的病死畜禽的数量，单位为头、只。3. 处理或死亡原因：填写实施无害化处理的原因，如染疫、正常死亡、死因不明等。4. 畜禽标识编码：填写15位畜禽标识编码中的标识顺序号，按批次统一填写。猪、牛、羊以外的畜禽养殖场此栏不填。5. 处理方法：填写《畜禽病害肉尸及其产品无害化处理规程》GB16548规定的无害化处理方法。6. 处理单位：委托无害化处理场实施无害化处理的填写处理单位名称；由本厂自行实施无害化处理的由实施无害化处理的人员签字。

参考文献

［1］李宝林主编．猪生产［M］．北京：中国农业出版社，2001．

［2］杨公社主编．猪生产学［M］．北京：中国农业出版社，2002．

［3］李鑫魁等．养猪实用技术［M］．西宁：青海民族出版社，2000．

［4］李立山，张周等．养猪与猪病防治［M］．北京：中国农业出版社，2006．

［5］冯春霞．家畜环境卫生［M］．北京：中国农业出版社，2001．

［6］全国畜牧总站．生猪标准化养殖技术图册［M］．北京：中国农业科学技术出版社，2012．

［7］武英主编．肉猪产业先进技术全书［M］．济南：山东科学技术出版社，2011．

ལེའུ་དང་པོ། ཕག་གི་རིགས་རྒྱུད།

ས་བཅད་དང་པོ། ས་གནས་ཀྱི་ཕག་གི་རིགས་རྒྱུད།

གཅིག རིགས་རྒྱུད་ངོ་སྤྲོད་མདོར་བསྡུས།

(གཅིག) སྨིན་བརྒྱད་ཕག

རི་མོ 1–1 སྨིན་བརྒྱད་ཕག

སྨིན་བརྒྱད་ཕག་ནི་ཧྲའན་ཞི་དང་མཚོ་སྔོན། ཀན་སུའུ། ཉིང་ཞ་སོགས་ཞིང་ཆེན་ལ་ཁྱབ་ཡོད། མཚོ་སྔོན་ཞིང་ཆེན་གྱི་ཁྱབ་ཡུལ་གཙོ་བོ་ནི་ཤར་ཕྱོགས་རོང་ཁུལ་གྱི་དགོན་ལུང་དང་གསེར་ཁོག གཞོང་ཐང་། ཁྲི་ཚང་། དམར་གཙང་། སྟོང་སྐོར། ཁྲི་ཀ་རྫོང་བཅས་ཡིན། སྨིན་བརྒྱད་ཕག་གི་ལུས་གཟུགས་ཀྱི་ཆེ་ཆུང་དང་ཕྱིའི་རྣམ་པའི་ཁྱད་རྟགས། ཐོན་སྐྱེད་ཀྱི་ཁྱད་ཆོས་ལྟར་ན་ཆེ་འབྲིང་ཆུང་གསུམ་དུ་དབྱེ་ཆོག མིག་སྔར་མཚོ་སྔོན་ཞིང་ཆེན་དུ་ཡོད་པའི་སྨིན་བརྒྱད་ཕག་ནི་འབྲིང་བའི་གྲས་ཡིན་པ་དང་། ལུས་གཟུགས་ཀྱི་རིང་ཐུང་ནི་ལིས་སྨི 125ཡིན། ཕོ་ཕག་ཁ་ཏན་པའི་ལུས་པོའི་ལྗི་ཚད་ནི་སྤྱི་ཀྲ 104.27ཡིན་ལ། མོ་ཕག་ཁ་ཏན་པའི་ལུས་པོའི་ལྗི་ཚད་ནི་སྤྱི་ཀྲ 87.44ཡིན། ལུས་ཡོངས་ཀྱི་སྤུ་མདོག་ནག་པོ་ཡིན་པ་དང་ཟེ་རྗོག་རྩུབ་ཅིང་སྲ་བ། སྨིན་མ་རྒྱའི་ཡི་གེའི་བརྒྱད་གཟུགས་དང་འདྲ་བ། རྣ་བ་རིང་ཞིང་ཐུར་ལ་འཕྱང་བ། རྐེད་པ་རིང་ཞིང་དྲང་བ། གསུས་ཁོག་ཆེ

ཞིང་ཕྲུར་ལ་འཕྱང་བ། རྐང་ལག་བཞི་པོ་སྦོམ་པ། ཇ་མ་ཐུང་ཕྲ་བ་སོགས་ཀྱི་ཁྱད་ཆོས་ཡོད། ཕག་རིགས་འདིའི་རྒྱུད་སྤེལ་ནུས་པ་བཟང་བ་དང་ཕག་མའི་མངལ་ཆགས་ཚད་ཐུང་མཐོ་བས། གཟན་ཆག་བཟང་བའི་གནས་ཚུལ་འོག་ཏུ། ཕག་ཕྲུག་བཙས་གྲངས 12.56ཡས་མས་ཡིན། (རི་མོ 1−1) མིག་སྔར། མཚོ་སྔོན་ཞིང་ཆེན་གྱིས་ཤུགས་ཆེན་པོས་སྐྱིན་བརྒྱུད་གསོ་ཕག་མ་སྟོང་ཡིན་པའི་རྒྱུ་གསུམ་རིམ་པའི་རྒྱུད་འདྲེས་སྤེལ་སྦྱོར་གྱི་ཐོན་སྐྱེད་རྣམ་པ་ཁྱབ་སྤེལ་བྱེད་ཀྱིན་ཡོད།

(གཉིས)ཞིམ་ཕག

ཞིམ་ཕག་ནི་ཀུའེ་ཀྲོའུ་ཞིང་ཆེན་དང་ཀོང་ཞི་ཀྲོང་རིགས་རང་སྐྱོང་ལྗོངས་ཀྱི་སྣེ་མཚམས་ཀྱི་ཙོན་ཅང་རྫོང་དང་སན་ཏུའོ་རྫོང་། ཏི་ཅང་རྫོང་། པ་མ་ཡའོ་རིགས་རང་སྐྱོང་རྫོང་སོགས་སུ་ཁྱབ་ཡོད། ལུས་གཟུགས་ལྟར་དབྱེ་ན་རིགས་གཉིས་ཡོད་དེ། རིགས་གཅིག་ནི་ལུས་གཟུགས་ཐུང་ཆེ་ཞིང་རིང་བ། རྐང་ལག་བཞི་པོ་ཕྲ་ཞིང་ཕྲང་ལ་མགོ་ཆེ་བ་དང་། ཁ་སྣ་སྦོམ་པ། རྣ་བ་ཐུང་ཆེ་ཞིང་ཕྲུར་དུ་འཕྱང་བ་སོགས་ཀྱི་ཁྱད་ཆོས་ཡོད། རིགས་གཞན་ཞིག་ཡོད་པ་ནི་ལུས་གཟུགས་ཐུང་ཆུང་ཞིང་ཕྲང་བ། རྐེད་ཞིང་ཆེ་བ། གསུས་ཁོག་ཆེ་བ། མགོ་ཆུང་ཞིང་སྣ་ཕྲ་བ། རྣ་བ་ཆུང་ཞིང་ཡར་སྒྲེང་བ། རྐང་ལག་ཕྲ་བ་སོགས་ཀྱི་ཁྱད་ཆོས་ཡོད། གྲངས་ཀའི་སྟེང་ནས་བཤད་ན་རྗེས་མ་ཐུང་མང་བ་དང 70%ཙམ་ཟིན། ཞིམ་ཕག་གི་སྤྱིའི་ཁྱད་ཆོས་ནི་ལུས་གཟུགས་ཆུང་བ་དང་འཚར་སྐྱེད་ལ་བ། ཟླ་དྲུག་འཁོར་ཡོད་པའི་ཕག་ཅིག་གི་མཐོ་ཚད་ནི་ལེས་སྨི 40 དང་། ལུས་པོའི་རིང་ཚད་ནི་ལེས་སྨི 60~70ཡིན་ལ། ལུས་པོའི་ལྗི་ཚད་ནི་སྤྱི་ཀྲ 20~30ཡིན། ཚ་སྙོམས་ཉིན་རེའི་

རི་མོ 1−2 ཞིམ་ཕག

སྐྱེ་འཕེལ་ཚད་གཞི་ཁེ 120 ~150ཡིན། མཚན་མ་འཚར་ལོངས་འབྱུང་ཚད་མགྱོགས་པ་དང་སྤྱིར་བཏང་དུ་ཟླ 3 ~4ལས་འགོར་གྱིན་མེད། ཕག་ཕྲུག་བཙས་པའི་གྲངས་ཀ་ཙུང་ཙུང་བ་དང་སྤྱིར་བཏང་དུ 5 ~6མ་གཏོགས་མེད། （རི་མོ 1–2）

（གསུམ）བོད་ཕག

བོད་ཕག་ནི་མཚོ་བོད་མཐོ་སྒང་ནས་ཡོད་དེ། དེའི་ཁོངས་སུ་ཡུན་ནན་ཞིང་ཆེན་བདེ་ཆེན་བོད་ཕག་དང་། སི་ཁྲོན་ཞིང་ཆེན་གྱི་རྔ་བ་དང་དཀར་མཛེས་ཀྱི་བོད་ཕག ཀན་སུའུ་ཞིང་ཆེན་གྱི་གཙོས་བོད་ཕག བོད་ལྗོངས་ཀྱི་སྔོ་ཁ་དང་ཉིང་ཁྲི། ཆབ་མདོའི་བོད་ཕག་སོགས་འདུས་པ་དང་འཛམ་གླིང་སྟེང་དུ་གྲངས་ཀ་ཤིན་ཏུ་ཉུང་བའི་མཐོ་སྒང་གི་ཕག་རྒྱུད་ཡིན། བོད་ཕག་ནི་ཕྲུ་མཐུག་ཅིང་ཕྲུ་མདོག་ནག་པ། ཟེ་རྫོག་རིང་ཞིང་ཚགས་སྟུག་པ། ལུས་གཟུགས་ཆུང་བ། རྣ་བ་རིང་ཞིང་དྲང་ལ་སྟུང་དབྱིབས་མངོན་པ། དཔྲལ་བ་ཆུང་ཞིང་གཉེར་མ་ཉུང་བ། བྲང་ཁོག་ཕྲ་བ། ལུས་གཟུགས་ཐུང་བ། རྐེད་ཞིང་དྲང་བ་དང་གཞུའི་དབྱིབས་སུ་གྲུབ་པ། རྐང་ལག་བཞི་པོ་སྲ་ཞིང་མཁྲེགས་པ། རྨིག་པ་སྲ་ཞིང་བརྟན་པ། ནུ་ཏོག་སྤྱིར་བཏང་དུ་ཆ 5ཡིན། （རི་མོ 1–3） ལོ་ཧྲིལ་པོར་སྣ་ཕྱི་ནས་འཚོ་སྐྱོང་བྱས་ན། ཟླ 12འགོར་རྗེས་ཀྱི་ལུས་པོའི་ལྗི་ཚད་ནི་སྤྱི་ཀྲ 20 ~25དང་། ཟླ 24འགོར་རྗེས་ཀྱི་ལྗི་ཚད་ནི་སྤྱི་ཀྲ 35~40ཡིན། ཕག་རིགས་འདིའི་རྒྱུད་འཕེལ་ནུས་ཤུགས་ཞན་ཞིང་འཚར་སྐྱེ་དུས་ཡུན་ཙུང་དལ་ཡང་། མཐོ་སྒང་གི་གནམ་གཤིས་འོག་ནས་འཚོ་སྐྱོང་བྱས་ཆོག་པར་མ་ཟད། ལོ་ཧྲིལ་པོར་སྣ་ཕྱི་ནས་འཚོ་སྐྱོང་བྱས་ཆོག་པས་བདག་སྐྱོང་བྱེད་སླ་བ་ཡིན།

རི་མོ 1–3 བོད་ཕག

བདེ་ཆེན་ཁུལ་དུ་འཚར་ལོངས་བྱུང་བའི་ཕོ་ཕག་གི་ཆ་སྙོམས་ལྗི་ཚད་ནི་སྤྱི་ཀྲ་42.2ཡིན་ལ། འཚར་ལོངས་མོ་ཕག་གི་ཆ་སྙོམས་ལྗི་ཚད་སྤྱི་ཀྲ་54.34ཡིན། སྔོ་ཕྱི་ནས་འཚོ་སྐྱོང་བྱས་ན་ཕག་མ་གཅིག་གིས་ལོ་རེར་ཕྲུ་གུ་ཐེངས་གཅིག་ལ་བཙས་པ་ཡིན།

གཉིས། ས་གནས་ཕག་རྒྱུད་ཀྱི་ཁྱད་ཆོས།

(གཅིག)མཚན་མ་འཚར་ལོངས་འབྱུང་སྔ་ཞིང་རྒྱུད་སྤེལ་ནུས་པ་ཆེ་བ།

ས་གནས་ཕག་རྒྱུད་ཀྱི་མཚན་མ་འཚར་ལོངས་འབྱུང་སྔ་བ་དང་རྒྱུད་སྤེལ་ནུས་ཤུགས་ཤིན་ཏུ་ཆེ་བ་ཡིན། གོང་ནས་བརྗོད་པའི་ཁྱད་ཆོས་འདིའི་མངོན་རྟགས་གཙོ་བོ་ནི་ཕག་མའི་དུས་རྒྱ་ལངས་པའི་དུས་དང་མཚན་མ་འཚར་ལོངས་འབྱུང་སྔ་བས་ཡིན་ལ། ཕག་མ་ཟླ་3~4ཡི་རྗེས་སུ་དུས་རྒྱ་ལངས་པ་ཡིན། ཟླ་4~5ཡི་རྗེས་སུ་འཁྲིག་སྦྱོར་བྱས་ཆོག ཕག་ཕྲུག་བཙས་གྲངས་མང་ལ་ནུ་ཧོག་མང་བ། འོ་མ་ཐོན་ཚད་མང་བ། མ་གཤིས་བཟང་བ། དུས་རྒྱ་ལངས་ཡུན་མངོན་གསལ་ཡིན་པ། བེད་སྤྱོད་ལོ་ཚད་རིང་བ་སོགས་ཀྱི་ཁྱད་ཆོས་ལྡན། ཕོ་ཕག་གི་ཧྲིག་རིལ་འཚར་ལོངས་འབྱུང་ཡུན་མགྱོགས་ལ། མཚན་མ་འཚར་ལོངས་དང་འཁྲིག་སྦྱོར་གྱི་དུས་ཡུན་སོགས་ཅུང་སྔ་བ་ཡིན།

(གཉིས)གཟན་ཆག་དཀྲུས་མས་གསོ་སྐྱོང་བྱས་ཆོག་པ་དང་གཉན་འགོག་ནུས་པ་ལྡན་པ།

ས་གནས་ཀྱི་ཕག་རྒྱུད་ལ་གཉན་འགོག་ནུས་པ་ཅུང་བཟང་པོ་ལྡན་ལ། གཅིག་ནི་དུས་ཡུན་རིང་པོར་བྱང་ཕྱོགས་ས་ཁུལ་ནས་འཚོ་སྐྱོང་བྱེད་པའི་ས་གནས་ཕག་རྒྱུད་ལ་གྲང་འགོག་ནུས་པ་ལྡན་པ། གཉིས་ནི་གཟན་ཆག་དཀྲུས་མས་གསོ་སྐྱོང་བྱས་ཆོག་པ། གསུམ་ནི་ནུས་ཚད་དང་སྤྲི་དཀར་ཅུང་དམའ་བའི་གནས་ཚུལ་འོག་ཏུའང་ཤ་ཤེད་མི་ལྷུང་བ། བཞི་ནི་བོད་ཕག་དང་ནེ་ཅང་ཕག སྨིན་བརྒྱུད་

ཕག་སོགས་ཀྱང་གོའི་ས་གནས་ཕག་རྒྱུད་ནི་མཐོ་སྒང་གི་མཁའ་དབུགས་དང་འཕྲོད་སླ་བ་ཡིན།

(གསུམ)ཕག་ཤའི་ཁྱུས་ཚད་ལེགས་ཤིང་ཐོན་རྫས་ལ་ཐུན་མོང་མིན་པའི་ཁྱད་ཆོས་ལྡན་པ།

ས་གནས་ཀྱི་ཕག་རྒྱུད་ནི་ཤ་རྒྱུ་ཡག་ཅིང་ཐྲོ་བ་ཞིམ་པས་རྒྱལ་ནང་ན་སྙན་གྲགས་ཤིན་ཏུ་ཆེ། ཤའི་ཁ་དོག་དང་pHཚད་གྲངས། ཆུ་འཛིན་ཚད་གྲངས། རྡོ་ག་མ་ཧུའི་ཁྲ་རིས། ཤ་གནད་ཀྱི་ཚི་སྣའི་ཚངས་ཐིག ཤ་འཚོས་ཚད། ཤ་གནད་ཀྱི་ཚི་ལུ་འདུས་ཚད་སོགས་ཤ་རྒྱུ་དང་དམིགས་ཚད་སོགས་ཕྱོགས་མང་པོའི་ཐད་ནས་ཕྱི་རྒྱལ་ནས་ནང་འདྲེན་བྱས་པའི་ཕག་རྒྱུ་དང་གསོ་ཕག་ལས་བཟང་བར་མངོན། ས་གནས་ཕག་རྒྱུད་ཀྱི་ཐོན་རྫས་ནི་ཁྱད་པར་ཅན་ཞིག་ཡིན་ཏེ། དཔེར་ན་ཡུན་ནན་གྱི་བའོ་ཅིན་ཕག་རྒྱུད་ཐོན་སྐྱེད་བྱས་པའི་སྲུག་ལག་དང་ཀྲེ་ཙང་ཅིན་ཧྭ་ཕག་རྒྱུད་ཐོན་སྐྱེད་བྱས་པའི་སྲུག་ལག་གི་མིང་གྲགས་ཤིན་ཏུ་ཆེ།

(བཞི)འཚར་སྐྱེ་དལ་ཞིང་སྦྲ་སྨིན་ཆེ་རྒྱུགས། ལུས་གཞུང་ཤ་སྣུམ་ཚད་གྲངས་ཉུང་བ།

ས་གནས་ཕག་རྒྱུད་ལ་སྤྱིའི་ཁྱད་ཆོས་ཤིག་ཡོད་པ་ནི་འཚར་ལོངས་སྐྱེ་འཕེལ་དལ་བ་དེ་ཡིན། དཔེར་ན། སྨིན་བརྒྱད་ཕག་གི་ཉིན་རེའི་སྐྱེ་འཕེལ་ཚད་གྲངས་ནི་ཁེ300ཡས་མས་དང་མེན་ཕག་གི་ཉིན་རེའི་སྐྱེ་འཕེལ་ཚད་གྲངས་ནི་ཁེ418ཡིན། དུས་རིམ་བགོས་ནས་ཚོན་པོར་གསོ་བའི་ཐབས་ལམ་སྤྱོད་བཞིན་ཡོད་ལ། ཚོན་གསོ་མ་བྱས་གོང་གི་འཚོ་བཅུད་ཅུང་དམའ་བ་དང་། ཚོན་གསོ་བྱས་རྗེས་འཚོ་བཅུད་བསྣུད་མར་ཇེ་མཐོར་འགྲོ་བས། གསུམ་ཁོག་གི་ཚི་ལུ་དིམ་བསགས་ནུས་པ་ཇེ་མཐོར་སོང་བ་དང་བསྟུན་ནས་ས་གནས་ཕག་རྒྱུད་ཀྱི་ཤ་ཤེད་རྒྱས་སླ་བ་དང་ལུས་གཞུང་ཤ་སྣུམ་གི་ཚད་གྲངས་ཉུང་བའི་ཁྱད་ཆོས་གྲུབ་པ་ཡིན།

ས་བཅད་གཉིས་པ། ནང་འདྲེན་ཕག་རྒྱུད།

གཅིག ཕྱི་རྒྱལ་ནས་ནང་འདྲེན་བྱས་པའི་ཕག་རྒྱུད།

(གཅིག)ཕག་པ་དཀར་ཆེན། (ཊ་ཡོར་ཁ་ཤག་ཕག་རྒྱུད)

ཕག་རྒྱུད་འདི་དབྱིན་ཇིའི་བྱང་ཕྱོགས་ཀྱི་ཡོར་ཁ་ཤག་ས་ཁུལ་དུ་ཡོད་པས་མིང་ལའང་དེ་ལྟར་འབོད་པ་དང་། འཛམ་གླིང་ཡོངས་ཀྱི་ཕག་རྒྱུད་ཁྲོད་དུ་གོ་གནས་གལ་ཆེན་ཟིན་པས། ཡ་རོབ་གླིང་གིས་འདི་ལ་ཀུན་ཁྱབ་ཕག་རྒྱུད་དུ་འབོད་པ་ཡིན། ཕག་རྒྱུད་འདིའི་རིགས་ཀྱི་ལུས་གཟུགས་ཆེ་ཞིང་སྤུ་མདོག་དཀར་བ། རྣ་ཆེན་གེར་ལངས། རྐེད་པ་གཞུ་དབྱིབས་སུ་གྱུར་པ། སུག་ལག་རིང་བ་ཡིན།

རི་མོ 1–4 ཕག་པ་དཀར་ཆེན།

(རི་མོ 1–4) རང་རྒྱལ་དུ་ནང་འདྲེན་བྱས་རྗེས་ལུས་གཟུགས་ལ་ཁྱད་པར་ཆེན་པོ་བྱུང་མེད་ནའང་། གསོ་ཚོགས་ཚུ་ཚད་ཅུང་ཞན་པའི་ས་ཁུལ་ནས་ལུས་གཟུགས་ཇེ་ཆུང་དུ་འགྲོ་བའམ་གསུམ་པའི་འཁོར་རྒྱ་ཇེ་ཆེར་འགྲོ་བའི་གནས་ཚུལ་ཡོད། ཕྱི་རྒྱལ་ནས་ནང་འདྲེན་བྱས་པའི་ཕག་རྒྱུད་གཞན་དག་དང་བསྡུར་ན། ཕག་པ་དཀར་ཆེན་གྱི་སྐྱེ་འཕེལ་ཅུང་མགྱོགས་པ་དང་། ཕག་མས་ཆ་སྙོམས་ཕྲུ་གུ 12.15བཙས་ན་གསོན་གྲངས་ནི 10ཡིན། ཕག་མར་འོ་མ་ཐོན་ཚད་མང་བས་ཕག་ཕྲུག་གི་གསོན་གྲངས་ཅུང་མང་། ཕག་མའི་ཐོག་མའི་ཕྲུ་གུ་ཆགས་པའི་དུས་ཡུན་ནི་ཟླ 5ཡས་མས་ཡིན། ཕག་པ་དཀར་ཆེན་ལ་སྐྱེ་འཕེལ་མགྱོགས་ཤིང་གཟན་ཆག་སྣ་ཚོགས་འཕྲོད་སླ་བའི་ཁྱད་ཆོས་ཡོད་དེ། སྤྱི་རྒྱ 20~100ཡི་ཚོན་གསོ་དུས་སྐབས་ཀྱི་ཉིན་རེའི་ལྗི་ཚད་འཕེལ་གྲངས་ནི་ཁེ 850ཡན་ཡིན། ལུས་གཞུང་ཤ་སྣག་ཚད་གྲངས་ནི 62%ཡིན། ཕག་པ་དཀར་ཆེན་ནི་རྒྱལ་ཡོངས་ཀྱི་

ས་གནས་སོ་སོར་ཁྱབ་ཡོད་ཅིང་། རྒྱལ་ནང་གི་རྒྱུ་གཉིས་སྦྱོར་སྡེབ་ཁྲིད་དུ་ཕག་པ་དཀར་ཆེན་ཕ་སྒོང་ལ་འཛིན་པ་དང་ས་གནས་ཕག་རྒྱུད་མ་སྒོང་དུ་བཟུང་ནས་སྦྱོར་སྡེབ་བྱེད་པ་ཤིན་ཏུ་མང་།

(གཉིས)ཕག་པ་དཀར་རིང་། (ལན་ཏེ་རོའི་སི་ཕག་རྒྱུད)

ཕག་པ་དཀར་རིང་གི་ཐོན་ཁུངས་ནི་ཏེན་མག་རྒྱལ་ཁབ་ཡིན། ཕག་རྒྱུད་འདིའི་དངོས་མིང་ལ་ལན་ཏེ་རོའི་སི་ཟེར། ཕག་པ་དཀར་རིང་གི་ཕྱིའི་རྣམ་པ་ཡག་ཅིང་ལུས་གཟུགས་ནི་ཟགས་ཐིག་གི་དབྱིབས་སུ་གྲུབ། སྤུ་མདོག་དཀར་ལ་མགོ་བོ་དོག་ཅིང་རིང་བ། ཪོ་གདོང་དྲང་བ། རྣ་བ་ཆེ་ཞིང་གྱེན་དུ་ལངས་པ། སྐེ་ཚིགས་དང་དཔུང་མགོ་ཕྲ་ཞིང་མཉེན་པ། རྐེད་པ་ཤིན་ཏུ་རིང་བ། གསུས་པ་དྲང་ཞིང་ལྟོད་པོ་མ་ཡིན་པ། ལུས་གཟུགས་རྒྱགས་པ། རྐང་བར་ཤ་ཤེད་རྒྱས་པ། པགས་པ་སྲབ་པ། རུས་པ་ཕྲ་ཞིང་མཁྲེགས་པ། ནུ་མགོ་ཚ 6–7ཡོད་པ་ཡིན། ཕག་པ་དཀར་རིང་གི་སྐྱེ་འཕེལ་ཚུང་མགྱོགས་པ་དང་། ཕག་མས་ཐོག་མར་ཕག་ཕྲུག་བཙས་པའི་ཆ་སྙོམས་གྲངས་ཚད་ནི 10.8ཡིན། སྐྱེར་བཏང་གི་ཕག་མའི་ཆ་སྙོམས་ཀྱི་ཕྲུ་གུ་བཙས་གྲངས 11.33ཡིན། (རི་མོ 1–5) ཕག་མོའི་ལང་ཚོ་ཡོངས་སུ་སྨིན་པའི་དུས་ཚིགས་དང་ཕ་སྦྱོར་དུས་ཚིགས་ནི་རང་རྒྱལ་གྱི་ལྷོ་བྱང་གི་གནམ་གཤིས་ལ་ཁྱད་པར་ཆེན་པོ་ཡོད་པས་ས་གནས་སོ་སོའི་ཕག་མོའི་ལང་ཚོ་སྨིན་དུས་དང་ཕ་སྦྱོར་དུས་ཚིགས་ལ་ཁྱད་པར་ཆུང་དུ་རེ་ཡོད། གྲང་ངར་ཆེ་བའི་གནམ་གཤིས་འོག་ཏུ། ཕག་མོའི་ལང་ཚོ་ཡོངས་སུ་སྨིན་པའི་དུས་ཡུན་ནི་ཟླ 6 ཡས་མས་ཡིན། ཟླ་བཅུ་སྟེ་ལྗི་ཚད་སྤྱི་རྒྱ 130 ~140ཡོན་ན་ཕ་སྦྱོར་བྱས་ཆོག ཚོན་

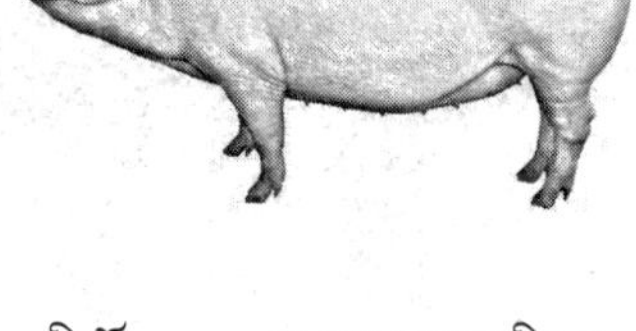

རི་མོ 1–5 ཕག་པ་དཀར་རིང་།

པོར་གསོ་བའི་ཕག་རྒྱུད་འདིའི་རིགས་ནི་གསོ་སྐྱོང་གི་ཆ་རྐྱེན་ཙུང་བཟང་ན། ཉིན་རེའི་ལྷི་ཚད་འཕེལ་གྲངས་ཁེ 800ཡན་ཡིན། ལུས་གཞུང་ཤ་སྣུམ་ཚད་གྲངས་ནི་60% ~63%ཡིན། ཕག་པ་དཀར་རིང་ནི་ཕྱི་རྒྱལ་གྱི་རྒྱ་གསུམ་སྦྱོར་སྡེབ་ཁྲོད་དུ་ཕག་པ་དཀར་རིང་ཕ་སྦོང་དང་མ་སྦོང་དང་པོར་འཛིན་པ་དང་། གསོ་སྐྱོང་བཟང་པོ་བྱས་ན་རིགས་འདྲེས་ཕག་ཕྲུག་གི་སྐྱེ་འཕེལ་མགྱོགས་ཤིང་ལུས་པོ་དང་ལུས་གཞུང་ཤ་སྣུམ་ཚད་གྲངས་ལེགས་བསྒྱུར་ཐུབ་འབྲས་མངོན་གསལ་ཡིན།

(གསུམ) ཏུ་ལའོ་ཁེ་ཕག་རྒྱུད།

ཏུ་ལའོ་ཁེ་ཕག་རྒྱུད་ཀྱི་ཐོན་ཁུངས་ནི་ཨ་རིའི་བྱང་ཤར་ཕྱོགས་ཡིན། ཕག་རྒྱུད་འདིའི་ལུས་གཟུགས་ཆེ་ཞིང་སྤུ་མདོག་དམར་པོ་ཡིན། རྣ་བ་ཙུང་ཆེ་ནའང་ཏ་ཙང་ཆེ་བ་ཞིག་མིན་ལ་རྣ་བ་ཐུར་དུ་འཕྱང་ཡོད། ངོ་གདོང་ཀོར་གཟུགས་སུ་གྲུབ། ཤ་ཤེད་རྒྱས་ཤིང་ལུས་པོ་རྒྱགས་པ། སུག་ལག་རིང་ཞིང་སྦོམ་པ་ཞིག་ཡིན། ཏུ་ལའོ་ཁེ་ཕག་རྒྱུད་ཀྱི་ཕག་མའི་ཐེངས་གཅིག་གི་ཆ་སྙོམས་ཕྲུ་གུ་བཙས་གྲངས་ནི 9 ~10ཡིན། མ་གཉིས་ཤིན་ཏུ་བཟང་བས་ཕག་ཕྲུག་གི་སྐྱེ་འཕེལ་བཟང་ལ་ནུ་མཚམས་བཅད་རྗེས་ཀྱང་གསོན་ཚད་ཏ་ཙང་མཐོ། གསོ་ཚིགས་བྱེད་དུས་ལུས་པོའི་ལྷི་ཚད་འཕེལ་གྲངས་མགྱོགས་པར་མ་ཟད། གཟན་ཆག་གི་འགྲོ་གྲོན་ཡང་ཤིན་ཏུ་མཐོ་བས་ལུས་གཞུང་གི་ཤ་སྣུམ་ཀྱང་ཙུང་མང་བ་ཡིན། ཕྱི་རྒྱལ་ནས་ནང་འདྲེན་བྱས་པའི་ཕག་རྒྱུད་གཞན་པ་དང་བསྡུར་ན། ཏུ་ལའོ་ཁེ་ཕག་རྒྱུད་ཀྱི་ལུས་པོ་ཀུན་ལས་བདེ་ཐང་ཡིན་ལ་ཤ་ཤེད་ཀུན་ལས་རྒྱས། ལྷག་པར་དུ་རྐང་བའི་ཤ་གནད་དང་རྐེད་པའི་ཤ་ཤིན་ཏུ་ཆེན་པོ་ཡིན། གཟན་ཆག་དཀྲུས་མ་ཡིན་ཡང་བཟའ་བ་དང་གཟན་

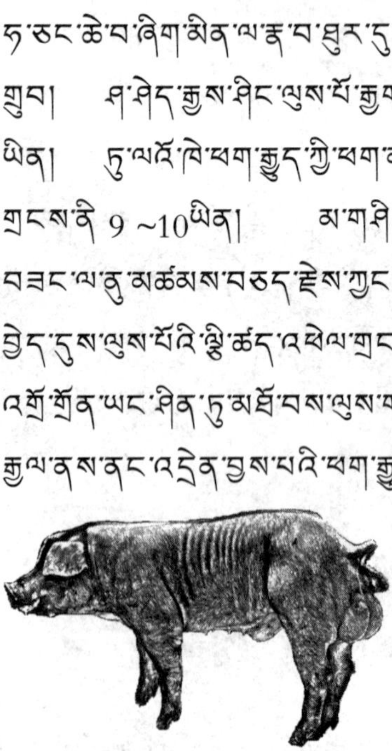

རི་མོ 1–6 ཏུ་ལའོ་ཁེ་ཕག

ཆག་ལ་གདམ་གསེས་མི་བྱེད་པར་མ་ཟད། ཁོར་ཡུག་གང་ཞིག་ཡིན་རུང་གོམས་འདྲིས་སླ་བ་ཞིག་ཡིན། སྤྱི་རྒྱ 20~90ཡི་ཚོན་གསོ་དུས་སྐབས་ཀྱི་ཉིན་རེའི་ལྷི་ཚད་འཕེལ་གྲངས་ནི་ཁེ 850ཡན་ཡིན། ལུས་གཞུང་ཤ་སྣུམ་ཚད་གྲངས་ནི 62%~63%ཡིན། ཏུ་ལའོ་ཁེ་ཕག་རྒྱུད་ཀྱི་མཐའ་སྣེའི་ཕ་སྡོང་དུ་བཟུང་ན་གསོ་ཕག་གི་ལུས་གཞུང་ཤ་སྣུམ་གི་ཚད་གྲངས་ཇེ་མཐོར་གཏོང་ཐུབ་ལ་ཤ་རྒྱུ་ཡང་ཇེ་བཟང་དུ་འགྲོ་བ་ཡིན། (རི་མོ 1–6) རྒྱལ་ནང་གི་རྒྱུ་གཉིས་སྦྱོར་སྡེབ་ཁྲོད་དུ་ཏུ་ལའོ་ཁེ་ཕག་རྒྱུད་ཕ་སྡོང་ལ་འཛིན་གྲངས་ཀྱི 51%ཟིན། རྒྱུ་གསུམ་སྦྱོར་སྡེབ་ཁྲོད་ཀྱི་མཐའ་སྣེའི་ཕ་སྡོང་ཁྲོད་དུ་ཏུ་ལའོ་ཁེ་ཕག་རྒྱུད་ཀྱི 58%ཟིན།

གཉིས། ཕྱི་རྒྱལ་ནས་ནང་འདྲེན་བྱས་པའི་ཕག་རྒྱུད་ཀྱི་ཁྱད་ཆོས།

(གཅིག)སྐྱེ་འཕེལ་མགྱོགས་པ།

རང་རྒྱལ་གྱི་ཚད་གཞི་ལྟར་གསོ་ཚགས་བྱེད་དུས། སྤྱི་རྒྱ 20~90ཡི་ཚོན་གསོ་དུས་སྐབས་ཀྱི་ཉིན་རེའི་ལྷི་ཚད་འཕེལ་གྲངས་ནི་ཁེ 650~750ཡིན། འཕེལ་གྲངས་མཐོ་ན་ཁེ 800ཡན་ལ་སླེབས་ཐུབ། གཟན་ཆག་དང་ཤའི་བསྒྱུར་གྲངས་ནི 2.5~3.0:1ཡིན། ཕྱི་རྒྱལ་གྱི་རྐང་འཛིན་ཕག་ཕྲུའི་སྐྱེ་འཕེལ་ལྷག་ཏུ་མགྱོགས་ལ། ཚོན་གསོ་དུས་སྐབས་ཀྱི་ཉིན་རེའི་ལྷི་ཚད་འཕེལ་གྲངས་ནི་ཁེ 900~1000ཡིན། གཟན་ཆག་དང་ཤའི་བསྒྱུར་ཚད 2.5:1ལས་དམའ།

(གཉིས)བཤའ་ཚད་དང་ལུས་གཞུང་ཤ་སྣུམ་གི་ཚད་གྲངས་མཐོ་བ།

སོན་ཕག་གི་ལྷི་ཚད་སྤྱི་རྒྱ 90ཡིན་དུས་ཀྱི་བཤའ་གྲངས 70%~72%ལ་སླེབས། རྒྱབ་ཀྱི་ཚིལ་ལུ་སྲབ་པ་དང་སྤྱིར་བཏང་དུ་ལིས་སྨི 2ལས་ཆུང་བ་ཡིན། མིག་རྒྱུས་ཀྱི་གཞི་ཁྱོན་ཆེ་བ་དང་ལུས་གཞུང་ཤ་སྣུམ་གི་ཚད་གྲངས་མཐོ་བ། ཚད་གཞི་དང་མཐུན་པའི་སྒོ་ནས་གསོ་ཚགས་བྱས་ན། སྤྱི་རྒྱ 90ཅན་ཞིག་བཤའ་དུས་ཀྱི་ལུས་གཞུང་ཤ་སྣུམ་གི་ཚད་གྲངས་ནི 60%ཡན་ཡིན། ཕྲུས་ཚད་ལེགས

པ་རྣམས་65%ཡན་ལ་སླེབས་ཐུབ།

(གསུམ)རྒྱུད་འཕེལ་ནུས་པ་ཞན་པ།

ཕག་མའི་སྤྱིར་བཏང་གི་དུས་རྩ་ལངས་ཡུན་མི་གསལ་བས་སྦྱོར་སྡེབ་བྱེད་དཀའ་བ་དང་ཕྲུ་གུ་བཙས་གྲངས་ཉུང་། ཕག་པ་དཀར་ཆེན་དང་ཕག་པ་དཀར་རིང་གི་ཕྲུ་གུ་བཙས་གྲངས་ནི་11~12.5ཡིན་ལ། ཏུ་ལའོ་ཁེ་ཕག་རྒྱུད་དང་ཕེ་ཐར་ལན་ཕག་རྒྱུད། ཏན་ཕུ་ཞ་ཕག་རྒྱུད་ཀྱི་ཕྲུ་གུ་བཙས་གྲངས་ནི་སྤྱིར་བཏང་དུ་10ལས་ཉུང་།

(བཞི)ཤ་རྒྱུ་མི་ལེགས་པ།

ཤ་གནད་ཀྱི་ཚི་སྣ་ཅུང་རྩུབ་ཞན་ཆེ་བ་དང་ཤ་གནད་ནང་དུ་ཚི་ལུ་འདུས་ཚད་ཉུང་བ། བྲོ་བ་དང་ཁྱད་ཆོས་སོགས་ཀྱང་རང་རྒྱལ་ས་གནས་ཀྱི་ཕག་རྒྱུད་ལ་མི་དོ་བ་ཡིན།

(ལྔ)གཉན་འགོག་གི་ནུས་པ་ཅུང་ཞན་པ།

གསོ་ཚགས་དོ་དམ་བཅས་ཀྱི་རེ་བ་ཅུང་མཐོ་བ། གསོ་ཚགས་བཟང་པོ་བྱེད་མ་ཐུབ་ན་སྐྱེ་འཕེལ་དལ་བ། སྐྱེ་འཕེལ་གྱི་མགྱོགས་ཚད་རང་རྒྱལ་ས་གནས་ཀྱི་ཕག་རྒྱུད་ལ་མི་དོ་བ་ཡིན།

ལེའུ་གཉིས་པ། ཕག་གི་གཟན་ཆག

ས་བཅད་དང་པོ། ཕག་གི་རྒྱུན་སྤྱོད་གཟན་ཆག

གཅིག སྤྱིར་བཏང་གི་གཟན་ཆག

སྲོལ་རྒྱུན་གྱི་ཕག་གསོ་ཚུལ་ལྟར་ན། ཉིན་མ་རེ་རེར་བཅུད་ལྡན་གྱི་གཟན་ཆག་དགོས་པ་ལས་གཞན། སྤྱིར་བཏང་གི་གཟན་ཆག་སྔོ་ལོ་ཏོག་གམ་ཞིང་ལས་སྐྱེ་དངོས་དང་འབྲུ་རིགས་ལས་སྔོན་བྱས་པ་ལས་བྱུང་བའི་ཞོར་ཐོན་ཐོན་རྫས་ཀྱིས་གཟན་ཆག་ཁྲོད་དུ་ཚད་ངེས་ཅན་ཞིག་ཟིན་ཡོད།

(གཅིག)སྤྱིར་བཏང་གཟན་ཆག་གི་འཚོ་བཅུད་དང་ཁྱད་ཆོས།

སྤྱིར་བཏང་གི་གཟན་ཆག་ནི་གཟན་རྩྭ་སྐམ་པོ་དང་སོག་རྩྭ་སོགས་ཞིང་ཞོར་ཐོན་རྫས་ལ་ཟེར། འདི་ནི་གཟན་ཆག་གི་རིགས་སྣའི་ཁྲོད་དུ་དར་ཁྱབ་ཆེས་ཆེ་བའི་གཟན་ཆག་ཡིན། གཟན་ཆག་འདིའི་རིགས་ནི་པོངས་ཆེ་ཞིང་སྙོ་བར་འཇུ་ཞུ་དཀའ་ལ། ཚི་སྣ་འདུས་ཚད་18%ཡན་ཡིན། གཟན་ཆག་འདིའི་འབྱུང་ཁུངས་མང་ཞིང་རིགས་སྣ་མང་ལ། ཐོན་འབོར་ཆེ་བར་མ་ཟད། རིན་གོང་ཡང་ཤིན་ཏུ་བདེ་བས་ཞིང་སྡེའི་ཕག་གསོ་ཐོན་སྐྱེད་ཁྲོད་དུ་མེད་དུ་མི་རུང་བའི་ཞིང་ཞོར་ཐོན་རྫས་ཤིག་ཡིན།

སྤྱིར་བཏང་གི་གཟན་ཆག་ཁྲོད་དུ་སྐམ་རྩྭའི་འཚོ་བཅུད་རིན་ཐང་ནི་ཆེས་ཆེ་བ་ཡིན། དཔེར་ན་སྤྲུས་ལེགས་ཀྱི་རྩྭ་བསྲུང་རྒྱ་སྤོས་སྐམ་པོའི་ཁྲོད་དུ 18%ཡན་

གྱི་སྦྱིར་བཏང་གི་སྒྲི་དཀར་འདུས། སྦྱི་རྒྱ་ཁེར་མ་རེའི་སྐྱི་དངོས་སྐམ་པོའི་ཁྲོད་དུ་འདུས་པའི་ནུས་ཚད་ནི་སྦྱི་རྒྱ 0.3 ~0.4ཡི་འབྲུ་རིགས་ཀྱི་ནུས་ཚད་དང་ཆ་འདྲ་བ་ཡིན། སོག་རྩྭ་དང་རྩྭ་སྐྱ་ནི་སྤྱིར་བཏང་གི་གཟན་ཆག་ཁྲོད་དུ་འཚོ་བཅུད་ཀྱི་རིན་ཐང་ཆེས་ཆུང་བའི་གཟན་རྩྭ་ཡིན་ལ། པོངས་ཆེ་ཞིང་རྩུབ་ཤས་ཆེ་བ། ཁ་ལ་མི་འགྲོ་བ་ཞིག་ཀྱང་ཡིན། རྩུབ་འདུས་ཚོ་སྣ 25%~40%ཡིན་ལ། སྒྲི་དཀར་རྩུབ་མོ་འདུས་ཚད 5%ཡང་མེད་པར་མ་ཟད། གུང་ལ་ཕྱུག་གི་ཉིང་རྩེ་ཙི་ཡང་མི་འདུས་པས་ཕག་གསོ་བྱེད་ལ་འཚམ་པའི་གཟན་ཆག་བཟང་པོ་མིན། ལོ་ཏོག་གི་སོག་རྩྭའི་ཁྲོད་དུ་མ་སྔོས་ལོ་ཏོག་གི་སོག་མ་དང་འབྲས་སོག གྲོ་སོག་བཅས་ཀྱི་འཚོ་བཅུད་ཀྱི་རིན་ཐང་ཡང་ཤིན་ཏུ་དམའ་བས་ཕག་གསོ་བྱེད་ཀྱི་གཟན་ཆག་ལ་མི་འཚམ་པ་ཡིན།

(གཉིས)རྒྱུན་སྤྱོད་ཆེ་བའི་སྤྱིར་བཏང་གི་གཟན་ཆག

དེའི་ཁོངས་སུ་རྩྭ་སྐམ་པོ་དང་སྲུན་སྙིགས་སོགས་ཞིང་ནོར་ཐོན་ཟས་ཀྱི་རིགས་དང་། སྡོང་པོ་ལོ་མའི་རིགས། སྙིགས་རོའི་རིགས་སོགས་འདུས།

གཉིས། སྔོ་རྩྭའི་གཟན་ཆག

སྔོ་རྩྭའི་གཟན་ཆག་ནི་རང་བྱུང་གི་རྩྭ་ཡན་དང་མིས་བཏབ་པའི་གཟན་རྩྭ། སྤྲོག་ཆགས་ཀྱི་ཐོས་ཚོག་པའི་ལོ་མ་སོགས་ལ་གོ་བ་ཡིན། གཟན་ཆག་འདིའི་རིགས་ཀྱི་ཁེབས་ཚུལ་རྒྱ་ཆེ་ལ་འཚོ་བཅུད་ཀྱང་ཤིན་ཏུ་བཟང་ལ། སྤྲོག་ཆགས་ཀྱི་ཁ་ལ་འགྲོ་བར་མ་ཟད་སྤྱོ་བའི་འདྲུ་ཞུ་ཡང་བཟང་། སྔོ་རྩྭའི་གཟན་ཆག་གིས་ཕག་གསོས་ན་ཐོན་སྐྱེད་ཀྱི་འགྲོ་གྲོན་ཇེ་ཉུང་དུ་གཏོང་ཐུབ་པས། ཞིང་སྡེའི་ཁྱིམ་ཚང་གི་ཕག་གསོ་དུས་སྔོ་རྩྭས་གསོ་བ་ཁྱབ་གདལ་དུ་བཏང་ཆོག

(གཅིག)སྔོ་རྩྭའི་གཟན་ཆག་གི་འཚོ་བཅུད་དང་ཁྱད་ཆོས།

སྔོ་རྩྭའི་གཟན་ཆག་ཁྲོད་དུ་ཆུ་འདུས་ཚད་ཅུང་མང་ལ་ཚ་ནུས་ཅུང་དམའ།

དེའི་ནང་དུ་རྩབས་རྒྱུ་དང་སྐྱུལ་རྒྱུ། སྐྱེ་ལྡན་སྐྱུར་སོགས་འདུས་པས། ཕག་གི་སྐྱེ་འཕེལ་དང་ཕག་མར་དྭུས་རྩ་ལངས་པ། སྦྱོར་སྡེབ། རྒྱུད་འཕེལ་སོགས་ལ་ཕན་ནུས་ཆེན་པོ་ལྡན། སྔོ་རྩྭའི་གཟན་ཆག་ཁྲོད་དུ་གཤེར་ཁུ་མང་བ་དང་མཉེན་པོ་ཡིན་པས་ཕག་གི་ཁ་ལ་འགྲོ་བའི་གཟན་ཆག་བཟང་པོ་ཞིག་ཡིན། སྔོ་རྩྭའི་གཟན་ཆག་ཁྲོད་ཀྱི་སྐྱེ་ལྡན་དངོས་པོའི་འཇུ་ཞུའི་ཚད་གྲངས 85%ཡན་ཡིན། སྔོ་རྩྭའི་གཟན་ཆག་ཁྲོད་དུ་ཁྲི་དཀར་གྱི་ནོམ་པ་ཞིག་ཡོད་དེ། སྤྱིར་བཏང་གི་སྔོ་རྩྭ་དང་སྔོ་ཚོད་གཟན་ཆག་ཁྲོད་དུ་ཁྲི་དཀར་འདུས་ཚད་ནི 1.5%~3.0%བར་ཡིན། སྨན་མའི་འདུས་ཚད 3.2%~4.4%བར་ཡིན། སྔོ་རྩྭའི་གཟན་ཆག་ནང་དུ་རྩུབ་ཤས་ཆེ་བའི་ཚི་སྣ་འདུས་ཚད་ཉུང་ཞིང་ཏན་མེད་ཐུངས་འདོན་དངོས་པོ་ཉུང་མཐོ། གཏེར་རྒྱུ་འདུས་ཀྱིས 1.5%~2.5%ཟིན་ཡོད་པས་གཏེར་རྒྱུའི་འབྱུང་ཁུངས་བཟང་པོ་ཞིག་ཀྱང་ཡིན། འཚོ་བཅུད་འདུས་ཚད་ཕུན་སུམ་ཚོགས་ལ་ལྷག་པར་དུ་གུང་ལ་ཕུག་གི་ཉིང་རྩེ་འདུས་ཚད་ཉུང་མཐོ་བས། གཟན་ཆག་སྤྱི་རྒྱ་ཁེར་མ་རེའི་ཁྲོད་དུ་ཏའོ་ཁེ 50~80འདུས། འཚོ་བཅུད B དང་འཚོ་བཅུད E འཚོ་བཅུད C འཚོ་བཅུད K སོགས་ཀྱི་འདུས་ཚད་ཉུང་མང་ནའང་། འཚོ་བཅུད D དཀོན་པོ་ཡིན།

(གཉིས)རྒྱུན་སྤྱོད་ཆེ་བའི་སྔོ་རྩྭའི་གཟན་ཆག

འདིའི་ཁོངས་སུ་གཟན་རྩྭ་དང་ལྕུམ་བུ། འདེབས་གསོ་གཟན་ཆག ཚོད་མའི་ལོ་མ། ཆུ་སྐྱེས་སྔོ་རྩྭའི་གཟན་ཆག་སོགས་འདུས།

གསུམ། སྔོ་བསྣལ་གཟན་ཆག

སྔོ་བསྣལ་གཟན་ཆག་ནི་གསར་ཐོན་སྐྱེ་དངོས་རྣམས་དབྱུང་རླུང་དང་བྲལ་བའི་གནས་ཚུལ་འོག་ཏུ། འོ་སྐྱུར་ཤ་མོས་འོ་སྐྱུར་འཕོར་ཆེན་སྐྱེད་སྤེལ་བྱས་མཐར། རུལ་སྨྱུགས་ཤ་མོ་སྐྱེ་བ་ཚོད་འཛིན་བྱས་ཏེ་སྔོ་རྩྭའི་གཟན་ཆག་གི་འཚོ

བཅུད་གསོག་ཉར་བྱེད་པ་ཡིན་ལ། དེའི་བྲོ་བ་ཞིམ་ལ་མཉེན་པོ་ཡིན་པ། གཉེར་ཁུ་བཟང་བ། འཚོ་བཅུད་ཕུན་སུམ་ཚོགས་པའི་གཟན་ཆག་བཟང་པོ་ཞིག་ཡིན། སྔོ་བསྐལ་གཟན་ཆག་གི་འཚོ་བཅུད་བཟང་མིན་ནི་སྔོ་བསྐལ་བྱས་པའི་རྩྭ་སྔོན་གྱི་སྲུས་ཚད་དང་བསྐལ་རྩལ་གྱི་མཐོ་དམན་ལ་རག་ལས་པ་ཡིན། གཟན་ཆག་འདིའི་རིགས་ཀྱི་ཁོངས་སུ་གྲོ་ཕྲུགས་དང་ཕུབ་མ་འོས་འཚམ་ཁ་སྣོན་བྱས་པའི་གཟན་ཆག་དང་གཞན་པའི་སྐྱེ་དངོས་ཁ་སྣོན་བྱས་པའི་གཟན་ཆག   བརྙན་གཉེར་འདུས་ཚད 45%དང་དེ་ལས་མཐོ་བའི་སྔོ་རྩྭ་སྐམ་པོ་སོགས་འདུས།

(གཅིག)སྔོ་བསྐལ་གཟན་ཆག་གི་ཁྱད་ཆོས།

སྔོ་བསྐལ་གཟན་ཆག་གིས་གཉེར་ཁུ་བཟང་བའི་རྩྭ་སྔོན་གྱི་འཚོ་བཅུད་རྣམས་གསོག་ཉར་བཟང་པོ་བྱེད་ཐུབ་པར་མ་ཟད། འཇུ་ཞུ་སླ་ཞིང་ཁ་ལ་འགྲོ་བའི་གཟན་ཆག་ཅིག་ཡིན། སྔོ་བསྐལ་གཉེར་བཟང་གཟན་ཆག་གི་བྲོ་བ་ཞིམ་ཞིང་མཉེན་གཉེར་བཟང་བས་ཕག་གིས་ཟོས་རྗེས་ཁ་སྟོ་ཇེ་བཟང་དུའང་འགྲོ། སྔོ་བསྐལ་བྱས་ན་གཟན་ཆག་གི་ཐོན་ཁུངས་རྒྱ་བསྐྱེད་ཐུབ་སྟེ། གསོ་ཕག་བཟའ་རྒྱུར་མི་དགའ་བའི་སྔོ་ལྷུམ་རྣམས་བསྐལ་སྣོན་བྱས་རྗེས་བྲོ་བ་དང་མཉེན་ཚད་སོགས་ཀྱང་སྒྱུར་ཐུབ་པས་ཟ་རྒྱུར་དགའ་བའི་གཟན་ཆག་ཏུ་བསྒྱུར་ཐུབ། སྔོ་བསྐལ་གཟན་ཆག་ནི་དུས་ཡུན་རིང་པོར་གསོག་ཉར་བྱས་ཆོག་སྟེ། ཉར་ཚགས་བྱེད་ཡུལ་གྱི་བར་གསེང་ཡང་ཆེན་པོ་མི་དགོས་པར། སྨི་གྲུ་བཞི་ལྷམ་པ་རེའི་སྐམ་རྩྭའི་ལྗི་ཚད་ནི་སྤྱི་ཀྲ 70ཡས་མས་དང་སྐམ་དངོས་འདུས་ཚད་སྤྱི་ཀྲ 60ཡིན། སྨི་གྲུ་བཞི་ལྷམ་པ་རེའི་སྔོ་བསྐལ་གཟན་ཆག་གི་ལྗི་ཚད་ནི་སྤྱི་ཀྲ 450 ~700དང་སྐམ་དངོས་འདུས་ཚད་སྤྱི་ཀྲ 150ཡིན།

(གཉིས)སྔོ་བསྐལ་གཟན་ཆག་གི་སྦྱོད་སྟངས།

སྔོ་བསྐལ་གཟན་ཆག་ལེན་དུས་གོང་རིམ་ནས་རིམ་པ་ལྟར་ལེན་དགོས་པ་

ལས་དོང་འདྲ་བྱེད་མི་ཉུང་། ཉིན་རེའི་ལེན་ཚད་ནི་ལིས་སྨི10ཡན་ཡིན། ལེན་ཚད་ཉུང་ན་འོག་རིམ་གྱི་སྦོ་བསྐྱལ་གཟན་ཆག་གསར་བ་ཟ་མི་ཐུབ། དུས་ལྟར་བསྐྱལ་གཟན་མཐའ་སྐོར་གྱི་ཉུལ་གཟན་གཙང་དག་བཟང་པོ་བྱེད་དགོས་ལ། བསྐྱལ་གཟན་ཐེངས་རེར་བླངས་རྗེས་སྦྱོས་འཁྱིག་གི་ལེགས་པོར་འགེབ་དགོས། དེ་མིན་ཉིང་བཅུད་ཤོར་འགྲོ་བ་ཡིན།

(གསུམ)ནམ་རྒྱུན་མཐོང་ཐུབ་པའི་སྦོ་བསྐྱལ་གཟན་ཆག་གི་རྒྱུ་ཆ།

སྦོ་ལྷང་ཁྱུ་བ་མང་བའི་གཟན་ཆག་དང་། ཞོག་ཕོག་གི་རིགས། མ་རྨོས་ལོ་ཏོག རི་སྐྱེས་སྦོ་རྩྭ། སྦོ་ཚལ། ཆུ་སྐྱེས་གཟན་ཆག ཙ་བ་རྟོག་པོ། རྐང་ཡུག་རྟོག་པོའི་རིགས་ཚང་མ་སྦྲ་མོར་བསྐྱལ་ན་འཁྱིག་ལ། མངར་ཆ་ལྡན་ཚད་མཐོ་བའི་སྐྱེ་དངོས་བདམས་ན་ལེགས། སྦོ་གཟན་བསྐྱལ་མའི་གཟན་ཆག་སླེ་ཞིང་འཐོལ་བ་དང་། བསྐྱལ་དྲི་ཞིམ་པ། འཇུ་ཚད་མཐོ་བ་བཅས་ཀྱི་དགེ་མཚན་ལྡན།

བཞི། ནུས་ཚད་གཟན་ཆག

ནམ་རྒྱུན་མཐོང་ཐུབ་པའི་ནུས་ཚད་གཟན་ཆག་ནི་འབྲུ་རིགས་དང་ཕྱུབ་མའི་རིགས་ལ་གོ་བ་ཡིན། འདི་རིགས་ཀྱི་ཁྱད་ཆོས་ནི་བྱེང་ཕྱེ་དང་ཀ་རའི་རིགས། ཚི་སྣའི་རྒྱུ་མཐོ་བས་ཕག་གསོ་གཟན་ཆག་གི་གྲུབ་ཆ་གཙོ་བོའི་གྲས་ཡིན་ལ་ཉིན་རེའི་གཟན་ཆག་སྐེར་ཚད་ཀྱི60%ཡས་མས་ཟིན། འཇུ་སླ་བ་དང་གསོ་བཅུད་ལྡན། ཤྲི་དཀར་རགས་པ10%ཡོད་པས། བསྡོམས་བཅས་ནས་བཤད་ན་ཀལ་ཉུང་ལ་ལེན་མང་ཞིང་། གྱང་ལ་ཕྱུག་གི་རྒྱུ་ཉུང་བ་དང་། འཚོ་བཅུད B རིགས་མང་བ་ཡིན།

(གཅིག)འབྲུ་རིགས་གཟན་ཆག

1.འབྲུ་རིགས་གཟན་ཆག་གི་འཚོ་བཅུད་ཀྱི་ཁྱད་ཆོས། འབྲུ་རིགས་གཟན་ཆག་ནི་སྐྱེ་མ་ཅན་གྱི་སྐྱེ་དངོས་སྨིན་པ་ལས་བྱུང་བའི་འབྲས་བུ་ལ་གོ་བ

ཡིན། ཁྱད་ཆོས་ནི་བྱིང་བྱེ་ལྡན་ཚད་མཐོ་བ་དང་ཚོ་སྣ་རགས་པ་འབྱུང་བ། ཉུས་ཚད་མཐོ་བ་བཅས་སོ། །ཞན་ཆ་ནི་སྤྲི་དཀར་འདུས་ཚད་འབྱུང་བ། ཨན་གཞི་སྐྱུར་གྲུབ་ཆའི་ནང་དུ་སྤྲུས་ཞན་ཨན་གཞི་དང་སྤྲི་ཨན་གཞི་མི་འདང་བ། ཉུས་པ་དང་འཚོ་བཅུད་ A འཚོ་བཅུད་ D ལེན་འདུས་ཚད་ཅུང་མཐོ་ནའང་བེད་སྤྱོད་ཀྱི་ཚད་གཞི་དམའ་བ།

2.ནམ་རྒྱུན་མཐོང་ཐུབ་པའི་འབྲུ་རིགས་གཟན་ཆག་ནི། མ་རྨོས་ལོ་ཏོག་དང་ཀའོ་ལེའང་། གྲོ། སོ་བ། ཡུག་པོ། གྲོ་ཤུན་སོགས་ཡིན།

(གཉིས) ཕུབ་མའི་རིགས་ཀྱི་གཟན་ཆག

1.ཕུབ་མའི་རིགས་ཀྱི་གཟན་ཆག་གི་ཁྱད་ཆོས། ཕུབ་མའི་རིགས་ཀྱི་གཟན་ཆག་ནི་སྤྱིར་བཏང་དུ་གྲོ་ཤུན་དང་བྱེ་སྙིགས་སོགས་ཞོར་དུ་བྱུང་བའི་ཐོན་རྫས་ལ་གོ་བ་ཡིན། འབྲུ་རིགས་དང་བསྡུར་ན་ཏན་འབྱུང་བ་ལས་གཞན། འཚོ་བཅུད་ཀྱི་སྟེང་ནས་ཁྱད་པར་ཆེན་པོ་མེད། ཚོ་སྣ་རགས་པ་འདུས་ཚད་མཐོ་བས། འཇུ་ཚད་འབྲུ་རིགས་ལས་ཅུང་ཞན་པར་མངོན། ཆུས་ཐིམ་སླ་བས་གསོག་ཉར་བྱེད་དཀའ་བའོ། །

2.ནམ་རྒྱུན་མཐོང་ཐུབ་པའི་ཕུབ་མའི་རིགས། དཔེར་ན་གྲོ་ཤུན་དང་ཕུབ་མ་ལྟ་བུ།

(གསུམ) རྩ་བ་རྡོག་པོ་དང་ཁང་ཡུ་རྡོག་པོ། ཀྭ་རིགས་བཅས་ཀྱི་གཟན་ཆག

1.འཚོ་བཅུད་ཀྱི་ཁྱད་ཆོས། རྩ་བ་རྡོག་པོ་དང་ཀྭ་རིགས་ཀྱི་ཆེས་ཆེ་བའི་ཁྱད་ཆོས་ནི་ཁུ་བ་མང་ཞིང་། འདུས་ཚད 75%~90%ལ་སླེབས། བསྡོམས་བཅས་ཀྱི་སྐམ་དངོས་འདུས་ཚད་འབྱུང་བ་དང་། རྫས་གཞི་རེའི་ལྡེད་ཚད་ངེས་ཅན་ལྡན་པའི་གཟན་ཆག་གསར་བའི་ཁྲོད་དུ་འཚོ་བཅུད་ཀྱི་གྲུབ་ཆ་འབྱུང་བ་ཡིན།

2.ནམ་རྒྱུན་མཐོང་བའི་རྩ་བ་རྡོག་པོ་དང་ཁང་ཡུ་རྡོག་པོའི་གཟན་ཆག

ནི། གུང་ལ་ཕུག་དང་མངར་ཚལ། ཞོག་ཤོག ནན་ཀྲ སྐྱི་མེད་ཚྭའི་གཟན···
ཆག་སོགས་ཡིན།

(བཞི)གཤེར་གཟུགས་ཀྱི་ནུས་ཚད་གཟན་ཆག

འདིའི་ཁོངས་སུ་སྲོག་ཆགས་ཀྱི་ཞག་ཚིལ་དང་རྩི་ཤིང་གི་སྣུམ་མམ་ཤིང་······
མར། འབབ་ཆ། མངར་རྒྱུ་སོགས་འདུས།

ལྔ། སྤྱི་དཀར་གཟན་ཆག

སྤྱི་དཀར་གཟན་ཆག་ལ་དབྱེ་ན་རྩི་ཤིང་རང་བཞིན་གྱི་སྤྱི་དཀར་གཟན······
ཆག་དང་། སྲོག་ཆགས་རང་བཞིན་གྱི་སྤྱི་དཀར་གཟན་ཆག ཕྲ་ཕུང་རྐྱང་མ···
རང་བཞིན་གྱི་སྤྱི་དཀར་གཟན་ཆག བཟོ་ལས་ཞོར་ཐོན་གཟན་ཆག་སོགས་ཡོད།

(གཅིག)རྩི་ཤིང་རང་བཞིན་གྱི་སྤྱི་དཀར་གཟན་ཆག

གཟན་ཆག་འདིའི་ཁོངས་སུ་འབབ་སྙིགས་ལ་སོགས་པའི་འབྲུ་རིགས·······
ལས་སྨན་གྱི་ཞོར་ཐོན་གཟན་ཆག་སྟེ། སྲན་སྙིགས་དང་སྲིང་བལ་གྱི་འབྲུ་གུ། བ་
དམ་གྱི་འབབ་ཆ། སོག་དཀར་གྱི་འབབ་ཆ་སོགས་འདུས། སྤྱིའི་ཁྱད་ཆོས་ནི་སྤྱི··
དཀར་གྱི་རྒྱུ་ཆ་འདུས་ཚད་མཐོ་ལ། ཏན་མེད་སྤུངས་འདོན་དངོས་པོ་ནི་སྤྱིར······
བཏང་གི་གྲོ་རིགས་ལས་འདུས་ཚད་ཉུང་བ་ཡིན།

(གཉིས)སྲོག་ཆགས་རང་བཞིན་གྱི་སྤྱི་དཀར་གཟན་ཆག

གཟན་ཆག་འདིའི་རིགས་ཀྱི་ཁོངས་སུ་ཉ་ཕྱེ་དང་ཤ་རུས་ཕྱེ་མ། ཁྲག་ཕྱེ།
འབུ་དམར་སོགས་འདུས།

(གསུམ)སྐྱེ་དངོས་ཕྲ་རབ་ཀྱི་སྤྱི་དཀར་གཟན་ཆག

གཟན་ཆག་འདིའི་རིགས་ནི་གཙོ་བོ་གཟན་ཆག་ཐབས་རྩེ་ལ་གོ་བ་ཡིན།
འདི་ནི་བཟོ་ལས་ཀྱི་ཆུ་སྙིགས་རྒྱུ་ཆ་གཙོ་བོར་བཟུང་ནས་ཐབས་རྩེ་དང་སྤེལ་སྦྱོར··
བྱས་ཏེ་ཕྲ་ཕུང་རྐྱང་མ་རང་བཞིན་གྱི་སྤྱི་དཀར་གཟན་ཆག་ལས་གྲུབ་པ་ཡིན།

དྲུག གཏེར་རྒྱུའི་གཟན་ཆག

གཏེར་རྒྱུའི་གཟན་ཆག་ནི་སྲོག་ཆགས་ཀྱི་གཏེར་རྒྱུ་ཁ་སྐོང་བྱེད་པའི་ངེས་པར་དུ་མཁོ་བའི་གཟན་ཆག་ཅིག་ཡིན། འདིར་མིས་བཟོས་པ་དང་རང་བྱུང་གྲུབ་པ། གཉིས་ཀ་ལྷན་འདུས་ཀྱི་གཏེར་རྒྱུའི་གཟན་ཆག་གསུམ་ལ་རྒྱུན་ཚད་མ་རྒྱུ་དང་ཚད་ཉུང་མ་རྒྱུ་བསྡེབས་ནས་སྲོག་ཆགས་ཀྱི་གཏེར་རྒྱུ་ཁ་སྐོན་བྱེད་པ་ཡིན། རྩི་ཤིང་རང་བཞིན་དང་སྲོག་ཆགས་རང་བཞིན་གྱི་གཟན་ཆག་ཁྲོད་དུ་གཏེར་རྒྱུའི་ཚད་ཡོད་ནའང་སྲོག་ཆགས་ཀྱི་ཚེ་སྲོག་རྒྱུན་སྲིང་བར་མཐུན་པའི་ཚད་གཞི་མི་འདང་བས་གཏེར་རྒྱུའི་གཟན་ཆག་བསྣན་ནས་ཁ་སྐོང་བྱེད་དགོས།

(གཅིག)ནམ་རྒྱུན་མཐོང་ཐུབ་པའི་གཏེར་རྒྱུ།

ལུའུ་དང་ནཱའི་གཟན་ཆག་སྟེ་མང་ཤོས་ནི་བཟོ་ལས་ཚྭ་བ་ཡིན་ལ་ལུའུ་ཧྭ་ནཱ་འདུས་ཚད་95%ཡན་ཡིན། རུས་འདུས་གཟན་ཆག་སྟེ་རྡོ་ཐལ་རྡོ་ཕྱེ་དང་ཙུ་གང་། སྒོང་སྐོགས། འགྲོན་བུའི་ཕྱེ་རྡུལ་སོགས། ལིན་འདུས་གཟན་ཆག་སྟེ་རྒྱུན་སྤྱོད་ཀྱི་ལིན་སྐྱུར་ཚྭ་བ་སོགས་སོ། །

(གཉིས)ཚད་ཉུང་གཏེར་རྒྱུ།

མང་ཆེ་བ་ནི་རྫས་འགྱུར་བཟོ་ལས་ཐོན་སྐྱེད་ཀྱི་ཚད་ཉུང་མ་རྒྱུའི་སྐྱེ་མེད་ཚྭ་རིགས་དང་དབྱང་འགྱུར་དངོས་པོ་ཡིན། ནམ་རྒྱུན་བེད་སྤྱོད་བྱེད་པའི་ཚད་ཉུང་མ་རྒྱུ་ཁ་སྐོང་གི་རིགས་ལ་ལྕགས་དང་ཟངས། མང་། ཞིན། ཏེན་སོགས་ཡོད་ལ། འདི་རྣམས་སྦྱོར་ཏ་བཟུང་ནས་ཁ་སྐོང་བྱས་ཆོག

(གསུམ)རང་བྱུང་གཏེར་རྒྱུའི་གཟན་ཆག་ཐོན་ཁུངས་ཀྱི་བེད་སྤྱོད།

རང་བྱུང་གི་གཏེར་རྒྱུ་སྟེ། དཔེར་ན་རྡོ་མའི་ཕྲན་དང་རྡོ་ཞྭ་ཧྲི་སོགས་ལ་རྒྱུན་ཚད་མ་རྒྱུ་འདུས་པར་མ་ཟད་ཚད་ཉུང་མ་རྒྱུ་ཡང་ཀྱི་ནོམ་པ་ཞིག་འདུས་པ་དང་། རང་བྱུང་གཏེར་རྒྱུ་འདི་རིགས་ཀྱི་གྲུབ་ཆའི་དམིགས་བསལ་རང་བཞིན

བཅས་ཀྱི་དབང་གིས། མ་རྒྱུ་མང་པོ་ནི་ཕན་ཚུན་བརྗེ་རེས་དང་འདྲེས་འགྲོ་བས་སྒྲིག་ཆགས་ལ་ཤིན་ཏུ་འཕྲོད་པ་ཡིན།

བདུན། གཟན་ཆག་གི་སྦྱོར་རྟ།

གཟན་ཆག་གི་སྦྱོར་རྟ་ནི་གཟན་ཆག་ནང་དུ་སྣོན་སྦྱོར་བྱེད་པའི་ཚད་ཁུང་གི་གྲུབ་ཆ་སྣ་ཚོགས་ལ་གོ་བ་ཡིན། འཚོ་བཅུད་རང་བཞིན་གྱི་སྦྱོར་རྟ་སྟེ་ཨེན་གཞི་སྐྱུར་དང་འཚོ་བཅུད། ཚད་ཁུང་མ་རྒྱུའི་སྦྱོར་རྟ་སོགས་དང་། འཚོ་བཅུད་མེད་པའི་སྦྱོར་རྟ་སྟེ་དུག་སྲིན་འགོག་སྨན་དང་དུག་འགོག་སྨན་རྫས། སྐྱུལ་རྒྱུ། ཕབ་རྟ། བྲོ་རྫས། སྐྱེ་ལྡན་སྐྱུར་སོགས་ཡིན། འདིའི་ནུས་པ་ནི་གཟན་ཆག་གི་སྤུས་ཚད་ཇེ་མཐོར་གཏོང་བ་དང་གཟན་ཆག་གི་སྤྱོད་ཚད་ཇེ་མཐོར་བཏང་ནས་ཕག་གི་འཚར་ལོངས་ལ་སྐུལ་འདེད་དང་ནད་རིམས་སྔོན་འགོག་བྱེད་རྒྱུ་དེ་ཡིན།

ས་བཅད་གཉིས་པ། གཟན་ཆག་ལས་སྒྲོན་དང་གསལ་འབྱེད།

གཅིག གཟན་ཆག་ལས་སྒྲོན།

(གཅིག)ཞིབ་འཐག

འདི་ནི་རགས་པའི་གཟན་ཆག་སྣ་ཚོགས་དང་སྔོ་རྩྭ་སྐམ་པོ། གང་བྱུ། དེ་བཞིན་འབྲུ་རིགས་ཀྱི་གཟན་ཆག་རྣམས་ཞིབ་མོར་འཐག་སྟེ་ཕག་ལ་སྟེར་བ་ཡིན་ལ། སྤྱིར་བཏང་གི་ཞིབ་ཚད་ནི་ཧྥའོ་སྨི 0.5~0.8 ཡིན། ཧ་ཅང་རགས་ན་གཟན་ཆག་འགྲོ་གྲོན་ཆེ་བ་དང་ཕག་གི་ཐོན་སྐྱེད་ནུས་པ་ཇེ་དམར་འགྲོ་བ་དང་ཧ་ཅང་ཞིབ་ན་ནུས་པའི་ཟད་གྲོན་ཇེ་མཐོར་འགྲོ་བའམ་ཕོ་བར་ཙུལ་ནད་འབྱུང་བ་ཡིན།

(གཉིས)མཉམ་བསྲེས།

མཉམ་བསྲེས་ནི་གཟན་ཆག་ལས་སྟོན་བྱ་བའི་ཁྲིད་ཀྱི་གལ་ཆེའི་གནད་འགག་གྲས་ཀྱི་གཅིག་ཡིན། འདི་ལྟར་བྱེད་དོན་ནི་འཚོ་བཅུད་དངོས་རྫས་ཆ་སྙོམས་ཀྱིས་བགོས་ནས་གཟན་ཆག་རྣམས་མཉམ་བསྲེས་བྱེད་པ་ཡིན། གཞི་ཁྱོན་ཆུང་ཆེ་བའི་ཕག་གསོ་ར་བའི་ནང་དུ་རྒྱུན་སྤྱོད་བྱེད་པའི་མཉམ་བསྲེས་འཕྲུལ་ཆས་ནི་འགྲེང་གཟུགས་དང་ཉལ་སྟབས་འཕྲུལ་ཆས་གཉིས་སོ། །གཟན་ཆག་ཐོན་སྐྱེད་མཉམ་བསྡེབས་དང་མཉམ་བསྲེས་བྱེད་དུས་ཀྱིས་སྙོམས་གྲངས་ནི≤10% དང≤5%ཡིན་དགོས།

གཉིས། གཟན་ཆག་གཙོ་བོའི་གསལ་འབྱེད་བྱེད་ཐབས།

(གཅིག)མ་སྦྱོས་ལོ་ཏོག

མ་སྦྱོས་ལོ་ཏོག་ཆུང་བཟང་བ་ཡིན་ན་དེའི་ཁ་དོག་ཆ་སྙོམས་སེར་པོ་ཡིན་ལ་ཁ་དོག་སྣ་མ་སྣ་ཚོགས་མེད། ལག་ཏུ་བླངས་ནས་སྣོམ་ན་དྲི་ངན་ཡོད་མེད་ཤེས་པ་དང་། མིག་གིས་བལྟས་པས་ཀྱང་སྤུས་ཚད་བཟང་ངན་ཕལ་ཆེར་ཤེས་ཐུབ། མཛུབ་མོས་སེན་བཏོག་བྱས་ཏེ་སྙི་ན་རྒྱུ་འདུས་ཚད་བཟང་བ་དང་སེན་བཏོག་བྱེད་མི་ཐུབ་ན་སྐམ་ཐིག་ཏུ་གྱུར་ཡོད། སོས་འབྲད་པ་དང་ལག་པས་སྲུབ་ནའང་རྒྱུ་འདུས་ཚད་ཤེས་ཐུབ།

(གཉིས)སྲན་སྙིགས།

སྲན་སྙིགས་བཟང་པོ་ཡིན་ན་ཁ་དོག་སེར་པོ་དང་སེར་སྐྱ་ཡིན་ལ་ཚོས་མདོག་ཀྱང་གཅིག་མཚུངས་ཡིན། རླན་ཚད་ཆེ་བའི་སྲན་སྙིགས་ཀྱི་ཁ་དོག་གི་སྐྱ་བོ་ཡིན་ལ་དེའི་ནང་དུ་དཀར་མདོག་ཀྱང་འདྲེས།

སྲན་སྙིགས་རུལ་སུངས་སུ་གྱུར་ཡོད་མེད་དང་སྐྱུར་བསྙལ་དུ་གྱུར་ཡོད་མེད། འབུས་ཟོས་ཡོད་མེད་བཅས་ལ་དོ་སྣང་བྱེད་དགོས་པར་མ་ཟད། དེའི་བསྐུར་ཚད་ཚོད་དཔག་བྱེད་དགོས། སྲན་སྙིགས་བཟང་ན་རྡོག་ཧྲུག་ཆ་སྙོམས་

མིན་པ་དང་སྲན་ཤུན་ཤུང་བ། རྡུལ་སྲུངས་མིན་པ། སྐྱུར་བསྐྱལ་མིན་པ། འབྱར་མེད་པ། འབུས་ཐོས་མེད་པ་བཅས་ཀྱི་ཁྱད་ཆོས་ཡོད། རྡུལ་སྲུངས་སུ་གྱུར་ཡོད་ན་ཕན་ཚུན་འབྱར་ཡོད་པར་མ་ཟད་སྐྱུར་བསྐྱལ་ཡང་ཡོད།

སྲན་སྙིགས་བརྟན་སྤྱོད་ཅན་དུ་གྱུར་ནས་ཐེངས་གཉིས་པར་བེད་སྤྱོད་བྱེད་པ་ཡིན་ན་ཁ་དོག་ལ་བལྟས་པས་ཤེས་ལ། མདོག་ནག་མངོན་པ་དང་དྲི་མའང་མི་འདྲ་བ་ཞིག་ཡོད།

སྲན་སྙིགས་ཀྱི་ནང་དུ་གཞན་པའི་ལྷད་རྫས་ཏེ། དཔེར་ན། སོག་མ་དང་ཕུབ་མ། ཤིང་རྡུལ། བྱེ་མ་སོགས་ཡོད་མེད་ལ་ཞིབ་ལྟ་བྱེད་དགོས།

(གསུམ)ཚལ་སྙིགས།

ཐོག་མར་ཚལ་སྙིགས་ཀྱི་ཁ་དོག་དང་དབྱིབས་གཟུགས་ལ་ཞིབ་ལྟ་བྱས་ན་ཐོན་སྐྱེད་ཀྱི་བཟོ་བཀོད་ཡིན་མིན་བརྟར་ཤ་གཅོད་དགོས། ཚལ་སྙིགས་ནི་ཁ་དོག་སེར་པོའམ་ཅུང་སྐྱ་བོ་དང་དབྱིབས་གཟུགས་ཧྲུག་ལྷེབ་ཅན་ཞིག་ཡིན། བཙོར་གནོན་ཅན་གྱི་ཚལ་སྙིགས་ཀྱི་ཁ་དོག་ཅུང་ནག་པ་དང་ནག་ཆེལ་ཡང་ཡོད། མང་ཆེ་བ་ནི་ཧྲུག་ལྷེབ་དང་རྗོག་རིལ་ཡིན་པར་མ་ཟད་ལྷད་རྫས་ཀྱང་ཅུང་མང་བས། རྗོག་རིལ་བཅགས་ནས་བལྟས་པས་ཤེས་ཐུབ། བཙོར་གནོན་ཅན་གྱི་ཚལ་སྙིགས་ཀྱི་སྤུས་ཚད་ཅུང་ཞན་པས་སྤྱིར་བཏང་དུ་འདེམས་སྤྱོད་མི་བྱེད།

ཚལ་སྙིགས་ཀྱི་ནང་དུ་གཞན་པའི་ལྷད་རྫས་ཏེ། དཔེར་ན། བྱེ་མ་དང་སྡོང་པོ། ཚལ་སོན་གྱི་སྙིགས་རིམ་སོགས་ཡོད་མེད་ལ་ཞིབ་ལྟ་བྱེད་དགོས།

(བཞི)ཕུབ་མ།

ཕུབ་མའི་ཁ་དོག་ནི་ས་མདོག་ཡིན་ལ་གསར་ཚད་གཅིག་མཚུངས་ཡིན། ཕུབ་མའི་དྲི་མ་སྟེ། གྲ་དྲི་ཡོད་མེད་དང་དྲི་ངན་ལྡན་མིན། རྡུལ་སྲུངས་ཡིན་མིན། སྐྱུར་བསྐྱལ་ཡིན་མིན་ལ་ལྟ་དགོས། ལག་ཏུ་བླངས་ནས་ཞིབ་མོར་བལྟས་ན་འབུས་

རྨུག་ཡོད་མེད་ཤེས་ཐུབ། ལག་ཏུ་བླངས་ནས་ཡང་ལྕེ་ལ་ཚོད་རྟེས་བྱས་ན་ཆུ་འདུས་ཚད་ཤེས་པར་མ་ཟད། སོབ་འགོལ་གྱི་ཚད་གཞི་ཡང་ཤེས་ལ། སོབ་སོབ་ཆེན་ཕུབ་མ་ཆུང་བཟང་བ་ཡིན།

(ལྔ)ཉ་ཕྱེ།

ཉ་ཕྱེའི་ཁ་དོག་དང་དབྱིབས་གཟུགས་ལ་ཞིབ་ལྟ་བྱེད་དགོས། ཉ་ཕྱེའི་ཁ་དོག་ནི་སེར་སྐྱ་དང་ཐལ་མདོག་ཡིན། དབྱིབས་གཟུགས་ནི་ཚོ་སྣ་རང་བཞིན་གྱི་ཕྱེ་རྡུལ་ཡིན། དེའི་ནང་དུ་ཉའི་མིག་དང་ཉ་ཁྲབ་དུམ་བུ། ཉ་ཚེར། ཉ་རུས་སོགས་འདུས། སོབ་ཐོར་ཆེ་བ་དང་རྗོག་རིལ་མེད་པ། རང་བྱུང་མེད་པ། འབུས་རྨུག་མེད་སོགས་ལ་ཞིབ་ཏུ་ལྟ་དགོས། ཉ་ཕྱེ་ལ་ཁྲག་དྲི་ལྡན་པ་དང་དེ་མེད་རུལ་སུངས་སུ་གྱུར་པ་ཡིན།

ས་བཅད་གསུམ་པ། ཉིན་གཟན་མཉམ་སྦྱེབ།

གཅིག ཉིན་གཟན་མཉམ་སྦྱེབ་ཀྱི་རྩ་དོན།

1.གསོ་ཚགས་ཀྱི་ཚད་གཞི་གདམ་གསེས་བྱེད་དུས་ཐོན་སྐྱེད་ཀྱི་གནས་ཚུལ་དངོས་དང་གསོ་ཕག་གི་ཐོན་སྐྱེད་ཆུ་ཚད། བདེ་ཐང་གི་གནས་ཚུལ། གསོ་ཚགས་རྡོ་དམ་གྱི་ཆུ་ཚད། གནམ་གཤིས་ཀྱི་འགྱུར་ལྡོག་སོགས་ལ་དམིགས་ནས་ལེགས་སྒྲིག་བྱེད་དགོས།

2.ཡུལ་བབ་དང་དུས་ཚིགས་ལ་བསྟུན་ནས་རང་ས་གནས་ཀྱི་གཟན་ཆག་ཐོན་ཁུངས་བེད་སྤྱོད་བྱེད་པ།

3.གཟན་ཆག་ཁ་ལ་འཕྲོད་མིན་ལ་མཉམ་འཛོག་བྱས་ཏེ་རུལ་སུངས་སུ་གྱུར་པ་དང་དུག་ལྡན་པའི་གཟན་ཆག་སྤྱོད་པར་གཡོལ་དགོས།

4.གསོ་ཕག་གི་འཇུ་སྟོབས་ལ་མཉམ་འཛོག་བྱས་ཏེ་དེར་འཚམ་གྱི་གཟན་ཆག་རྒྱུ་ཆ་སྦེབ་པ། གཞན་གཟན་ཆག་སྣ་མང་མཉམ་བསྲེས་བྱེད་པ།

5.གཟན་ཆག་མཉམ་སྦེབ་བྱེད་དུས་དཔལ་འཁོར་ལ་མཉམ་འཛོག་བྱས་ཏེ་འཚོ་བཅུད་བཟང་ཞིང་རིན་གོང་བདེ་བའི་གཟན་ཆག་སྒྲུད་པ།

གཉིས། གཟན་ཆག་མཉམ་སྦེབ་ཀྱི་གཞི་རྩའི་ཟླང་བྱ།

(གཅིག)ཚོན་གསོ་དུས་སྐབས་ཀྱི་བགོ་གྲངས།

ཆེ་ཆུང་དང་ལྷི་ཚད་མི་འདྲ་བའི་ཁྱད་ཆོས་ལ་དམིགས་ནས་དེར་མཚུངས་ཀྱི་གཟན་ཆག་སྟེར་དགོས། ཐོན་སྐྱེད་དངོས་ལ་ཞུགས་དུས་གསོ་ཕག་གི་འཚར་ལོངས་དང་སྐྱེ་འཕེལ་གྱི་ཆོས་ཉིད་དང་འཚོ་བཅུད་མཁོ་ཚད་ཀྱི་ཁྱད་ཆོས་རྨང་གཞིར་བཟུང་ནས། འཚར་ལོངས་ཚོན་གསོའི་དུས་སྐབས་ལ་རིམ་པ་གཉིས་བགོས་ཆོག་སྟེ། རིམ་པ་གོང་མ་སྤྱི་རྒྱ 20~60དང་རིམ་པ་རྗེས་མ་སྤྱི་རྒྱ 60~90ཡན་ནོ། ། རིམ་པ་གསུམ་སྟེ་གོང་འོག་བར་གསུམ་དུའང་བགོས་ཆོག་ལ། གོང་མ་སྤྱི་རྒྱ 20~35 (ཕག་ཕྲུག) བར་མ་སྤྱི་རྒྱ 35~60 (ཕག་འབྲིང) རྗེས་མ་སྤྱི་རྒྱ 60~90(ཕག་རྒན)ཡིན་ནོ། །

(གཉིས)འཚོ་བཅུད་བགོ་བཤའི་རྩ་དོན།

གསོ་ཕག་གི་རྒྱུན་སྤྱོད་ནུས་ལྡན་གཟན་ཆག་ནི་སྤྱིར་བཏང་དུ་མ་རྫས་ལོ་ཏོག་དང་ཕུབ་མ་ཡིན་ལ་དེའི 50%~70%ཟིན། གྲོའང་མ་རྫས་ལོ་ཏོག་གི་གོ་ཚོད་ལ་ཕུབ་མའི་སྒྲུད་གྲངས་ཀྱི 15%~25%ཟིན། སྲི་དཀར་གཟན་ཆག་གཙོ་བོ་ནི་སྲན་སྙིགས་ཡིན་ལ་དེའི 15%~30%ཟིན། ཚལ་སྙིགས་དང་སྲིང་སོན་གྱི་སྙིགས་རོས་ཀྱང་སྲན་སྙིགས་ཀྱི་ཚབ་བྱེད་རུང་ཡང་། ཕག་གསེབ་ལ་ཚལ་སྙིགས་དང་སྲིང་སོན་གྱི་སྙིགས་རོ་མ་བྱིན་ན་བཟང་། ཕག་ཕྲུག་ལ་ཉ་ཕྱེ་སོགས་སྲོག་ཆགས་རང་བཞིན་གྱི་སྲི་དཀར་གཟན་ཆག་བྱིན་ཆོག ཨེན་གཞི་སྐྱུར་མི་འདྲང་

ཏུས་མི་བཟོས་ཨེན་གཞི་སྐྱུར་ཧེ་ལའི་ཨེན་སྐྱུར་དང་ཏན་ཨེན་སྐྱུར་སོགས་ཁ་སྣོན་བྱས་ཆོག གཏེར་རྒྱུའི་གཟན་ཆག་ཁྲོད་ཀྱི་སྲ་འགྱུར་ཀའི་འདུས་གཟན་ཆག་གཙོ་བོ་ནི་རྗེ་ཕྱེ་ཡིན་ལ་དེའི 0.5% ~2%ཟིན། སྲ་འགྱུར་ཀའི་དང་ལིན་འདུས་གཟན་ཆག་གཙོ་བོ་ནི་ལིན་སྐྱུར་ཆེན་ཀའི་དང་རུས་རྡུལ་ཡིན་ལ་དེའི 0.5%~2.5%ཟིན། ཚྭའི་སྤྱོད་གྲངས་ནི་འཚོ་བཅུད་ཀྱི་དགོས་མཁོར་དམིགས་ནས་ཐག་གཅོད་དགོས་པ་དང་ཆོན་གསོ་ཕག་པའི་སྤྱོད་གྲངས་ནི 0.23%~0.25%ཡིན།

(གསུམ)གཟན་ཆག་འདེམ་སྤྱོད་ཀྱི་སླང་བྱ།

འཚར་ལོངས་ཆོན་ཕག་ལ་གཟན་ཆག་སྤེལ་དུས་རང་ས་གནས་དང་རང་ཕག་རའི་གནས་ཚུལ་དངོས་ལ་དམིགས་ནས་འདེམ་སྤྱོད་བྱེད་དགོས། དེའི་མཚུངས་སུ་གཟན་ཆག་གི་རིགས་སྣ་དང་ཤ་ཁོག་གི་ཕྱུས་ཀའི་འབྲེལ་བར་མཉམ་འཛོག……བྱེད་དགོས། སོ་བ་དང་གྲོ། སྲན་ནག རྒྱ་སྲན། ཞོག་ཁོག་མངར་མོ་སོགས་བྱིན……ནས་གསོ་ཚགས་བྱེད་དུས། ཤ་ཁོག་གི་ཕྱུས་ཚད་ཇེ་མཐོར་འགྲོ་ལ་བཤས་ཤའང་ཞིམ་པ་ཡིན། ཆོན་གསོའི་དུས་མཇུག་ཏུ་འབྲས་ལྷགས་དང་བ་དམ། སྲན་སེར། སྲན་སྐྱིགས་སོགས་འཐོར་ཆེན་བྱིན་ནས་གསོས་ན། ཤ་ཁོག་གི་ཕྱུས་ཚད་ཆུང་ཞན་ལ་ཤ་ཡང་དེ་འདྲའི་ཞིམ་པོ་མིན། ཉ་ཕྱེ་དང་ཉ་ཚེར། མ་རྫོས་ལོ་ཏོག་རྡུལ་སྲུངས་ཅན། ནན་ཀྲུ་སོགས་ཀྱིས་གསོས་ན་ཤ་ཁོག་གི་མདོག་མི་ཡག་པར་མ་ཟད། བཤས་ཤར་དྲི་ངན་བྲོ་བས་དཔལ་འབྱོར་གྱི་རིན་ཐང་ཅི་ཡང་མེད།

(བཞི)ཚད་དང་མཐུན་པའི་ཉིན་གཟན་གཏན་ཁེལ་བྱེད་པ།

1.ཉིན་རེར་སྔོ་སྐྱེར་བའི་ནུས་ཚན་ལྟར་བརྩིས་ན། ཉིན་རེའི་སྐྱེར་གྲངས (སྤྱི་རྒྱ) =ཉིན་རེའི་ཕག་རེར་སྔོ་སྐྱེར་བའི་སྤྱི་གྲངས÷སྤྱི་རྒྱ་རེར་འདུས་པའི་མཉམ་བསྲེས་གཟན་ཆག་གི་ནུས་ཚད།

2.གསོ་ཕག་གི་ལྗི་ཚད་ལྟར་བརྩིས་ན། ཉིན་རེའི་སྐྱེར་གྲངས(སྤྱི་རྒྱ)=ལྗི་

ཚད་དངོས(སྤྱི་རྒྱ)×གཟན་སྟེར་ཚད། (ཕག་ཕྲུག 0.06~0.07དང་ཕག་འབྲིང 0.04~0.05 ཕག་རྒན 0.03~0.04)

གསུམ། ཉིན་གཟན་མཉམ་སྤེལ་བྱེད་ཐབས།

ཉིན་གཟན་མཉམ་སྤེལ་བྱེད་ཐབས་མང་པོ་ཡོད་ཅིང་། རྒྱུན་སྤྱོད་ཀྱི་ཐབས་ལམ་གཉིས་ནི་ཚོད་བགམ་བྱེད་ཐབས་དང་ཟུར་ཐིག་བྱེད་ཐབས་སོ། །

(གཅིག)ཚོད་བགམ་བྱེད་ཐབས།

གསོ་ཕག་གི་ལུས་ཁམས་འཕེལ་རིམ་སོ་སོར་མཁོ་བའི་འཚོ་བཅུད་དང་གདམ་གསེས་བྱས་ཡོད་པའི་གསོ་ཚགས་ཀྱི་ཚད་གཞི་ལྟར། དང་ཐོག་མ་བཅོས་ཀྱི་རྒྱུ་ཆ་བདམས་པ་དང་དེའི་འགྲོར་མཉམ་སྦྱོར་ལྟར་བསྡུར་ཚད་ཏ་ལམ་འོས་འཚམ་ཡིན་པའི་སྤེལ་སྟངས་ཤིག་སྒྲིག་བཟོ་བྱེད་དགོས། མཇུག་མཐར་གཟན་ཆག་གི་གྲུབ་ཆ་དང་འཚོ་བཅུད་ཀྱི་རིན་ཐང་རེའུ་མིག་ལྟར་གཟན་ཆག་ཁྲིད་ཀྱི་ནུས་ཚད་དང་སྤྲི་དཀར་རགས་རྩིས་བྱས་ཏེ། ནུས་ཚད་དང་སྤྲི་དཀར་གྱི་བརྩི་གྲངས་སྒྲིགས་གཅིག་ཏུ་བསྡོམས་ནས་གསོ་ཚགས་ཀྱི་ཚད་གཞིར་ཞིབ་བསྡུར་བྱས་ཏེ་འགྲོད་སྤྱོར་ཐུབ་མིན་དང་གཅིག་མཚུངས་ཡིན་པ་ལ་ལྟ་དགོས། གལ་ཏེ་འཚོ་བཅུད་གང་ཞིག་གཏན་ཁེལ་བྱས་ཡོད་པའི་ཚད་གཞི་ལས་མཐོ་བའམ་དམའ་ན། སྒྱུར་བ་ལེགས་སྒྲིག་བྱས་ཏེ་ཚད་གཞི་དང་མཐུན་པར་བྱ་དགོས། དེའི་འགྲོར་གོང་དང་མཐུན་པའི་གོ་རིམ་ལྟར་ཀའེ་དང་ལིན། ཚྭ་སོགས་མཉམ་སྤེལ་བྱེད་དགོས།

1.གསོ་ཚགས་ཀྱི་ཚད་གཞི་འཚོལ་བ། འཇུ་ནུས་པ་དང་སྤྲི་དཀར་རགས་པ། ཀའེ་དང་། ལིན། ལེ་ཨིན་སྐྱུར་སོགས་ཀྱི་དམིགས་ཚད་འཚོལ་བ།

2.གཟན་ཆག་རྒྱུ་ཆའི་གསོག་ཉར་གནས་ཚུལ་དངོས་ལ་དམིགས་ནས། ཕག་གསོ་གཟན་ཆག་གི་འཚོ་བཅུད་རིན་ཐང་རེའུ་མིག་བཟོས་ཏེ་གཟན་ཆག་སོ་སོའི་འཚོ་བཅུད་ཀྱི་གྲུབ་ཆ་གློ་ལ་ངེས་པར་བྱེད་པ།

3.ནུས་ཚད་དང་སྤྲི་དཀར་གྱི་དགོས་མཁོ་དང་གཟན་ཆག་གི་བསྡུར་ཚད་ལྟར་འཚོ་བཅུད་བགོ་བཤའ་བྱེད་དགོས། དང་ཐོག་མཉམ་སྦྱེབ་བྱེད་དུས་སྤྲི་དཀར་རགས་པ་དང་ནུས་ཚད་ཀྱི་འདྲེས་ཚད་ལ་བསམ་བློ་གཏོང་དགོས་པར་མ་ཟད། འཚོ་བཅུད་ཀྱི་ཆུ་ཚད་བལྟས་ཏེ་ཚད་གཞི་དང་མཐུན་པའི་གྲངས་ཚད་ཡོད་དགོས།

4.ཚོད་སྦྱོར་བྱས་པའི་ཉིན་གཟན་གྱི་གྲུབ་ཆ་དང་ཚད་གཞི་གཉིས་ཀ་ཞིབ་བསྡུར་བྱས་ནས། དང་ཐོག་ནུས་ཚད་དང་སྤྲི་དཀར་གྱི་འདུས་ཚད་བརྩིས་ཏེ་གསོ་ཚགས་ཀྱི་ཚད་གཞི་དང་མཐུན་པར་བྱ་དགོས། ལག་ཏུ་ལེན་པའི་ཐབས་ལམ་ནི་གཟན་ཆག་མཉམ་སྦྱེབ་བྱེད་དུས་རྒྱུ་ཆ་གང་ཞིག་གི་བསྡུར་ཚད་ཇེ་ཉུང་དུ་བཏང་བའི་ཁར། རྒྱུ་ཆ་གང་ཞིག་གི་བསྡུར་ཚད་ཇེ་མང་དུ་གཏོང་རྒྱུ་དེ་ཡིན། དེའི་གོ་རིམ་ཁྲོད་དུ་ཉིན་གཟན་གྱི་ནུས་ཚད་དང་སྤྲི་དཀར་གྱི་འགྱུར་ལྡོག་ལ་མཉམ་འཇོག་དགོས།

5.ལྟ་ཞིབ་བྱས་རྗེས་མཉམ་སྦྱེབ་གཟན་ཆག་གི་འཚོ་བཅུད་ཆུ་ཚད་དང་གཏེར་རྒྱུ། ཨེན་གཞི་སྐྱུར་གྱི་འདྲེས་ཚད་ལེགས་སྒྲིག་བྱེད་དགོས། གཏེར་རྒྱུ་མི་འདང་དུས་ལེན་མཐོ་བའི་རྒྱུ་ཆས་ཁ་སྣོན་བྱས་རྗེས་ཀའི་འདུས་ཚད་རྩིས་དགོས། ཀའི་ཉུང་ན་ལེན་དམའ་མོའི་རྒྱུ་ཆས་ཁ་སྣོན་བྱེད་དགོས། ཨེན་གཞི་སྐྱུར་མི་འདང་ན་བསྲེས་སྦྱོར་ཨེན་གཞི་སྐྱུར་ཁ་སྣོན་བྱེད་དགོས།

(གཉིས)ཟུར་ཐིག་བྱེད་ཐབས།

བྱེད་ཐབས་འདི་ནི་གཟན་ཆག་སྣ་ཚོགས་དང་འཚོ་བཅུད་ཀྱི་དམིགས་ཚད་ཉུང་བའི་སྐབས་སུ་སྤྱོད་པ་ཡིན། དཔེར་ན། སྤྲི་དཀར་འདུས་ཚད 30% ཡིན་པའི་མཁོ་འདོན་སྐྱེགས་འཇོག་བྱས་པའི་གཟན་ཆག་དང་ནུས་ཚད་མ་སྨོས་ལོ་ཏོག་གཟན་ཚད་ཀྱི་སྤྲི་དཀར་རགས་པའི་འདུས་ཚད 8.5%ཡིན་པའི་གཟན

ཆག་མཉམ་སྦེབ་བྱས་ནས། ལྷེ་ཚད་སྤྱི་ཁྲ 20~35ཡོད་པའི་འཚར་ཆོན་གསོ་ཕག་ལ་སྤྱི་དཀར་རགས་པ 16%འདུས་པའི་གཟན་ཆག་སྤྱི་ཁྲ 1000འདྲེས་སྦྱོར་བྱེད་པ་ལྟ་བུ།

1.གཟན་ཆག་གཉིས་ཀའི་སྦྱོར་གྲངས་རྩིས་པ། (གཤམ་གྱི་རི་མོ་བཞིན)དང་ཐོག་ཟུར་ཐིག་ལྟར་མང་གྲངས་ནང་ནས་ཉུང་གྲངས་འཐེན་རྗེས་ལྷག་གྲངས་14%དང 7.5%ཐོན་པ་ཡིན། དེ་འགྲོར་ལྷག་གྲངས་གཉིས་ཀ་སྤྱི་གྲངས་ལ་བགོ་རྩིས་བྱེད་པ། མ་རྫས་ལོ་ཏོག 14÷(14+7.5)=65.11% སྙིགས་དོར་གཟན་ཆག 7.5÷(14+7.5)=34.89%

2.གཟན་ཆག་གཉིས་ཀའི་མཉམ་སྦྱོར་གྲངས་ཀའི་ལྷེ་ཚད་རྩིས་པ། མ་རྫས་ལོ་ཏོག་སྤྱི་ཁྲ 1000×65%=650(སྤྱི་ཁྲ) སྙིགས་དོར་གཟན་ཆག་སྤྱི་ཁྲ 1000×35%=350(སྤྱི་ཁྲ)

8.5%(མ་རྫས་ལོ་ཏོག) | 16% | 14%(30%~16%)

30%(སྙིགས་དོར་གཟན་ཆག) | | 7.5%(16%~8.5%)

(གསུམ)སྦྱོར་ཐབས་ངོ་སྤྲོད།

རྒྱུན་སྤྱོད་ཆེ་བའི་མ་རྫས་ལོ་ཏོག་དང་སྨན་སྙིགས། ཕུབ་མ་ཉིད་གཟན་གཙོ་བོར་འཛིན་པ།

1.ལྷེ་ཚད་སྤྱི་ཁྲ 10 ~20ཡིན་པ། མ་རྫས་ལོ་ཏོག་གི་བྱེ་རྡུལ 57%དང་སྨན་སྙིགས 20% ཉ་བྱེ 5% འབྲས་ཤུན་ནམ་གྲོ་ཕུབ 15% ལིན་སྐྱུར་ཆེན་ཀའི 1% ཉ་ལྷིབས་བྱེ་རྡུལ 0.65% གཟན་ཚྭ 0.35% འདྲེས་རྫས(འཚོ་བཅུད

དང་ཞུང་ཚད་མ་རྒྱུ། འཚོ་བཅུད་མ་ཡིན་པའི་སྦྱོར་རྫ་སོགས)1% སྦྱོར་ཐབས་འདིའི་ནང་གི་སྤྲི་དཀར་རགས་པ་འདུས་ཚད 18.4%དང་། འཇུ་ནུས་སྤྱི་རྒྱ 13.5 ཚོ་སྣ་རགས་པ 3.5% ཀའི 0.73% ལིན 0.682% ལེ་ཨེན་སྐྱུར 0.92% བཅས་སོ། །

2.ལྗི་ཚད་སྤྱི་རྒྱ 30~65ཡིན་པ། མ་རྫས་ལོ་ཏོག་གི་ཕྱེ་རྡུལ 62%དང་སྲན་སྙིགས 20% འབྲས་ཤུན་ནམ་གྲོ་ཕུབ 15% ལིན་སྐྱུར་ཆེན་ཀའི 1.2% ཉ་ལྐེབས་ཕྱེ་རྡུལ 0.8% གཟན་ཚྭ 0.35% འདྲེས་རྫས(འཚོ་བཅུད་དང་ཞུང་ཚད་མ་རྒྱུ། འཚོ་བཅུད་མ་ཡིན་པའི་སྦྱོར་རྫ་སོགས)1% སྦྱོར་ཐབས་འདིའི་ནང་གི་སྤྲི་དཀར་རགས་པ་འདུས་ཚད 16%དང་། འཇུ་ནུས་སྤྱི་རྒྱ 13.29 ཚོ་སྣ་རགས་པ 3.8% ཀའི 0.656% ལིན 0.577% ལེ་ཨེན་སྐྱུར 0.74% བཅས་སོ། །

3.ལྗི་ཚད་སྤྱི་རྒྱ 60 ~100ཡིན་པ། མ་རྫས་ལོ་ཏོག་གི་ཕྱེ་རྡུལ 70%དང་སྲན་སྙིགས 15% འབྲས་ཤུན་ནམ་གྲོ་ཕུབ 12% ལིན་སྐྱུར་ཆེན་ཀའི 1% ཉ་ལྐེབས་ཕྱེ་རྡུལ 0.8% གཟན་ཚྭ 0.35% འདྲེས་རྫས(འཚོ་བཅུད་དང་ཞུང་ཚད་མ་རྒྱུ། འཚོ་བཅུད་མ་ཡིན་པའི་སྦྱོར་རྫ་སོགས)1% སྦྱོར་ཐབས་འདིའི་ནང་གི་སྤྲི་དཀར་རགས་པ་འདུས་ཚད 14%དང་། འཇུ་ནུས་སྤྱི་རྒྱ 13.54 ཚོ་སྣ་རགས་པ 3.7% ཀའི 0.60% ལིན 0.535% ལེ་ཨེན་སྐྱུར 0.65% བཅས་སོ། །

ལེའུ་གསུམ་པ། ཕག་གི་གསོ་ཆགས་ལག་རྩལ།

ས་བཅད་དང་པོ། ཕག་རྒྱུད་འདྲེས་སྦྱོར་ཉེར་སྤྱོད།

གཅིག རིགས་རྒྱུད་འདྲེས་མའི་དགེ་མཚན་དང་བེད་སྤྱོད།

(གཅིག)ཕག་རྒྱུད་འདྲེས་སྦྱོར།

ཕག་རྒྱུད་འདྲེས་སྦྱོར་བྱེད་པ་ནི་སྲོག་ཆགས་དང་སྐྱེ་དངོས་ཀྱི་རིགས་སྣ་མི་འདྲ་བའི་རྒྱུད་པ་ཕན་ཚུན་འདྲེས་སྦྱོར་བྱེད་པ་ལ་ཟེར་ཞིང་། དེའི་དམིགས་ཡུལ་ནི་ཐོན་སྐྱེད་ཐད་སྟོན་མའི་རྒྱུད་པ་ལས་ཁོར་ཡུག་དང་ཆ་རྐྱེན་ལ་འཕྲོད་ཅིང་ཐོན་འབབ་མཐོ་བའི་རྒྱུད་འདྲེས་སྤེལ་རྒྱུ་དེ་ཡིན། ཕག་རྒྱུད་འདྲེས་སྦྱོར་ལག་རྩལ་ནི་དེང་རབས་ཅན་གྱི་ཕག་གསོ་ཐོན་སྐྱེད་ཁྲོད་ཀྱི་གལ་ཆེའི་བྱེད་ཐབས་ཤིག་ཡིན་ལ། གསོ་ཕག་གི་ཐོན་སྐྱེད་དང་དཔལ་འབྱོར་ཕན་འབྲས་ཇེ་མཐོར་གཏོང་བར་ནུས་པ་གལ་ཆེན་ལྡན།

(གཉིས)རིགས་རྒྱུད་འདྲེས་མའི་དགེ་མཚན།

རིགས་རྒྱུད་འདྲེས་མའི་གསོ་ཕག་གི་སྐྱེ་སྟོབས་དང་སྐྱེ་འཕེལ་གྱི་ནུས་ཤུགས་བཟང་ཞིང་ཐོན་སྐྱེད་ཀྱི་གཤིས་ནུས་ཀྱང་བཟང་བས། འདི་རིགས་ལ་རིགས་རྒྱུད་འདྲེས་མའི་དགེ་མཚན་ཟེར། འདི་ལ་དབྱེ་ན་རིགས་གསུམ་ཡོད་དེ། གཅིག་ནི་ཐོག་མའི་འདྲེས་སྦྱོར་ཡིན། འདི་ནི་སྐྱེ་འཕེལ་བཟང་ཞིང་ཐོན་སྐྱེད་ལེགས་པའི་ཕག་རྒྱུད་འདྲེས་སྦྱོར་བྱས་པ་ལ་ཟེར། གཉིས་ནི་ཕག་མའི་འདྲེས་སྦྱོར་

ཡིན། འདི་ནི་འདྲེས་སྦྱོར་བྱེད་ཡུལ་གྱི་ཕག་མའང་འདྲེས་སྦྱོར་བྱས་པ་ཞིག་ཡིན་པ་དང་སྐྱེ་འཕེལ་ཤིན་ཏུ་བཟང་། གསུམ་ནི་ཕག་གསེབ་འདྲེས་སྦྱོར་ཡིན། འདི་ནི་འདྲེས་སྦྱོར་བྱེད་ཡུལ་གྱི་ཕག་གསེབ་ཀྱང་འདྲེས་སྦྱོར་བྱས་པ་ཞིག་ཡིན་པ་དང་སྐྱེ་འཕེལ་བཟང་བར་མ་ཟད། ཐོན་སྐྱེད་གཤིས་ནུས་ཀྱང་ཤིན་ཏུ་ལེགས།

གཉིས། གསོ་ཕག་གི་འདྲེས་སྦྱོར་བྱེད་ཐབས།

(གཅིག) རིགས་གཉིས་དཔལ་འབྱོར་འདྲེས་སྦྱོར།

འདི་ལ་རྒྱུད་གཉིས་འདྲེས་སྦྱོར་ཡང་ཟེར་ཞིང་། རིགས་རྒྱུད་མི་གཅིག་པའི་ཕག་གསེབ་དང་ཕག་མ་གཉིས་འདྲེས་སྦྱོར་བྱེད་པ་ཡིན། འདྲེས་སྦྱོར་གསོ་ཕག་ནི་ཐོན་སྐྱེད་ཚོང་རྫས་ཀྱི་ཕག་ཤར་སྤྱོད་པ་ཡིན། (རི་མོ 3–1) ཐབས་འདི་ནི་སླ་ལས་བྱེད་བདེ་ཞིག་ཡིན་པས་ཞིང་སྡེའི་དཔལ་འབྱོར་ཚ་རྐྱེན་དང་ཤིན་ཏུ་མཐུན། ཞིང་སྡེ་དུད་ཁྱིམ་ནི་སྤྱིར་བཏང་དུ་རང་ས་གནས་ཀྱི་ཕག་མ་དང་ཕྱི་ཡོང་ཕག་གསེབ་གཉིས་འདྲེས་སྦྱོར་བྱེད་པ་ཡིན། དཔེར་ན་དཀར་རིང་ཕག་གསེབ་དང་ཡེས་ཁུ་འདྲེས་སྦྱོར་ཐོན་སྐྱེད་གསོ་ཕག་ལྟ་བུ།

རིགས་རྒྱུད་ཀ(ཕོ)×རིགས་རྒྱུད་ཁ(མོ)

↓

ཀ་ཁ(གསོ་ཕག)

རི་མོ 3–1 རྒྱུད་གཉིས་འདྲེས་སྦྱོར་བྱེད་ཐབས།

(གཉིས) རིགས་གསུམ་དཔལ་འབྱོར་འདྲེས་སྦྱོར།

འདི་ལ་རྒྱུད་གསུམ་འདྲེས་སྦྱོར་ཡང་ཟེར། དང་ཐོག་རིགས་རྒྱུད་གཉིས་འདྲེས་སྦྱོར་བྱེད་པ་དང་། སྦྱོར་ཐོན་ཕག་མ་དང་རིགས་རྒྱུད་མི་འདྲ་བའི་ཕག

གསེབ་འདྲེས་སྦྱོར་བྱེད་པ་དང་། རྒྱ་གསུམ་འདྲེས་སྦྱོར་གསོ་ཕག་ནི་ཚོང་ལས་གསོ་ཕག་ཡིན། རིགས་གསུམ་དཔལ་འབྱོར་འདྲེས་སྦྱོར་གསོ་ཕག་གིས་དེང་རབས་ཅན་གྱི་གསོ་ཕག་ལས་རིགས་ཁྲོད་དུ་གོ་གནས་གལ་ཆེན་ཟིན་པ་དང་། དཔལ་འབྱོར་ཆ་རྐྱེན་ཅུང་བཟང་བའི་ས་ཁུལ་གྱི་དུད་ཁྱིམ་དང་གསོ་ཚགས་ར་བ་ནས་རྒྱ་གསུམ་འདྲེས་སྦྱོར་དར་ཁྱབ་ཅུང་ཆེ།

1.ཏུའུ་ཁྲིང་ཏྲ། (ཡང་ན་ཏུའུ་ཏྲ་ཁྲིང) འདི་ནི་དང་ཐོག་ཕག་པ་དཀར་ཆེན་དང་ཕག་པ་དཀར་རིང་གཉིས་འདྲེས་སྦྱོར་བྱེད་པ་དང་། སྦྱོར་ཐོན་ཕག་མ་དང་རིགས་རྒྱུད་མི་འདྲ་བའི་ཏུའུ་ལོ་ཁུ་ཕག་གསེབ་དང་གསུམ་སྦྱོར་བྱེད་པ། (རི་མོ 3–2)འདི་ནི་རང་རྒྱལ་ནས་དར་ཁྱབ་ཤིན་ཏུ་ཆེ་བ་དང་ཚོང་རའམ་དུད་ཁྱིམ་ནས་སྤྱོད་གྲངས་ཆེས་མང་བའི་སྦྱོར་ཐབས་ཤིག་ཡིན། འདྲེས་སྦྱོར་གསོ་ཕག་འདི་རིགས་ཀྱི་ཉིན་རེའི་ལྗི་ཚད་འཕར་ཚད་ཁེ 700 ~800ཡིན་ལ། ཤ་ཁོག་ཤ་སྣག་གི 63%ཡན་ཟིན་པས་ཕྱི་ཡོང་སྤུས་ལེགས་ཕག་རྒྱུད་ཀྱི་དགེ་མཚན་སྤྱོད་ཐུབ་ཡོད། གཟུགས་དབྱིབས་ལེགས་ཤིང་ཤ་བཟང་ནའང་གཟན་ཆག་དང་གསོ་ཚགས་དོ་དམ་གྱི་བླང་བྱ་ཅུང་མཐོ་བ་ཡིན།

དཀར་རིང(ཕོ)×དཀར་ཆེན(མོ)　དཀར་ཆེན(ཕོ)×དཀར་རིང(མོ)

↓　↓

ཁྲིང་ཏྲ(མོ)×ཏུའུ་ལོ་ཁུ(ཕོ)×ཏྲ་ཁྲིང(མོ)

↓　↓

ཏུའུ་ཁྲིང་ཏྲ(གསོ་ཕག)　ཏུའུ་ཏྲ་ཁྲིང(གསོ་ཕག)

རི་མོ 3–2 ཕྱི་རྒྱལ་གྱི་རྒྱུད་གསུམ་འདྲེས་སྦྱོར་བྱེད་ཐབས།

2.ཏུའུ་ཁྲིང་ཕྲ། (ཡང་ན་ཏུའུ་ཕྲ་ཁྲིང) འདི་ནི་དང་ཐོག་སྨིན་བརྒྱད་ཕག་པ་དང་ཕག་པ་དཀར་རིང་གཉིས་འདྲེས་སྦྱོར་བྱེད་པ་དང་། སྦྱོར་ཐོན་ཕག་མ

དང་རིགས་རྒྱུད་མི་འདྲ་བའི་ཏུའུ་ལོ་ཁུ་ཕག་གསེབ་དང་གསུམ་སྦྱོར་བྱེད་པ། (རི་མོ 3–3)

དཀར་རིང(ཕོ)×སྣིན་བརྒྱད་ཕག(མོ)དཀར་ཆེན(ཕོ)×སྣིན་བརྒྱད་ཕག(མོ)

↓ ↓

ཁྲིང་པླ(མོ)×ཏུའུ་ལོ་ཁུ(ཕོ)×ཧྲ་པླ(མོ)

↓ ↓

ཏུའུ་ཁྲིང་པླ(གསོ་ཕག) ཏུའུ་ཧྲ་པླ(གསོ་ཕག)

རི་མོ 3–3 རང་ས་གནས་ཀྱི་རྒྱུད་གསུམ་འདྲེས་སྦྱོར་བྱེད་ཐབས།

(གསུམ)ཆ་ཚང་བའི་མ་ལག་གི་རྒྱུད་འདྲེས།

འདི་ལ་རྒྱུད་བཞི་འདྲེས་སྦྱོར་ཡང་ཟེར། འདི་ནི་ཕྲུས་རྒྱུད་བཟང་བའི་ཕག་རྒྱུད་བཞི་འདྲེས་སྦྱོར་ཞིག་ཡིན། དང་ཐོག་གཉིས་རེ་འདྲེས་སྦྱོར་བྱས་ཐོག་སྦྱོར་ཐོན་གསོ་ཕག་ལས་ཕག་མ་དང་ཕག་གསེབ་བདམས་ཏེ་ཕག་རྒྱུད་བཞི་འདྲེས་སྦྱོར་བྱེད་པ་ཡིན། (རི་མོ 3–4) འདི་ལ་བཟང་ཆ་ཞིག་ཡོད་པ་ནི་འདྲེས་སྦྱོར་ཕག་མ་དང་འདྲེས་སྦྱོར་ཕག་གསེབ་གཉིས་ཀའི་ལེགས་ཆ་ཐམས་ཅད་ཕྱོགས་གཅིག་ཏུ་བསྡུ་ཐུབ་པ་དེ་ཡིན། མིག་སྔར། ཕྱི་རྒྱལ་ནས་དར་ཁྱབ་ཆེ་བའི་ཕྲུས་ལེགས་ཕག་རྒྱུད་ནི་མང་ཤོས་རྒྱུད་བཞི་འདྲེས་སྦྱོར་ལས་བྱུང་བ་ཡིན། དཔེར་ན་ཨ་རིའི་ཏའེ་ཁླ་ཕག་རྒྱུད་དང་དབྱིན་ཇིའི PICཕག་རྒྱུད་ལྟ་བུའོ། །

ཀ(ཕོ)×ཁ(མོ) ག(ཕོ)×ང(མོ)

↓ ↓

ཀ་ཁ(ཕོ)×ག་ང(མོ)

↓

ཀ་ཁ་ག་ང་།

རི་མོ 3–4 ཆ་ཚང་བའི་མ་ལག་གི་རྒྱུད་འདྲེས།

ས་བཅད་གཉིས་པ། ཕག་ཤའི་ཐོན་སྐྱེད།

གཅིག སྐྱེ་འཕེལ་གྱི་ཆོས་ཉིད།

1.གསོ་ཕག་གི་འཚར་ལོངས་བརྒྱུད་རིམ་ནི་དང་ཐོག་སྐྱེ་འཕེལ་ཤིན་ཏུ་མགྱོགས(མགྱོགས་མྱུར་སྐྱེ་འཕེལ་དུས་སྐབས)པ་དང་། མགྱོགས་རིམ་ཡང་རྩེར་སླེབས་རྗེས(ཁ་ཕྱོགས་སྐོར་མཚམས)ཕྱིར་ཇེ་དལ་ལ(སྐྱེ་འཕེལ་དལ་བའི་དུས་སྐབས)འགྲོ་བ་ཡིན། ཁ་ཕྱོགས་སྐོར་མཚམས་ཀྱི་ལྗི་ཚད 40%ཡས་མས་ཡིན་པས། གསོ་ཕག་བཤས་ན་འོས་པའི་དུས་སྐབས་ཡིན།

2.གསོ་ཕག་གི་ལྗི་ཚད་སྤྱི་རྒྱ 20~30ཡིན་པའི་དུས་སྐབས་ནི་རུས་པ་སྐྱེ་ཚད་ཆེས་མགྱོགས་པའི་དུས་རིམ་ཡིན། སྤྱི་རྒྱ 60~70ཡིན་པའི་དུས་སྐབས་ནི་ཤ་གནད་རྒྱས་ཚད་ཆེས་མགྱོགས་པའི་དུས་རིམ་ཡིན། སྤྱི་རྒྱ 90~110ཡིན་པའི་དུས་སྐབས་ནི་ཚིལ་ལུ་གསོག་གྲངས་ཆེས་མང་བའི་དུས་རིམ་ཡིན། དེ་བས་གསོ་ཕག་གི་འཚར་ལོངས་ཀྱི་དུས་སྐབས་ཏེ་ལྗི་ཚད་སྤྱི་རྒྱ 60~70ལས་དམའ་དུས་འཚོ་བཅུད་ཤིན་ཏུ་མཐོ་བའི་གཟན་ཆག་གིས་གསོ་དགོས། ཚོན་གསོ་དུས་སྐབས་ཏེ་སྤྱི་རྒྱ 60~70བརྒལ་རྗེས་གཟན་ཆག་ལ་ཚོད་འཛིན་འོས་འཚམ་བྱས་ཆོག ལྷག་པར་དུ་ནུས་ཚད་གཟན་ཆག་ཚོད་འཛིན་བྱས་ཏེ་ཚིལ་ལུ་མང་དུ་འཕེལ་བར་སྔོན་འགོག་མ་བྱས་ན་ཤ་ཁོག་སྟེང་གི་ཤ་སྣུམ་གི་ཚད་གྲངས་ཇེ་དམར་འགྲོ་བ་ཡིན།

3.གསོ་ཕག་ལུས་ཁོག་གི་བརྟན་གཤེར་དང་ཚི་སྣུམ་འདུས་ཚད་ཀྱི་འགྱུར་ལྡོག་ཤིན་ཏུ་ཆེ་བ་དང་། སྤྲི་དཀར་དང་གཏེར་རྒྱུ་འདུས་ཚད་ཀྱི་འགྱུར་ལྡོག་ཤིན་ཏུ་ཆུང་།

གཉིས། ཚོན་པོར་གསོ་བའི་ཐབས་ལམ།

ཚོན་པོར་གསོ་བའི་ཐབས་ལམ་སོ་སོས་གསོ་ཕག་གི་ལྗི་ཚད་འཕེལ་སྟངས་

དང་གཟན་ཆག་བསྒྱུར་བ། ཤ་ཁོག་སྟེང་གི་ཤ་སྣག་གི་གྲངས་ཚད་སོགས་ལ་ཤུགས་རྐྱེན་ཆེན་པོ་ཡོད། ཚོན་གསོ་ཐབས་ལམ་སྤྱིར་བཏང་དུ་གཉིས་ཏེ། སྒྲོམ་ཡོངས་དཔྱད་པ་དང་བརྒྱུད་རིམ་གཅིག་པའོ། །

(གཅིག)སྒྲོམ་ཡོངས་དཔྱད་པའི་གསོ་ཐབས།

འདི་ལ་དུས་རིམ་གསོ་ཐབས་ཀྱང་ཟེར། སྤྱིར་བཏང་དུ་གསོ་ཚགས་བྱ་བར་དུས་རིམ་གསུམ་དབྱེ་ཡོད་དེ། ཕག་ཕྲུག་གི་དུས་རིམ་དང་གདང་བུ་ཕག (ཕག་འབྲིང)གི་དུས་རིམ། ཟུར་གསོས་དུས་རིམ་སོ། ། ཕག་ཕྲུག་གི་དུས་རིམ་ནང་དུ་གཟན་ཆག་ཕྱུས་ལེགས་ཀྱིས་གསོ་དགོས་ལ། ནུས་ཚད་གཟན་ཆག་དང་སྤྲི་དཀར་གྱི་ཆ་ཚད་ཅུང་མཐོ་དགོས། སྒྲོམ་ཡོངས་ཕག་པའི་དུས་རིམ་ནང་དུ་གསོ་ཕག་གི་རུས་པའི་སྐྱེ་འཕེལ་མགྱོགས་པའི་ཁྱད་ཆོས་ལ་དམིགས་ཏེ། ནུས་ཚད་དང་སྤྲི་དཀར་དམའ་བའི་གཟན་ཆག་སྟེར་དགོས་པ་དང་། སྤྱིར་བཏང་དུ་སྔོ་རགས་གཟན་ཆག་གཙོ་བོར་བཟུང་ནས་ཟླ་བ 4~5ལ་གསོ་ཚགས་བྱེད་དགོས། སྡོམ་གསོས་དུས་རིམ་ནང་དུ་གསོ་ཕག་ལ་ཚི་ལུ་རྒྱས་སླ་བའི་ཁྱད་ཆོས་ལ་དམིགས་ཏེ། གཟན་ཆག་ཕྱུས་ལེགས་ཀྱི་གྲངས་ཚད་ཇེ་མང་དང་། ནུས་ཚད་དང་སྤྲི་དཀར་གྱི་ཆ་ཚད་ཇེ་མཐོར་བཏང་ནས་ཚོན་གསོ་ཇེ་མགྱོགས་སུ་གཏོང་དགོས། གསོ་ཐབས་འདིས་སྒྲོམ་ཡོངས་དཔྱད་པའི་ཐབས་ལམ་བརྒྱུད་དེ་ས་གནས་ཀྱི་སྔོ་རགས་གཟན་ཆག་སོགས་རང་བྱུང་གི་ཐོན་ཁུངས་བེད་སྤྱོད་ནས། གསོ་ཚགས་ཀྱི་འགྲོ་གྲོན་ཇེ་དམའ་རུ་བཏང་ཆོག ཡིན་ནའང་གསོ་ཚགས་ཀྱི་དུས་རིམ་བརྒྱལ་ན་དེང་རབས་ཅན་གྱི་ལེགས་བསྒྱུར་ཞིབ་གཉེར་ཅན་གྱི་གསོ་ཕག་ཐོན་སྐྱེད་ཀྱི་བླང་བྱ་དང་མཐུན་དཀའ་བ་ཡིན།

(གཉིས)བརྒྱུད་རིམ་གཅིག་པའི་གསོ་ཐབས།

འདི་ལ་དྲང་ཐིག་གསོ་ཐབས་ཀྱང་ཟེར། འདི་ནི་གསོ་ཕག་གི་སྐྱེ་འཕེལ

དུས་རིམ་སོ་སོའི་ཁྱད་ཆོས་ལྟར་འཚོ་བཅུད་ཀྱི་ཆུ་ཚད་དང་སྟེར་གསོའི་ལག་རྩལ་མི་འདྲ་བ་སྤྱོད་པའི་གསོ་ཐབས་ཤིག་ཡིན། སྤྱིའི་སྐྱེ་འཕེལ་དུས་རིམ་ནང་དུ་ནུས་ཚད་ཀྱི་ཆུ་ཚད་ཅུང་མཐོ་བར་མ་ཟད་རིམ་བཞིན་ཇེ་མཐོར་འགྲོ་བ་ཡིན་ལ་སྤྲི་དཀར་གྱི་ཆུ་ཚད་ཀྱང་ཅུང་མཐོ། ཐབས་ལམ་འདི་སྤྱད་ན་ཕག་གི་སྐྱེ་འཕེལ་ཅུང་མགྱོགས་པ་དང་གཟན་ཆག་གི་འགྱུར་གྲངས་ཀྱང་ཅུང་མཐོ་བས། འདི་ནི་དེང་རབས་ཅན་གྱི་ལེགས་བསྒྱུར་ཞིབ་གཉེར་ཅན་གྱི་གསོ་ཕག་ཐོན་སྐྱེད་དར་ཁྱབ་ཏུ་ཅང་ཆེ་བ་ཞིག་གོ །

དེ་བཞིན་དུ་བརྒྱུད་རིམ་གཅིག་པའི་གསོ་ཐབས་སྤྱད་ན་གསོ་ཕག་གི་ཚེ་ལུ་རྒྱས་པ་ལས་ཤ་སྣུམ་ཇེ་ཉུང་དུ་འགྲོ་བས། ཚོང་རྫས་ཤ་སྣུམ་མཁོ་བའི་ཕག་པ་གསོ་དུས་དང་ཐོག་གཟན་ཆག་མང་སྟེར་དང་རྗེས་ནས་ཚོད་འཛིན་བྱེད་པའི་ཐབས་ལམ་སྤྱོད་དགོས། གསོ་ཕག་གི་ལྗི་ཚད་སྤྱི་ཀྲ 60ལས་དམའ་དུས། བརྒྱུད་རིམ་གཅིག་པའི་གསོ་ཐབས་སྤྱད་དེ་ནུས་ཚད་མཐོ་བ་དང་སྤྲི་དཀར་མཐོ་བའི་གཟན་ཆག་སྟེར་དགོས། དེ་ལས་བརྒལ་རྗེས་གཟན་ཆག་ཁྲིད་ཀྱི་ནུས་ཚད་དང་སྤྲི་དཀར་གྱི་ཆུ་ཚད་ཇེ་དམའ་རུ་བཏང་ནས་ཉིན་རེའི་ནུས་ཚད་ཀྱི་སྤྱི་གྲངས་ཚོད་འཛིན་བྱེད་དགོས།

གསུམ། གསོ་ཚགས་དོ་དམ།

(གཅིག)འོས་འཚམ་གྱིས་ཁྱུ་ཚོགས་དབྱེ་བ།

ཕག་ཁྱུ་ལྷན་གསོ། ཕག་ར་དང་སྒྲིག་ཆས་བེད་སྤྱོད་བཟང་པོ་བྱས་ན་དོ་དམ་ལ་སྟབས་བདེ་བཟོ་བ་དང་ཕན་འབྲས་ཇེ་ལེགས་སུ་གཏོང་བར་མ་ཟད། ཕག་ཁྱུས་ལྟོ་གཞོང་གཅིག་གི་ནང་དུ་གཟན་ཆག་འཕྲོག་རྫོད་བྱས་ན་དང་འཕེལ་ཁ་རྒྱས་པ་དང་སྐྱེ་འཕེལ་ལ་སྐུལ་འདེད་བྱེད་པར་ནུས་པ་གལ་ཆེན་འདོན་ཐུབ། ཕག་ཁྱུ་དབྱེ་བའམ་དགར་དུས། ཕག་མ་གཅིག་གི་ཕག་ཕྲུག་རྣམས་ཚོགས་གཅིག

ཏུ་བསྡུས་ན་རབ་ཡིན། ཕག་མ་མི་འདྲ་བའི་ཕག་ཕྲུག་ཕྱོགས་གཅིག་ཏུ་སྡུད་དུས་རབ་ཡིན་ན་ཕག་རྒྱུད་གཅིག་པ་དང་ལྗི་ཚད་འདྲ་མཉམ་ཡིན་པ་རྣམས་ཁྱུ་ཚོགས་གཅིག་ཏུ་དགར་དགོས། སྟོབས་ཆུང་ཉམས་ཞན་དང་ནད་རིམས་ཅན་གྱི་ཕག་པ་རྣམས་ལོགས་སུ་བཀར་ནས་ཁེར་གསོ་བྱེད་དགོས། ཕག་ཁྱུའི་དབྱེ་བ་གཏན་ཁེལ་བྱས་རྗེས་གསོ་ཕག་རྣམས་ཀྱི་སྐྱེ་འཕེལ་རྒྱུན་འཁྱོངས་བྱས་ཏེ་སྔོར་འབུད་བར་དུ་ལྷན་གསོ་བྱེད་དགོས། གསོ་ཚགས་དུས་སྐབས་སུ་ཁྱུ་ཚོགས་བརྗེ་སོར་བྱས་ན་ཕན་ཚུན་འཐབ་ནས་སྐྱེ་འཕེལ་ལ་གནོད་པ་ཆེན་པོ་འབྱུང་བ་ཡིན།

ཁྱུ་ཚོགས་དབྱེ་ནས་གསོ་ཚགས་བྱེད་དུས། གསོ་ཕག་སོ་སོའི་ལུས་སྟོབས་མི་འདྲ་བའི་དབང་གིས་ཕན་ཚུན་བར་གྱི་ལྗི་ཚད་ཀྱི་ཁྱད་པར་13%ཡིན། དེ་བས་ངོ་དམ་བྱེད་དུས་ལུས་སྟོབས་ཞན་པའི་ཕག་པར་གཟིགས་སྐྱོང་བྱས་ཏེ་སྐྱེ་འཕེལ་ཆ་སྙོམས་ཡོང་བར་བྱེད་དགོས།

ཕག་སོ་སོའི་ས་ངོས་འཛིན་ཚད་མཐོ་ན་སྐྱེ་འཕེལ་ལ་ཕན་པ་ཆེན་པོ་འབྱུང་བ་དང་། ཕག་རེའི་ས་ངོས་འཛིན་ཚད་སྨི་གྲུ་བཞི་མ་1~1.2ཡིན་ན་རབ་ཡིན། ཕག་རའི་སྤྱོད་གྲངས་ཇེ་མཐོར་གཏོང་ཆེད། ཕག་ར་གཅིག་གི་ནང་དུ་ཕག་གྲངས་མང་ན་མི་བཟང་ལ། ཕག་ར་གཅིག་གི་ནང་དུ་ཕག་གྲངས་10ཡས་མས་ཡིན་ན་བཟང་། མང་ནའང་ཕག་གྲངས་20ལས་བརྒལ་མི་རུང་།

(གཉིས)སྦྱོང་བརྡར་དང་ངོ་དམ།

སྦྱོང་བརྡར་ནི་གསོ་བྱ་ཕག་པས་གཏན་ཁེལ་བྱས་ཡོད་པའི་ས་གནས་སུ་གཅིན་རྟུག་གཏོང་བ་དང་ཉལ་བ། གཟན་ཆག་བཟའ་བ་བཅས་ཀྱི་གོམས་སྲོལ་ལོབས་སུ་འཇུག་པ་ཡིན། འདིས་ཉིན་རྒྱུན་གྱི་ངོ་དམ་བྱ་བར་སྟབས་བདེ་བསྐྲུན་ཐུབ་པར་མ་ཟད། ལས་ཀ་ཇེ་ཡང་དང་ཕག་རའི་གཙང་སྦྲའམ་ཁོར་ཡུག་བདེ་ཐང་ལ་ཕན་པ་ཆེན་པོ་ཡོད། གསོ་ཕག་གི་ཁྱུ་ཚོགས་བརྗེ་སོར་བྱས་རྗེས་ངེས་པར

དུ་སྒྲིལ་བརྡར་བཟང་པོ་བྱེད་དགོས་ཏེ། གཙོ་བོ་ཕྱོགས་གཉིས་ནས་ལེགས་པར་འཛིན་དགོས།

1.གཟན་ཆག་འཕྲོད་རྩོད་བྱེད་པར་སྔོན་འགོག་བྱེད་དགོས། ཕག་ཕྲུ་གསར་དབྱེའམ་ཕྲུ་ཚོགས་བརྗེ་སོར་བྱས་རྗེས་སྒྲིག་ལམ་མམ་གོམས་སྲོལ་གསར་པ་བཙུགས་ནས་ཚོགས་ཕྲུའི་ཕག་ཚང་མས་གཟན་ཆག་ལོངས་སུ་སྤྱོད་ཐུབ་པར་བྱ་དགོས། དེ་བས་སྟོ་གཞོང་རིང་པོ་ཚད་དང་ལྡན་པ་ཞིག་དགོས་པའི་ཁར་འཕྲོག་རྩོད་ལ་དགའ་བའི་ཕག་པ་དེ་ཉིད་རྒྱུན་པར་ཟུར་དུ་བཀར་ནས་གཟན་ཆག་བཟའ་ཐུབ་ཀྱིན་མེད་པའི་ཕག་རྣམས་ལ་གཟན་ཆག་ལོངས་སུ་སྤྱོད་པའི་གོ་སྐབས་བྱིན་ཏེ། གསོ་ཕག་ཚང་མས་གཟན་ཆག་སྤྱོད་པའི་སྒྲིག་ལམ་འཛུགས་དགོས།

2.འཚོ་བའི་ས་གནས་གཏན་ཁེལ་བྱས་ཏེ་གཟན་ཆག་སྤྱོད་པ་དང་གཉིད་དུ་རོལ་བ། གཅིན་རྒྱག་གཏོང་ཡུལ་སོ་སོར་དགར་བ། དུས་རྒྱུན་དུ་ལྷ་སྒྲུལ་དང་ཕྱིར་སྦྲོད། ལུད་གསོག་པ། འཕོལ་རྩྭ་འདིང་བ་སོགས་ཀྱི་ཐབས་ལམ་སྤྱད་དེ་འདུལ་བ་ཡིན། དཔེར་ན། ཕག་ཕྲུ་གསར་བར་བརྗེ་སོར་བྱེད་དུས་ཕག་རའི་ནང་ཁུལ་གཙང་སྦྲ་ལེགས་པོ་ཞིག་བྱས་ཏེ་ཉལ་སར་འཕོལ་རྩ་ཞུང་དུ་འདིང་བ་དང་སྟོ་གཞོང་ནང་དུ་གཟན་ཆག་འཇོག་པ། དེའི་འཕྲོར་གཅིན་རྒྱག་གཏོང་སར་རྒྱག་ལུད་ཞུང་ཙམ་བཞག་རྗེས་ཕག་རྣམས་ཕག་རར་འདེད་པ་དང་། གཅིན་རྒྱག་གཏན་ཁེལ་ས་གནས་སུ་གཏོང་བར་ལྷ་སྒྲུལ་བྱེད་དགོས། གལ་ཏེ་གསོ་ཕག་གང་ཞིག་གིས་གཅིན་རྒྱག་གཏན་ཁེལ་ས་གནས་སུ་མི་གཏོང་ན་མྱུར་མོར་གཙང་སྦྲ་བྱས་ཏེ་མུ་མཐུད་དུ་ལྷ་སྒྲུལ་ཕྱིར་སྦྲོད་བྱས་ན་གོམས་སྲོལ་དུ་འགྱུར་བ་ཡིན། རྒྱག་ལུད་ཕྱོགས་གཅིག་ཏུ་བསྡུ་བའི་ཐབས་ལམ་མི་ཕན་ན། བརླན་གཤེར་ཆེ་བའི་ས་གནས་སུ་གཏོང་བའང་ཡོད་པས་ཆུ་གཏོར་ནས་ཚོད་ལྟ་བྱས་ཆོག

(གསུམ)སྟེར་གསོ་བྱེད་སྟངས།

སྐྱེ་འཕེལ་ཚོན་གསོ་ཕག་ལ་སྟེར་གསོ་བྱེད་སྟངས་གཉིས་ཡོད་དེ། གཅིག་ནི་རང་དབང་སྒྲོས་གཟན་ཆག་ཡོངས་སུ་སྤྱོད་པ་དང་གཉིས་པ་ནི་ཚོད་འཛིན་སྟེར་གསོའོ། །ཚོད་འཛིན་སྟེར་གསོ་ལའང་དབྱེ་བ་གཉིས་ཏེ། གཅིག་ནི་འཚོ་བཅུད་ཆ་སྙོམས་ཉིན་གཟན་གྱི་གྲངས་ཀའི་སྟེང་དུ་ཚོད་འཛིན་བྱེད་པ་ཡིན་ལ། རང་དབང་སྒྲོས་གཟན་ཆག་ཡོངས་སུ་སྤྱོད་པའི་གྲངས་ཚད་ཀྱི 70% ~80%སྟེར་བ་དང་ཡང་ན་གཟན་ཆག་སྟེར་གྲངས་རེ་ཉུང་དུ་གཏོང་བ། གཉིས་ནི་ཉིན་གཟན་གྱི་ནུས་ཚད་འདུས་གྲངས་རེ་དམའ་རུ་གཏོང་བ། ཚི་སྣ་འདུས་ཚད་མཐོ་བའི་གཟན་ཆག་ཉིན་གཟན་ཁྲིད་དུ་བསྲེས་ནས་ནུས་ཚད་ཚོད་འཛིན་བྱེད་པ།

རང་དབང་སྒྲོས་གཟན་ཆག་ཡོངས་སུ་སྤྱོད་པ་དང་ཚོད་འཛིན་སྟེར་གསོ་གཉིས་ཀྱིས་གསོ་ཕག་གི་ལྟི་ཚད་འཕེལ་བ་དང་གཟན་ཆག་བསྒྱུར་ཚད། ཤ་སྣག་གི་ཕྲུས་ཚད་སོགས་ལ་ཤུགས་རྐྱེན་ཆེན་པོ་ཡོད། རང་དབང་སྒྲོས་གཟན་ཆག་ཡོངས་སུ་སྤྱད་ན་གསོ་ཕག་གི་ལྟི་ཚད་འཕེལ་བ་མགྱོགས་པ་དང་ཚི་ལུ་བསགས་ཚད་མང་ཡང་། གཟན་ཆག་བསྒྱུར་ཚད་དམའ་བ་ཡིན། ཚོད་འཛིན་སྟེར་གསོ་ཡིན་ན་གཟན་ཆག་བསྒྱུར་ཚད་ཉུང་ལེགས་པ་དང་ཤ་ཁོག་གི་ཞག་ཚིལ་ཉུང་སྲབ་ནའང་ཉིན་རེའི་ལྟི་ཚད་འཕེལ་གྲངས་ཉུང་དལ་བ་ཡིན། དེ་བས། ལྟི་ཚད་འཕེལ་བར་རང་དབང་སྒྲོས་གཟན་ཆག་ཡོངས་སུ་སྤྱད་ན་བཟང་བ་དང་ཤ་ཁོག་གི་ཁ་སྣག་མང་བའམ་ཞག་ཚིལ་ཉུང་དགོས་ན་ཚོད་འཛིན་སྟེར་གསོ་བཟང་། གལ་ཏེ་ལྟི་ཚད་འཕེལ་གྲངས་མགྱོགས་པར་མ་ཟད་ཤ་སྣག་ཀྱང་ཉུང་མང་དགོས་ཟེར་ན་གཉིས་ཀ་ཟུང་འབྲེལ་བྱེད་དགོས་ཏེ། དང་ཐོག་རང་དབང་སྒྲོས་གཟན་ཆག་ཡོངས་སུ་སྤྱོད་པ་དང་གསོ་ཕག་གི་ལྟི་ཚད་སྤྱི་རྒྱ 55~60ཡོངས་རྗེས་ཚོད་འཛིན་སྟེར་གསོ་བྱེད་པའོ། །

(བཞི)གཟན་ཆག་སྟེབ་སྦྱོར།

གཟན་ཆག་ལས་སྟོན་སྟེབ་སྦྱོར་བྱས་པ་བཟང་ན་གཟན་ཆག་གསོ་ཕག་གི་ཁ་ལ་འགྲོད་པ་ཡིན། ལྗི་ཚད་སྤྱི་ཀྲ་30མན་གྱི་ཕག་ཕྲུག་ཡིན་ན་གཟན་ཆག་གི་འབྲུ་རྫོག་གི་ཚངས་ཐིག་ཏའི་སྨི0.5~1.0ཡིན་ན་བཟང་། ལྗི་ཚད་སྤྱི་ཀྲ་30ཡན་གྱི་གསོ་ཕག་ཡིན་ན་གཟན་ཆག་གི་འབྲུ་རྫོག་གི་ཚངས་ཐིག་ཏའི་སྨི1.5~2.5ཡིན་ན་བཟང་། རམ་འདེགས་ཀྱི་གཟན་ཆག་ལ་སྤྱིར་བཏང་དུ་མ་རྨོས་ལོ་ཏོག་དང་ཀའོ་ལིའང་། སོ་བ། གྲོ་སོགས་འབྲུ་རིགས་དང་། ལས་སྟོན་ཞོར་ཐོན་དངོས་རྫས་ཕུབ་མའི་རིགས་སྦྱུད་ཆོག རྙོན་པས་གསོས་ན་འཚོ་བཅུད་རིན་ཐང་མཐོ་བ་དང་ཟས་བཙོས་མ་ཡིན་ན་འཚོ་བཅུད་ཀྱི་རིན་ཐང་སྤྱིར་བཏང་དུ10%ཇེ་དམའ་རུ་འགྲོ་བས་འཚོ་བཅུད་ལ་གནོད་པ་ཆེན་པོ་འབྱུང་། ཡིན་ནའང་སྲན་མ་དང་སྲན་སྐྱིགས། ཤིང་སོན་སྐྱིགས་རོ་སོགས་ནི་བཙོས་མས་གསོས་ན་བཟང་ལ་སྔོང་སྦྲི་ཇེ་མཐོར་བཏང་ནས་འཇུ་སྟོབས་ཇེ་བཟང་དུ་གཏོང་ཐུབ། རྙོན་པས་གསོས་ན་ཕག་ལ་ཕན་པ་དང་རྙོན་པའི་སྦྱོར་རྐ་ནི་སྤྱིར་བཏང་དུ་གཟན་ཆག་དང་ཆུའི་བསྡུར་ཚད 1:0.9 ~1.8ཡིན་ན་བཟང་། གཟན་ཆག་སྟེབ་སྦྱོར་བྱས་མ་ཐག་གསོ་ཕག་ལ་སྟེར་དགོས་ཏེ། དེ་མིན་ཙུལ་མྱུགས་སུ་སོང་ན་རྐྱུར་དྲི་ལྡན་པའོ། །

(ལྔ)གཟན་ཆག་སྟེར་གྲངས་དང་བཏུང་ཆུ།

རང་དབང་སྒོས་གཟན་ཆག་ལོངས་སུ་སྤྱོད་པ་ཡིན་ན་ཉིན་གཅིག་ལ་གཟན་ཆག་ཐེངས་ཁ་ཤས་ལ་སྟེར་བ་སོགས་ཀྱི་གནད་དོན་མི་འབྱུང་སོད། སྟེར་གྲངས་ཚོད་འཛིན་བྱེད་པ་ཡིན་ན་ཉིན་གཅིག་གི་སྟེར་གྲངས་ནི་སྤྱིར་བཏང་དུ་ཐེངས་གསུམ་སྟེ། སྔ་དྲོ་དང་དགུང་ཚིགས། ཕྱི་དྲོ་ཐེངས་གསུམ་གྱི་སྟེར་གྲངས་ནི་ཉིན་གཟན་གྱི 35%དང 25% 40%བཅས་ཡིན།

གསོ་ཕག་གི་བཏུང་ཆུའི་གྲངས་ཚད་ནི་ལུས་ཁམས་ཀྱི་གནས་ཚུལ་དང་ཁོར་ཡུག་གི་དྲོད་ཚད། ལྗི་ཚད། གཟན་ཆག་གི་ངོ་བོ། གཟན་ཆག་ལོངས་སུ་

སྦྱིད་པའི་གནས་ཚུལ་སོགས་ཀྱི་འགྱུར་ལྡོག་དང་བསྟུན་དགོས། དཔྱིད་དུས་དང་སྟོན་དུས་ཀྱི་རྒྱུན་ལྡན་གྱི་བཏུང་ཚད་ནི་གཟན་ཆག་གི་ལྡབ 4དང་ལྗི་ཚད་ཀྱི 16%ཡིན། དབྱར་དུས་ལྡབ 4དང་ལྗི་ཚད་ཀྱི 23%ཡིན། དགུན་དུས་ལྡབ 2~3དང་ལྗི་ཚད་ཀྱི 10%ཡས་མས་ཡིན། གསོ་ཕག་ལ་ཆུ་ལྡུད་དུས་རབ་ཡིན་ན་རང་ཤུགས་ཆུ་འདོན་འཕྲུལ་ཆས་སྒྲིག་སྦྱོར་བྱེད་ཐུབ་ན་བཟང་། དེ་མིན་ཕག་རའི་ནང་དུ་ཆུ་གཞོང་བཞག་ནས་དུས་རྒྱུན་དུ་བཏུང་ཆུ་གཙང་མ་འདོན་སྤྲོད་བྱེད་དགོས།

(དྲུག)འོག་འདོན་པ་དང་རིམས་འགོག འབུ་སེལ།

1.སྤྱིར་བཏང་དུ་ཕག་ཕྲུག་བཙས་ནས་ཉིན 35འགོར་བའམ་ལྗི་ཚད་སྤྱི་ཀྲ 5~7ལ་སླེབས་རྗེས་ཤ་གཅོད་པ་ཡིན། འོག་བཏོན་རྗེས་གསོ་ཕག་ཞི་འཇམ་ཅན་དུ་འགྱུར་བར་མ་ཟད། གཟན་ཆག་བཟའ་འདོད་ཆེ་བ། ལྗི་ཚད་འཕེལ་གྲངས་མགྱོགས་པ། ཤའི་སྤུས་ཚད་ཇེ་ལེགས་སུ་འགྲོ་བ་ཡིན།

2.ཚུལ་དང་མཐུན་པའི་རིམས་འགོག་བརྒྱུད་རིམ་གཏན་ལ་འབེབས་པའམ་ནན་ཏན་གྱིས་ནད་རིམས་སྔོན་འགོག་དང་འགོག་སྨན་རྒྱག་པའི་བྱ་བ་ལེགས་པར་སྒྲུབ་པ། གསོ་ཕག་རེ་རེ་ལ་འགོག་སྨན་རྒྱག་དགོས་པ་དང་ས་གནས་གཞན་པ་ནས་ནང་འདྲེན་བྱས་པའི་གསོ་ཕག་ཡིན་ན་ལོགས་སུ་བཀར་ནས་ལྟ་ཞིབ་བྱེད་དགོས་པར་མ་ཟད། དུས་ལྟར་རིམས་འགོག་སྨན་ཁབ་རྒྱག་དགོས།

3.དུས་ལྟར་ཞོར་སྐྱེས་སྲིན་འབུ་མེད་པར་བཟོ་དགོས། སྤྱིར་བཏང་དུ་གསོ་ཕག་བཙས་ནས་ཉིན 90འགོར་རྗེས་སྲིན་འབུ་ཐེངས་གཅིག་ལ་སེལ་བ་དང་དགོས་ངེས་ཀྱི་སྐབས་སུ་གསོ་ཕག་བཙས་ནས་ཉིན 135འགོར་རྗེས་སྲིན་འབུ་ཡང་བསྐྱར་སེལ་དགོས།

(བདུན)དོ་དམ་ལམ་ལུགས།

ཕག་ཕྲུའི་དོ་དམ་ལ་སྒྲིག་ལམ་ཡོད་དགོས་ཏེ། དུས་ཚོད་ལྟར་གཟན་ཆག

སྟེར་བ་དང་ཚ་ལྷུད་པ། གཅིན་རྟུག་གཙང་སྦྲར་བྱེད་དགོས། གཞན་ད་དུང་གསོ་ཕག་གི་གཟན་ཆག་རོལ་ཚད་དང་གཅིན་རྟུག་གི་འགྱུར་ལྡོག་སོགས་ལ་མཉམ་འཇོག་བྱས་ནས་རྒྱུན་ལྡན་མིན་པའི་ཕག་བྱུང་ན་དུས་ལྟར་སྨན་བཅོས་བྱེད་དགོས། བསྡོམས་རྩིས་འཐུས་ཚང་དང་ཟིན་བྲིས་སྒྲིག་ལམ་བཙུགས་ཏེ། ཕག་ཕྲུའི་འཕོར་རྒྱུག་དང་ཕྱིར་འཚོང་ངམ་ན་འཆིའི་གནས་ཚུལ། གཟན་ཆག་གི་ཟད་གྲོན། ནད་རིམས་སྨན་བཅོས་བཅས་ཀྱི་གནས་ཚུལ་རྣམས་ཟིན་བྲིས་གསལ་པོར་འདེབས་དགོས།

བཞི། ཕག་པའི་ཐོན་སྐྱེད་ནུས་པ་ཇེ་མཐོར་གཏོང་བའི་ཐབས་ཤེས།

(གཅིག) སྤུས་ལེགས་ཕག་རྒྱུད་དང་སྦྱོར་མཐུན་སྟེབ་ཡུལ་འདེམ་པ།

ཤ་སྣུམ་མང་བའི་ཕག་རྒྱུད་ནི་གཉིས་ཕན་ཕག་རྒྱུད་དང་ཚོ་ལུ་ཕག་རྒྱུད་དང་བསྡུར་ན། འདིའི་ནུས་ཚད་དང་སྤྲི་དཀར་འཚོ་བཅུད་ཀྱི་སྤྱོད་ཚད་ཅུང་མཐོ་བར་མ་ཟད། ལྷི་ཚད་འཕེལ་གྲངས་མགྱོགས་པ་དང་གཟན་གྲོན་ཆུང་བ། ཤ་སྣུམ་མང་བ་བཅས་ཀྱི་ཁྱད་ཆོས་ཡོད། རང་རྒྱལ་གྱི་ས་གནས་ཕག་རྒྱུད་ཀྱི་ལྷི་ཚད་འཕེལ་གྲངས་དང་གཟན་ཆག་བསྒྱུར་ཚད་ནི་ཕག་པ་དཀར་རིང་སོགས་ཤ་སྣུམ་མང་བའི་ཕག་རྒྱུད་ལ་མི་དོ་བ་དང་། ཤ་ཁོག་ཐུང་བ་དང་ཚིལ་མཐུག་པ། ཤ་སྣུམ་ཉུང་བ་ཡིན་ཡང་ཚེ་སྣ་རགས་པའི་འཇུ་སྟོབས་ཅུང་བཟང་བས་ཤ་རྒྱུད་ཤིན་ཏུ་ལེགས་པ་ཡིན། ཕག་རྒྱུད་འདྲེས་སྦྱོར་ལག་རྩལ་ནི་དེང་རབས་ཅན་གྱི་ཕག་གསོ་ཐོན་སྐྱེད་ཁྲོད་ཀྱི་གལ་ཆེའི་བྱེད་ཐབས་ཤིག་ཡིན་ལ། གསོ་ཕག་གི་ཐོན་སྐྱེད་དང་དཔལ་འབྱོར་ཕན་འབྲས་ཇེ་མཐོར་གཏོང་བར་ནུས་པ་གལ་ཆེན་ལྡན། རང་རྒྱལ་ནས་དར་ཁྱབ་ཆེ་བ་ནི་རྒྱུད་གཉིས་འདྲེས་སྦྱོར་དང་རྒྱུད་གསུམ་འདྲེས་སྦྱོར་ཡིན།

(གཉིས) རམ་འདེགས་གཟན་ཆག་སྟེར་གསོ་དང་ཚུལ་མཐུན་གྱི་ཉིན་གཟན་འཚོ་བཅུད་ཆ་ཚད།

རམ་འདེགས་གཟན་ཆག་ནི་གསོ་ཕག་གི་སྐྱེ་འཕེལ་བརྒྱུད་རིམ་སོ་སོ་དང་ཐོན་སྐྱེད་དམིགས་ཡུལ་མི་འདྲ་བའི་འཚོ་བཅུད་ཀྱི་དགོས་མཁོར་བསྟུན་ནས། འཚོ་བཅུད་ཕུན་སུམ་ཚོགས་པའི་གཟན་ཆག་སྤེལ་སྦྱོར་བྱེད་པར་གོ   དེ་བས། ཚུལ་དང་མཐུན་པའི་སྒོ་ནས་རམ་འདེགས་གཟན་ཆག་བེད་སྤྱོད་བྱས་ན་དཔལ་འབྱོར་ཁེ་ཕན་ཇེ་མཐོར་གཏོང་ཐུབ་པ་ཡིན། གཞན་ད་དུང་ཚུལ་དང་མཐུན་པའི་ཉིན་གཟན་གྱི་འཚོ་བཅུད་ཚ་ཚད་ཀྱང་ཡོད་དགོས་ཏེ། སྐྱེ་འཕེལ་ཕག་པ་གསོ་དུས་མང་ཆེ་བས་ཚོད་འཛིན་སྟེར་གསོ་མི་བྱེད་པས། གཟན་ཆག་གི་ནུས་ཚད་མཐོ་དམན་གྱིས་སྐྱེ་འཕེལ་གྱི་ཐུར་ཚད་དང་གཟན་ཆག་བསྒྱུར་ཚད་ལ་ཤུགས་རྐྱེན་གང་ཡང་མི་བསྐྱེད་ཀྱང་། གཟན་ཆག་གི་ཁྲི་དཀར་དང་ཨན་གཞི་སྐྱུར་འདུས་ཚད་ནི་གསོ་ཕག་གི་ཤ་ཤེད་ལ་འབྲེལ་བ་ཡོད་པར་མ་ཟད། ལྷི་ཚད་འཕེལ་གྲངས་ལའང་འབྲེལ་བ་ཆེན་པོ་ཡོད། གཏེར་རྒྱུ་དང་འཚོ་བཅུད་ཁ་སྐོན་བྱས་ན་གསོ་ཕག་གི་སྐྱེ་འཕེལ་ལ་ཕན་པ་ཆེན་པོ་འབྱུང་། ཚི་སྣ་རགས་པའི་འདུས་ཚད་ནི་གཟན་ཆག་ཁ་ཟ་འཕྲོད་མིན་དང་འཇུ་སྟོབས་ལྡན་མིན་གྱི་རྒྱུ་རྐྱེན་གཙོ་བོ་ཡིན་པས། 5%~8%བར་དུ་ཚོད་འཛིན་བྱེད་དགོས།

（གསུམ）གཟན་ཆག་གི་ངོ་དམ་ལ་ཤུགས་བསྣན་ནས་ཕྲུག་བཙས་དང་ནུ་བསྣུན་ཕྲུས་ཚད་ཇེ་མཐོར་གཏོང་དགོས།

ཕག་ཕྲུག་བཙས་མ་ཐག་ལུས་པོ་ཇི་ལྟར་ལྡི་ན་གསོན་ཤུགས་ཀྱང་དེ་ལྟར་ཆེ་བ་དང་སྐྱེ་འཕེལ་གྱི་ཐུར་ཚད་ཀྱང་དེ་ལྟར་མགྱོགས་པས། ནུ་མཚམས་འཛོག་དུས་ཀྱི་ལུས་ཕུང་ཡང་དེ་ལྟར་ཆེ་བ་ཡིན། ཕག་ཕྲུག་ནུ་མཚམས་འཛོག་དུས་ལུས་ཕུང་ཇི་ལྟར་ཆེ་ན། ཁྲུ་ཚོགས་ལ་ཞུགས་དུས་ཀྱི་ལུས་ཕུང་ཡང་དེ་ལྟར་ཆེ་བ་དང་སྐྱེ་འཕེལ་ཡང་དེ་ལྟར་མགྱོགས་པར་མ་ཟད། ཚོན་གསོའི་ཕན་ནུས་ཀྱང་ལྷག་ཏུ་བཟང་བའོ། །

(བཞི)ཚད་གཞི་དང་མཐུན་པའི་ཕག་ཚང་བཟོས་ནས་ཕོར་ཡུག་བཟང་པོ་ཞིག་གསར་སྐྲུན་བྱེད་པ།

ཚད་གཞི་དང་མཐུན་པའི་ཕག་ཚང་ཞིག་འཛུགས་སྐྲུན་བྱེད་དགོས་ན། འོས་འཚམ་གྱི་དྲོད་ཚད་དང་བརླན་ཚད། ཉི་ཟེར་སོགས་ཀྱི་ཆ་རྐྱེན་འཛོམ་དགོས། གཅིག་ནི་ཕག་ཕྲུ་སོ་སོར་འཚམ་པའི་དྲོད་ཚད་དང་རླུང་གི་རྒྱུག་ཚད་བཟང་པོ་ཞིག་འདོན་སྤྲོད་བྱས་ན་ལྷེ་ཚད་འཕེལ་བ་དང་གཟན་ཆག་བསྒྱུར་ཚད་ཇེ་མཐོར་གཏོང་ཐུབ། གཉིས་ནི་དགུན་དུས་ཉི་མའི་འོད་ཟེར་ལ་བརྟེན་ན་ལྷེ་ཚད་འཕེལ་བ་དང་གཟན་ཆག་བསྒྱུར་ཚད་ཇེ་མཐོར་གཏོང་ཐུབ། ཡིན་ནའང་ཉི་མའི་འོད་ཟེར་འཕྲོས་ཡུན་རིང་ན་གསོ་ཕག་ངལ་གསོ་ལ་སོགས་པར་གནོད་པ་ཡོད་པས། ཉི་ཟེར་གསལ་ཚད་མཐོན་མི་བཟང་། གསུམ་ནི་ཕག་རའི་ནང་ཁུལ་གྱི་གནོད་ཅན་མཁའ་རླངས་སེལ་ཐབས་བྱས་ཏེ་ཕོར་ཡུག་ལེགས་བཅོས་བྱེད་པ་དང་། དུས་ལྟར་གཙིན་རྩུག་གཙང་དག་བྱེད་པ། བཞི་ནི་འུར་སྒྲ་ཆེན་གསོ་ཕག་ངལ་གསོ་བ་དང་གཟན་ཆག་ལོངས་སུ་སྤྱོད་པ་སོགས་ལ་གནོད་པ་ཤིན་ཏུ་ཆེ་བས། འུར་སྒྲ་སོགས་ལ་གཡོལ་ཐབས་བྱ་དགོས།

(ལྔ)གསོ་ཕག་བཤའ་བ།

གསོ་ཕག་བཤའ་ཡུན་ནི་ཉིན་རེའི་ལྷེ་ཚད་འཕེལ་གྲངས་དང་གཟན་ཆག་བསྒྱུར་ཚད། སྤྱི་རྒྱ་རེའི་ཕྱིར་འཚོང་རིན་གོང་། ཐོན་སྐྱེད་མ་རྩ་སོགས་ཀྱི་རྒྱུ་རྐྱེན་སོགས་ཕྱོགས་མང་པོར་དཔྱད་ཞིབ་བྱས་རྗེས་ཐག་གཅོད་བྱེད་དགོས། རང་རྒྱལ་གྱི་ཕག་རྒྱུད་རིགས་སྣ་དང་དཔལ་འབྱོར་འདྲེས་སྦྱོར་ཚུང་མང་བ། ས་གནས་སོ་སོའི་གསོ་ཚོགས་ཀྱི་ཆ་རྐྱེན་མི་འདྲ་བའི་དབང་གིས། གསོ་ཕག་བཤའ་ཡུན་ཡང་ཚུང་མི་འདྲ་བ་ཡིན། ས་གནས་ཕག་གམ་དེའི་འདྲེས་སྦྱོར་གསོ་ཕག་ནི་སྤྱི་རྒྱ 70~75 ཡོང་དུས་བཤས་ཆོག གཞན་པའི་ས་གནས་ཕག་དང་དེའི་འདྲེས་སྦྱོར་གསོ་ཕག

ནི་སྤྱི་རྒྱ 75 ~85ཡོང་དུས་བཤས་ཆོག རང་རྒྱལ་གྱི་གསོ་སྐྱོང་ལག་རྒྱུད་དང་རང་རྒྱལ་གྱི་ས་གནས་ལག་རྒྱུད་ལག་མར་འཛིན་པ་དང་ཕྱི་རྒྱལ་གྱི་ཤ་སྣག་ཅན་གྱི་ལག་རྒྱུད་ལག་གསེབ་ཏུ་བཟུང་བའི་རྒྱུད་གཉིས་འདྲེས་སྦྱོར་གྱི་གསོ་ལག་ནི་སྤྱི་རྒྱ 85 ~ 90ཡོང་དུས་བཤས་ཆོག ཤ་སྣག་ཅན་གྱི་ལག་རྒྱུད་གཉིས་ལག་གསེབ་ཏུ་བཟུང་བའི་གསོ་ལག་ཏུ་བཟུང་བའི་རྒྱུད་གསུམ་འདྲེས་སྦྱོར་གསོ་ལག་ནི་སྤྱི་རྒྱ 90 ~100 ཡོང་དུས་བཤས་ཆོག རང་རྒྱལ་གྱི་གསོ་སྐྱོང་ལག་རྒྱུད་ལག་མར་འཛིན་པ་དང་ཤ་སྣག་ཅན་གྱི་ལག་རྒྱུད་གཉིས་ལག་གསེབ་ཏུ་བཟུང་བའི་གསོ་ལག་ཏུ་བཟུང་བའི་རྒྱུད་གསུམ་འདྲེས་སྦྱོར་གསོ་ལག་ནི་སྤྱི་རྒྱ 100~115ཡོང་དུས་བཤས་ཆོག

ལེའུ་བཞི་པ། ཕག་པ་གསོ་བའི་ལག་རྩལ་གསར་བ།

ས་བཅད་དང་པོ། དེང་རབས་ཅན་གྱི་ཕག་པ་གསོ་བའི་བཟོ་རྩལ།

གཅིག དེང་རབས་ཕག་པ་གསོ་བའི་གོ་དོན་དང་ཁྱད་ཆོས།

(གཅིག)དེང་རབས་ཅན་གྱི་ཕག་པ་གསོ་བའི་གོ་དོན།

དེང་རབས་ཅན་གྱི་ཕག་པ་གསོ་བ་ནི་དེང་རབས་ཅན་གྱི་བཟོ་ལས་ཐོན་སྐྱེད་ཀྱི་བྱེད་ཐབས་བརྒྱུད་ནས་ཕག་པ་གསོ་བ་ཡིན་ལ། རྒྱུན་མི་ཆད་པའི་ཐོན་སྐྱེད་བཟོ་ལས་ལག་ཏུ་བསྟར་བར་མ་ཟད། མཉམ་འབྲེལ་མཉམ་འཚོང་གི་བྱེད་ཐབས་སྤྱད་དེ་ཐོན་སྐྱེད་ཆུ་ཚད་ཇེ་མཐོ་དང་། ཐོན་སྐྱེད་ཁེ་ཕན་ཇེ་མཐོ། ཐོན་རྫས་སྤུས་ཚད་ཇེ་ལེགས་སུ་གཏོང་བའི་གསོ་ཐབས་ཤིག་ཡིན།

1.གཞི་ཁྱོན་ཅན་གྱི་ཕག་པ་གསོ་བ།

འདི་ནི་སྔོན་ཐོན་ཚན་རིག་བྱེད་ཐབས་ཀྱི་རྩ་འཛུགས་དང་དོ་དམ་སྤྱད་དེ་ཕག་པ་གསོ་བ་ཡིན་ལ། ངལ་རྩོལ་ཐོན་སྐྱེད་ཀྱི་ནུས་ཚད་དང་རྒྱུད་འཕེལ་གསོན་གྲངས་ཀྱི་ནུས་ཚད། བཤས་ཁོངས་སུ་གཏོང་གྲངས་དང་ཚོང་རར་སྐྱེལ་གྲངས་ཇེ་མཐོར་བཏང་བ་བརྒྱུད་ནས། ཕག་པ་གསོ་བའི་ཐོན་སྐྱེད་དང་ཁེ་ཕན་ཇེ་མཐོར་གཏོང་བ་ཡིན། སྣ་འཛོམས་ཚན་རྩལ་གྱི་འཛིན་ཐང་དང་གཞི་ཁྱོན་ཆེ་ཞིང་དགོས་ངེས་ཀྱི་འཕྲུལ་ཆས་སྒྲིག་ཆས་དང་རང་འགུལ་ཅན་གྱི་དཔྱད་ཆས། གཞན་ད་དུང་ཕག་གསོ་ཁོར་ཡུག་བཟང་པོ་ཞིག་དང་དོ་དམ་ཚན་རིག་ཅན་གྱི

ཁྱད་ཆོས་བཅས་ལྡན་ན། དེང་རབས་ཅན་གྱི་ཕག་པ་གསོ་བའི་དུས་རིམ་ཐོག་མ་ཡིན།

2.བཟོ་གྲྭ་ཅན་གྱི་ཕག་པ་གསོ་བ།

འདི་ནི་ཐོན་སྐྱེད་སྒྲུབ་རིམ་གྱི་རྣམ་པ་བརྒྱུད་ནས་རྒྱུན་ཆད་མེད་པར་ལས་སྒྲུབ་བྱེད་པའམ་གཏན་འཇགས་ཀྱི་དུས་རིམ་ལྟར། རྒྱུན་ཆད་མེད་པར་ཆ་སྙོམས་སྙོམས་ཐོན་སྐྱེད་བྱེད་པའི་ཐབས་ལམ་ལག་ཏུ་བསྟར་བ་ཡིན། རྒྱུན་ཆད་མེད་པའི་བཟོ་རིམ་དང་ཆེད་སྤྱོད་ལྡན་པའི་ཕག་ར། འཕྲུས་སྒོ་ཚང་བའི་རྒྱུད་སྦྱེལ་མ་ལག བརྒྱུད་རིམ་ཅན་གྱི་གཟན་ཆག དེང་རབས་ཅན་གྱི་སྒྲིག་ཆས། ཚགས་དམ་ཅན་གྱི་ཕྱུགས་སྨན་བདེ་སྲུང་། ཁེ་ཕན་མཐོ་བའི་དོ་དམ་གྱི་མ་ལག ཚད་གཞི་ཅན་གྱི་ཐོན་རྫས་ཐོན་སྐྱེད་བྱེད་ཐུབ་པ་བཅས་ཀྱི་ཁྱད་ཆོས་ལྡན་ན། དེང་རབས་ཅན་གྱི་ཕག་པ་གསོ་བའི་དུས་རིམ་ཐོག་མ་ཡིན།

(གཉིས)དེང་རབས་ཅན་གྱི་ཕག་པ་གསོ་བའི་ཐོན་སྐྱེད་ཀྱི་ཁྱད་ཆོས།

1.ཐོན་སྐྱེད་བཟོ་རྩལ་བརྒྱུད་རིམ་གྱི་བླང་བྱ་ལྟར། ཕག་རྒྱུ་རྣམས་ཐོན་སྐྱེད་བཟོ་རྩལ་མི་འདྲ་བའི་ཁྱུ་ཚོགས་དུ་མར་དགར་བ་སྟེ། གཙོ་བོ་ནི་རྒྱུད་སྦྱེལ་ཕག་མའི་ཁྱུ་ཚོགས་དང་། གསོ་སྐྱེལ་ཕག་ཕྲུག་ཁྱུ་ཚོགས། འཚར་སྐྱེ་ཚོན་གསོ་ཁྱུ་ཚོགས་སོགས་ཡོད། རྒྱུད་སྦྱེལ་ཕག་མའི་ཁྱུ་ཚོགས་ལ་འང་རྗེས་གྲབས་ཕག་མའི་ཁྱུ་ཚོགས་དང་སྦྱོར་སྦེབ་ཕག་མའི་ཁྱུ་ཚོགས། མངལ་སྦྲུམ་ཕག་མའི་ཁྱུ་ཚོགས། མངལ་གྲོལ་ཕག་མའི་ཁྱུ་ཚོགས་བཅས་འདུས།

2.དེང་རབས་ཅན་གྱི་ཚན་རྩལ་གཞུང་ལུགས་སྤྱད་དེ། ཐོན་སྐྱེད་བཟོ་རྩལ་ཚོགས་པ་རྣམས་མཉམ་འདྲེན་མཉམ་འཚོང་གི་བྱེད་ཐབས་ལྟར་རྒྱུན་ཆད་མེད་པའི་ཐོན་སྐྱེད་བཟོ་རྩལ་བྱེད་པ་ཡིན་ལ། ཚད་ངེས་ཅན་གྱི་རྒྱུད་སྦྱེལ་བར་གསེང་དུས་རིམ་ལྟར་མངལ་གྲོལ་ནུ་སྣུན་ཕག་མའི་ཁྱུ་ཚོགས་འཛུགས་དགོས།

ཕག་མའི་སྡེབ་སྦྱོར་དང་མངལ་འཛིན། མངལ་གྲོལ། ནུ་སྣུན་བཅས་ཀྱི་རིམ་པ་བརྒྱུད་ནས། ཐོན་སྐྱེད་བཟོ་རྩལ་བརྒྱུད་རིམ་གྱི་གནད་འགག་སོ་སོའི་ཕག་གྲངས་ཁག་ཐེག་བྱེད་པ། ལོ་རེར་ཕག་ཁྲི 1 ~3ཕྱིར་འཚོང་བྱེད་པའི་ཕག་གསོ་ར་བ་ཡིན་ན། ཕྱིར་བཏང་དུ་ཉིན་བདུན་ནི་རྒྱུད་སྤེལ་བར་གསེང་འཁོར་ཡུན་གཅིག་ཡིན། ཡང་ན་ཉིན་བདུན་གྱི་ཚུན་ནས་མངལ་འཛིན་ནུ་སྣུན་ཕག་མའི་ཁྱུ་ཚོགས་སྐོར་ཞིག་གསར་འཛུགས་བྱེད་དགོས།

3.ཕག་ཕྲུ་སོ་སོའི་ལུས་ཁམས་དང་ཐོན་སྐྱེད་ཀྱི་སྣང་བྱ་དང་མཐུན་ཞིང་། མཉམ་འདྲེན་མཉམ་འཚོང་གི་བཟོ་རྩལ་བརྒྱུད་རིམ་ཁྲོད་དུ་ཕག་ཕྲུའི་གྲངས་ཀ་དང་འཚམ་པའི་ཆེད་སྤྱོད་ཕག་ར་ཡོད་དགོས། ཆེད་སྤྱོད་ཕག་རའི་ཁོངས་སུ་ཕག་གསེབ་ར་བ་དང་ཕ་སྦྱོར་ར་བ། མངལ་འཛིན་ར་བ། མངལ་གྲོལ་ར་བ། ཕྲུག་གསོ་ར་བ། སྐྱེ་འཕེལ་ཆོན་གསོ་ར་བ་སོགས་འདུས། བཟོ་སྐྲུན་ལག་རྩལ་གྱིས་སྒྲིག་གཅོད་བྱས་རྗེས་ཆེད་སྤྱོད་ཕག་ར་འདི་ཚང་མས་ཕྱིར་བཏང་དུ་གསོ་ཕག་གི་སྐྱེ་དངོས་རིག་པའི་ཁྱད་ཆོས་དང་ཕག་ཕྲུ་སོ་སོའི་ཁོར་ཡུག་གི་དགོས་མཁོ་བསྐང་ཐུབ་དགོས།

4.ཕག་རྒྱུད་བཟང་ཞིང་ཐོན་སྐྱེད་གཤིས་ནུས་ལེགས་པའི་ཕག་ཕྲུ་ཡོད་དགོས་པར་མ་ཟད་རྒྱུད་སྤེལ་མ་ལག་འཐུས་སྒྲོ་ཚང་བ་ཞིག་ཡོད་དགོས། ཚགས་དམ་པའི་སྨན་བཅོས་འཕྲོད་བསྟེན་ལམ་ལུགས་དང་འོས་ཤིང་འཚམ་པའི་འགོ་ནད་ལས་ཐར་བྱེད་ཀྱི་མ་ལག་ཅིག་གམ་ཁོར་ཡུག་འཕྲོད་བསྟེན་གྱི་སྣང་བྱ་དང་མཐུན་པའི་འབབ་བཙོག་དང་གཅིན་རྟུག་གཙང་དག་མ་ལག་ཅིག་ཀྱང་དགོས།

5.ཆ་སྙོམས་ལྡན་པའི་སྒོ་ནས་ཕག་ཕྲུ་སོ་སོར་འཚམ་པའི་གཟན་ཆག་མཁོ་འདོན་བྱེད་ཐུབ་པ། གསོ་ཚགས་ཀྱི་ཚད་གཞི་ལྟར་ཕག་ཕྲུ་སོ་སོར་འཚམ་པའི་གཟན་ཆག་བསྡེབས་ནས་ཚད་གཞི་དང་མཐུན་པའི་སྒོ་ནས་གསོ་ཚགས་བྱེད་དགོས།

6.ཚན་རྩལ་དང་རིག་གནས་ཀྱི་སྤུས་ཚད་མཐོ་བ། ལག་རྩལ་གྱི་ཆུ་ཚད་དང་ངོ་དམ་གྱི་ནུས་པ་མཐོ་བའི་ལས་བཟོ་པའི་དཔུང་སྡེ་ཞིག་དགོས། ལུགས་དང་མཐུན་པའི་རྩ་འཛུགས་དང་ཆེད་ལས་ལས་བགོས་གསལ་པོ་ཡིན་ཞིང་ཕན་ནུས་མཐོ་བའི་ཚོང་གཉེར་མ་ལག་ཅིག་ཚང་དགོས། སྟོན་འདོན་དང་ཚན་རིག་གི་ངོ་དམ་ལག་རྩལ་དང་ཚད་གཞི་དང་མཐུན་པའི་ངལ་རྩོལ་པའི་རྩ་འཛུགས་ལ་བརྟེན་ནས་ཁེ་ལས་ཀྱི་ངོ་དམ་དང་ཁེ་ཕན་ཁག་ཐེག་བྱེད་དགོས། དེ་དང་མཉམ་དུ་སྟོན་འདོན་དང་ཚན་རིག་གི་ངོ་དམ་ལག་རྩལ་ལ་བརྟེན་ནས་གཞི་ཁྱོན་ཅན་གྱི་ཐོན་སྐྱེད་མ་ལག་གྲུབ་པར་བྱས་ཏེ་ཆ་སྙོམས་སྙོམས་སྤུས་ཚད་ཀྱི་ཚད་གཞི་དང་མཐུན་པའི་ཐོན་རྫས་ཐོན་སྐྱེད་བྱས་ནས་ཚོང་རའི་དགོས་མཁོ་བསྐང་ཅི་ཐུབ་བྱེད་དགོས།

གཉིས། དེང་རབས་ཅན་གྱི་ཕག་པ་གསོ་བའི་ཐོན་སྐྱེད་བཟོ་རྩལ།

(གཅིག)ཕག་པ་གསོ་བའི་ཐོན་སྐྱེད་བཟོ་རྩལ་གྱི་གོ་རིམ།

དེང་རབས་ཅན་གྱི་ཕག་གསོ་ཐོན་སྐྱེད་ནི་ཕག་གསོ་ཐོན་སྐྱེད་གོ་རིམ་ཁྲིད་དུ་ཕ་སྦྱོར་དང་མངལ་འཛིན། མངལ་གྲོལ། ནུ་སྣུན། འཚར་ལོངས། ཚོན་གསོ་སོགས་ཐོན་སྐྱེད་གནད་འགག་རྣམས་དུས་རིམ་སོ་སོར་བགོས་ནས་མཉམ་འདྲེན་མཉམ་འཚོང་དང་རྒྱུན་ཆད་མེད་པར་ལས་སྒྲུབ་ཐོན་སྐྱེད་བྱེད་པའི་ཐབས་ལམ་ལྟར། ཕག་ཕྲུ་རྣམས་ལ་དུས་རིམ་དབྱེ་ནས་གསོ་ཚགས་དང་ལུགས་མཐུན་འཁོར་ཡུན་ལག་བསྟར་བྱེད་དགོས།

རྗེས་གྲབས་ཕག་གསེབ་དང་ཕག་མའི་གསོ་ཚགས་དུས་ཡུན་ནི་གཟའ་འཁོར་16~17ཡིན། ཕག་མའི་ཕ་སྦྱོར་མངལ་འཛིན་དུས་ཡུན་ནི་གཟའ་འཁོར་17~18ཡིན། ཕག་མའི་མངལ་མ་གྲོལ་གོང་གི་གཟའ་འཁོར་གཅིག་གི་སྔོན་ལ་ནུ་སྣུན་ཕག་རའི་ནང་དུ་སྤོར་དགོས། ཕྲུ་གུའི་ནུ་སྣུན་དུས་ཡུན་ནི་གཟའ་འཁོར་4~5ཡིན། ནུ་མཚམས་བཅད་རྗེས་ཕག་མ་མངལ་སྟོང་ཕག་ར་དང་ཕྲུ་གུ་རྣམས་ཕྲུག་

གསོ་ཕག་རའི་ནང་དུ་གཏོང་དགོས། ལྷུག་གསོ་ཕག་རའི་ནང་དུ་གཟའ་འཁོར 4~5ལ་གསོས་རྗེས་ཆེན་གསོ་ཕག་རའི་ནང་དུ་སྤོར་དགོས། ཆེན་གསོ་ཕག་རའི་ནང་དུ་གཟའ་འཁོར 14~15ལ་གསོས་ཏེ་ལྗི་ཚད་སྤྱི་རྒྱ 90ལ་སླེབས་རྗེས་ཕྱིར……བཙོང་ཆོག(རི་མོ 4–1)

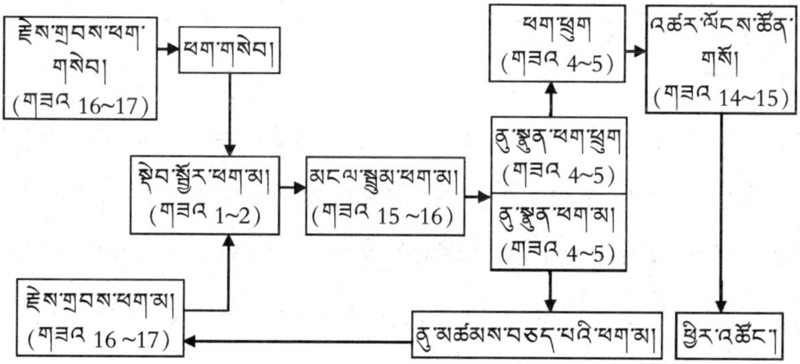

རི་མོ 4–1 ཕག་པ་གསོ་བའི་ཐོན་སྐྱེད་བཟོ་རྩལ་གྱི་གོ་རིམ།

(གཉིས)རྒྱུན་སྤྱོད་གསོ་ཚགས་བཟོ་རྩལ་གོ་རིམ།

1.རིམ་པ་གསུམ་ཅན་གྱི་གསོ་ཚགས་བཟོ་རྩལ་གོ་རིམ། མངལ་སྟོང་ངམ་མངལ་སྦྲུམ་དུས་རིམ། →འོ་ཐོན་དུས་རིམ། →འཚར་ལོངས་ཆེན་གསོ་དུས་རིམ་བཅས་སོ། ། རིམ་གསུམ་གསོ་ཚགས་ཀྱི་ཁྲུ་ཚོགས་ཐེངས་གཉིས་པའི་སྤོ་བསྒྱུར་ནི་ཙུང་སྟབས་བདེ་བའི་ཐོན་སྐྱེད་བཟོ་རྩལ་གོ་རིམ་ཞིག་ཡིན་པས། གཞི་ཁྱོན་ཆུང་ཆུང་བའི་གསོ་ཕག་ཁེ་ལས་ལ་འཚམ་པ་ཡིན། འདིའི་ཁྱད་ཆོས་ནི་སྟབས་བདེ་ཡིན་པ་དང་ཁྲུ་ཚོགས་སྤོ་བསྒྱུར་གྲངས་ཀ་ཉུང་བ། ཕག་རའི་རིགས་སྣ་ཉུང་བ། ཞིག་གསོའི་འགྲོ་གྲོན་ཉུང་བ་ཡིན། དཔེར་ན། མངལ་གྲོལ་ནུ་སྣུན་དུས་སྐབས་སུ་ཁོར་ཡུག་ཙུང་བཟང་བའི་ཆོད་འཛིན་བྱེད་ཐབས་སྤྱད་ནས་ཕག་ལྷུག་གི་འཚར……ལོངས་ལ་རམ་འདེགས་བྱས་ཆོག་པས། གསོན་གྲངས་མང་བར་མ་ཟད་ཐོན་སྐྱེད……

ཆུ་ཚད་ཀྱང་ཇེ་མཐོར་གཏོང་ཐུབ།

2. རིམ་པ་བཞི་ཅན་གྱི་གསོ་ཚགས་བཟོ་རྒྱལ་གོ་རིམ། མངལ་སྐྱོང་ངམ་མངལ་སྨྲུམ་དུས་རིམ། →འོ་ཐོན་དུས་རིམ། →ཕག་ཕྲུག་ཆེར་གསོ། →འཚར་ལོངས་ཚོན་གསོ་དུས་རིམ་བཅས་སོ། ། རིམ་གསུམ་གསོ་ཚགས་བཟོ་རྒྱལ་གྱི་ཁར་ཕག་ཕྲུག་ཆེར་གསོ་དུས་རིམ་བསྣན་པ་ཡིན། ཕག་ཕྲུག་གསོ་བའི་དུས་ཡུན་ནི་སྤྱིར་བཏང་དུ་གཟའ་འཁོར་ལྔ་ཡིན། ཕག་གི་ལྗི་ཚད་སྤྱི་རྒྱ་20ལ་བསླེབས་རྗེས་འཚར་ལོངས་ཚོན་གསོ་ཕག་རར་སྤོར་དགོས། ཉུ་མཚམས་བཅད་པའི་ཕག་ཕྲུག་གསོ་སྐྱོང་བྱེད་སའི་ཁོར་ཡུག་སྤྱིར་བཏང་གི་ཕག་པ་གསོ་བའི་ཁོར་ཡུག་ལས་ཅུང་བཟང་དགོས། དེ་མིན་ཕག་ཕྲུག་གི་གསོན་གྲངས་ལ་གནོད་པ་ཡོད། འཚར་ལོངས་ཚོན་གསོ་ཕག་ར་ནས་གཟའ་འཁོར་14~15ལ་གསོས་ཏེ་ལྗི་ཚད་སྤྱི་རྒྱ་90~110ལ་བསླེབས་རྗེས་ཕྱིར་བཙོང་ཆོག

3. རིམ་པ་ལྔ་ཅན་གྱི་གསོ་ཚགས་བཟོ་རྒྱལ་གོ་རིམ། མངལ་སྐྱོང་དུས་རིམ། →མངལ་སྨྲུམ་དུས་རིམ། →འོ་ཐོན་དུས་རིམ། →ཕག་ཕྲུག་ཆེར་གསོ། →འཚར་ལོངས་ཚོན་གསོ་དུས་རིམ་བཅས་སོ། ། འདིའི་རིམ་བཞིའི་གསོ་ཚགས་བཟོ་རྒྱལ་གྱི་མངལ་སྐྱོང་དུས་རིམ་དང་མངལ་སྨྲུམ་དུས་རིམ་གཉིས་སོ་སོར་དགར་ཡོད་ལ། རྒྱུ་མཚན་ནི་སྦྱོར་སྡེབ་བྱེད་པར་ཕན་པ་དང་རྒྱུད་སྤེལ་གྲངས་ཚད་ཇེ་མཐོར་གཏོང་བའི་ཆེད་ཡིན། མངལ་སྐྱོང་ཕག་མར་སྦྱོར་སྡེབ་བྱས་ནས་ལྷག་ཞིབ་ཉིན་21བྱས་རྗེས་མངལ་སྨྲུམ་ཕག་རའི་ནང་དུ་གནས་སྤོར་དགོས་པ་དང་། ཕག་ཕྲུག་མ་བཙས་གོང་གི་ཉིན་བདུན་གྱི་སྔོན་དུ་མངལ་གྲོལ་ཉུ་སྣུན་ཕག་རར་སྤོར་དགོས། བཟོ་རྒྱལ་གོ་རིམ་འདིའི་བཟང་ཆ་ནི། ཉུ་མཚམས་བཅད་པའི་ཕག་མའི་ལུས་སྟོབས་རྒྱས་ཡུན་མགྱོགས་པ་དང་ཕག་མ་རྣམས་ཀྱི་དུས་རྒྱ་ལངས་ཡུན་མཉམ་པ། སྦྱོར་སྡེབ་དུས་ཡུན་ཞེས་སླ་བ་བཅས་ཡིན།

4.རིམ་པ་དྲུག་ཅན་གྱི་གསོ་ཚགས་བཟོ་རྩལ་གོ་རིམ། མངལ་སྐོར་དུས་རིམ། →མངལ་སྦྲུམ་དུས་རིམ། →འོ་ཐོན་དུས་རིམ། →ཕག་ཕྲུག་ཆེར་གསོ། →འཚར་ལོངས་དུས་རིམ། →ཚོན་གསོ་དུས་རིམ་བཅས་སོ། ། འདིའི་རིམ་ལྔའི་གསོ་ཚགས་བཟོ་རྩལ་གྱི་འཚར་ལོངས་དུས་ཡུན་དང་ཚོན་གསོ་དུས་ཡུན་གཉིས་སོ་སོར་དགར་ཡོད་ལ། གཉིས་ཀའི་གསོ་ཚགས་དུས་ཡུན་ནི་གཟའ་འཁོར 7~8 ཡིན། ཕག་ཕྲུག་བཙས་པ་ནས་ཕྱིར་འཚོང་བར་གོ་རིམ་བཞི་བརྒྱུད་དགོས་ཏེ། ནུ་སྣུན་དང་ཕྲུག་གསོ། འཚར་ལོངས། ཚོན་གསོ་བཅས་སོ། ། བཟོ་རྩལ་གོ་རིམ་འདི་བཟང་ཆ་གཙོ་བོ་ནི་འཚར་ལོངས་ཁྲོད་ཀྱི་གོ་རིམ་སོ་སོར་གསོ་ཚགས་ཀྱི་འཚོ་བཅུད་ཕུན་སུམ་ཚོགས་པ་ཞིག་འདོན་སྤྲོད་བྱེད་ཐུབ་པ་དེ་ཡིན།

5.མཉམ་འདྲེན་མཉམ་འཚོང་གི་གསོ་ཚགས་བཟོ་རྩལ་གོ་རིམ། གཞི་ཁྱོན་ཆེ་བའི་ཕག་གསོ་ར་བ་ཡིན་ན་སྔ་མང་རང་བཞིན་གྱི་ཕག་གསོ་ཐོན་སྐྱེད་བཟོ་རྩལ་དང་ཕག་གསོ་ར་བའི་བཀོད་སྒྲིག་ཕུན་སུམ་ཚོགས་པ་ཞིག་དགོས། མཉམ་འདྲེན་མཉམ་འཚོང་བྱེད་ན་ནད་རིམས་འགོག་པ་དང་དོ་དམ་སོགས་ལ་ཕན་པ་ཆེན་པོ་ཡོད། (རི་མོ 4–2)

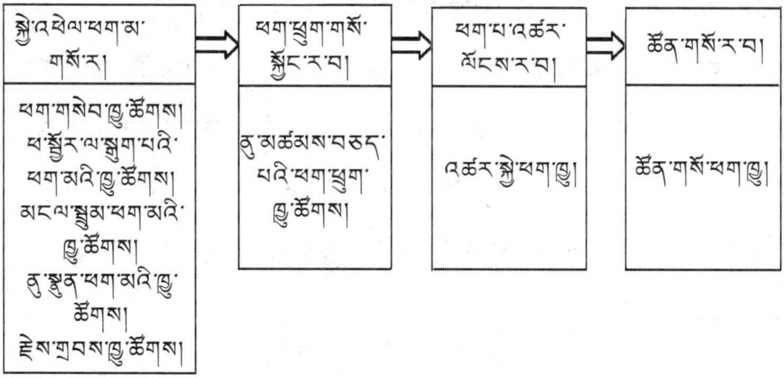

རི་མོ 4–2 མཉམ་འདྲེན་མཉམ་འཚོང་གསོ་ཚགས་བཟོ་རྩལ་གོ་རིམ།

(གསུམ)ཐོན་སྐྱེད་བྱེད་ཐབས།

1.སྲོལ་རྒྱུན་གྱི་བརྒྱུད་རིམ་གཅིག་པའི་ཐོན་སྐྱེད་བྱེད་ཐབས། མངལ་སྟོང་སྐྱོར་སྐྱེབ་དང་མངལ་སྦྲུམ། མངལ་གྲོལ་ཝུ་རྣུན། ཕྲུག་གསོ། འཚར་ལོངས། ཚོན་གསོ་བཅས་ཀྱི་ཐོན་སྐྱེད་ཀོ་རིམ་རྣམས་ས་གནས་གཅིག་མཚུངས་སུ་རྒྱུན་……མཐུད་ལས་རིམ་སྒྱོད་པ་ཡིན། འདིའི་བཟང་ཆ་ནི་ཕག་ར་སྲུད་ཙུབ་དང་སྤོ་བསྒྱུར་ངོ་དམ་སྟབས་བདེ་བ་དེ་ཡིན། ཞན་ཆ་ནི་ཕག་ཕྲུ་སོ་སོ་གཅིག་སྲུད་ཡིན་དྲགས་པས་ལམ་རིམ་གང་ཞིག་ལ་གནད་དོན་བྱུང་ན་གཞན་པ་རྣམས་ལའང་གནོད་པ…དང་ཕག་ཕྲུག་རྣམས་འཚར་ལོངས་འབྱུང་བར་གནོད་པར་མ་ཟད། ནད་རིམས…འགོས་སླ་བ་ཡིན།

2.སྣ་མང་ཐོན་སྐྱེད་བྱེད་ཐབས། འདི་ནི་ཕག་མ་གསོ་ཁྲུལ་དང་ཕག་ཕྲུག་གམ་འཚར་ལོངས་ཚོན་གསོ་ཕག་པ་གསོ་ཁྲུལ་སོ་སོར་བཀར་ནས་གསོ་ཚགས……བྱེད་པའི་ངོ་དམ་བྱེད་ཐབས་ཤིག་ཡིན། འདི་ལ་ར་མང་གསོ་ཚགས་བྱེད་ཐབས་ཀྱང་ཟེར། ཕག་ཕྲུག་ཝུ་མཚམས་བཅད་རྗེས་ལོགས་སུ་བཀར་ནས་གསོ་ཚགས…བྱེད་པའི་རྣམ་པ་གསར་བ་ཞིག་ཡིན། གསོ་ཁྲུལ་སོ་སོ་བར་ནས་སྨི 250 ~1000 ཡོད་དགོས། གཅིག་ནི་ར་གཉིས་ཏེ་ཕག་མ་གསོ་ར་དང་ཕག་ཕྲུག་གསོ་ར། གཉིས་ནི་ར་གསུམ་སྟེ་ཕག་མ་གསོ་ར་དང་ཕག་ཕྲུག་གསོ་ར། ཕག་པ་ཚོན་གསོ་ར་བ…བཅས་ཡིན། འདིའི་བཟང་ཆ་ནི་ཕག་ཕྲུག་རྣམས་ཀྱི་འཚར་ལོངས་ཁོར་ཡུག…ལེགས་པ་དང་གསོན་གྲངས་མང་བ། ཐོན་སྐྱེད་མཐོ་བ། ནད་རིམས་འགོག་ཐུབ་པ་སོགས་ཡིན། ཞན་ཆ་ནི་ཕག་རའི་འཛུགས་སྐྲུན་གྱི་འགྲོ་གྲོན་མཐོ་བའོ། །(རི་མོ 4–3)

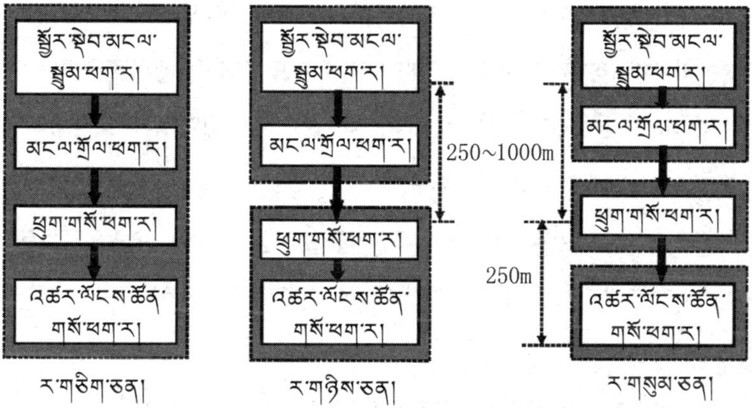

རི་མོ 4–3 སྲོལ་རྒྱུན་དང་སྔ་མང་ཐོན་སྐྱེད་ཐབས་ལམ་ཞིབ་བསྡུར།

གསུམ། ཐོན་སྐྱེད་བཟོ་རྩལ་གྱི་རྩ་འཛུགས་བྱེད་ཐབས།

(གཅིག) གསོ་ཚགས་བྱེད་ཐབས་གཏན་ཁེལ་བྱེད་པ།

ཕག་གསོ་བའི་ཐོན་སྐྱེད་ཀྱི་རྣམ་པ་ནི་དཔལ་འབྱོར་དང་གནམ་གཤིས། ཉུས་ཁུངས། འགྲིམ་འགྲུལ་སོགས་སྔ་མང་གི་ཆ་རྐྱེན་ལ་དམིགས་ནས་གཏན་ཁེལ་བྱེད་དགོས་པར་མ་ཟད། ཕག་རའི་ངོ་བོ་དང་གཞི་ཁྱོན། ཕག་པ་གསོ་བའི་ལག་རྩལ་གྱི་ཆུ་ཚད་སོགས་ཀྱི་ཚད་གཞི་ལྟར་གཏན་ཁེལ་བྱེད་དགོས། ཕག་ཕྲུ་སོ་སོའི་གསོ་ཚགས་བྱེད་ཐབས་དང་སྐྱེར་གསོ་བྱེད་ཐབས། ཆུ་འཐུང་བའི་ཐབས་ལམ། གཅིན་རྩུག་གཙང་སྦྲ་བྱེད་ཐབས་སོགས་ལ་དམིགས་ནས་གཏན་ཁེལ་བྱེད་དགོས་པ་ཞིག་ཀྱང་ཡིན། གལ་ཏེ་གཞི་ཁྱོན་ཅུང་ཆུང་བ་དང་གནས་ཐིག་གཏན་ཁེལ་བྱས་ནས་གསོ་ཚགས་བྱེད་པ་ཡིན་ན་དངུལ་གཏོང་ཚད་མཐོ་བ་དང་ཕག་ར་བེད་སྤྱོད་བཟང་པོ་བྱེད་མི་ཐུབ་པར་མ་ཟད། འགྲོ་སོང་ཅུང་ཆེ་བས་ཁེ་ཕན་མཐོན་པོ་མེད་པ་ཡིན། ལེགས་བསྡུས་ཞིབ་གཉེར་ཅན་གྱི་གསོ་སྐྱོང་བྱེད་ཐབས་ལ་དཔེར་ན། ལ་ལས་ཕག་གསེབ་དང་སྦྱོར་སྡེབ་ལ་སྤྲུག་པའི་ཕག་མ་གཉིས་ཕག་ར་གཅིག་

གི་ནང་དུ་གསོ་བ་དང་ལ་ལས་སོ་སོར་བཀར་ནས་གསོ་བཞིན་ཡོད། ཕག་མ་གནས་ཐིག་གཏན་ཁེལ་བྱས་ནས་གསོ་མཁན་ཡོད་ལ་ཕྲུ་ཚོགས་བྱས་ནས་གསོ་བའང་ཡོད། སྦྱོར་སྡེབ་བྱེད་དུས་རང་བྱུང་འཁྲིག་སྦྱོར་བྱས་ཆོག་ལ་མིས་ཐབས་ཀྱིས་སྦྱོར་སྡེབ་བྱས་ཀྱང་ཆོག སྤྱིར་བཏང་དུ་ཐོན་སྐྱེད་ཚུ་ཚད་ཇེ་མཐོར་གཏོང་བྱེད་ཀྱི་ལག་རྩལ་དང་སྒྲིག་ཆས་ཡོད་ཚད་བེད་སྤྱོད་བྱས་ཆོག མ་དངུལ་གཏོང་དཀའ་དུས་མིས་ཚབ་བྱས་ཆོག་པའི་སྒྲིག་ཆས་རྣམས་རྗེས་སུ་བཞག་ནས་མ་དངུལ་ཉུང་གཏོང་བྱེད་དགོས་པ་ཡིན།

(གཉིས)ཐོན་སྐྱེད་ཀྱི་མཚམས་ཚོགས་གཏན་ཁེལ་བྱེད་པ།

ཐོན་སྐྱེད་ཀྱི་མཚམས་ཚོགས་ནི་ཉེ་འཁོར་དུ་ཡོད་པའི་ནུ་སྣུན་ཕག་མའི་ཕྲུ་ཚོགས་སྐྱོ་བསྒྱུར་བྱེད་དུས་ཀྱི་བར་གསེང་ཉིན་གྲངས་ལ་གོ ངོས་ཤིང་འཚམ་པའི་ཐོན་སྐྱེད་མཚམས་ཚོགས་ཤིག་ཡོད་པ་ནི་མཉམ་འདྲེན་མཉམ་འཚོང་གི་སྟོན་འགྲོའི་ཆ་རྐྱེན་ཡིན་པ་དང་། འཆར་གཞི་ལྡན་པའི་སྒོ་ནས་ཕག་ར་བེད་སྤྱོད་བྱེད་པ་དང་ངལ་རྩོལ་གྱི་དོ་དམ་བྱེད་ཐབས་རྩ་འཛུགས་བྱེད་པ། ཆ་སྙོམས་ཀྱིས་ཚོང་རྫས་གསོ་ཕག་ཐོན་སྐྱེད་བྱེད་པའི་རྨང་གཞི་ཡང་ཡིན།

ཐོན་སྐྱེད་མཚམས་ཚོགས་ནི་སྤྱིར་བཏང་དུ་ཉིན་གཅིག་གམ་གཉིས། གསུམ། བཞི། བདུན། ཡང་ན་ཉིན་བཅུའི་ལམ་ལུགས་སྤྱོད་པ་ཡིན་ལ། བྱེ་བྲག་ཏུ་ཕག་རའི་གཞི་རྐྱེན་ལ་དམིགས་ནས་གཏན་ཁེལ་བྱེད་པ་ཡིན། ལོའི་ཐོན་སྐྱེད་གྲངས་ཀ་ཁྲི 5~10ཡིན་པའི་ཚོང་རྫས་ཕག་གསོ་ཁེ་ལས་ཆེན་པོ་ཡིན་ན་ཉིན་གཅིག་གམ་གཉིས་ཀྱི་ལམ་ལུགས་སྤྱོད་པ་ཡིན། གསལ་པོར་བཤད་ན་ཉིན་མ་རེ་རེར་ཕག་མ་སྦྱོར་སྡེབ་དང་ཕག་ཕྲུག་བཙས་པ། ནུ་མཚམས་གཅོད་པ། ཕག་ཕྲུག་གསོ་སྐྱོང་། འཚར་ལོངས་གསོ་ཕག་ཕྱིར་བཙོང་བ་ཡིན། ལོའི་ཐོན་སྐྱེད་གྲངས་ཀ་ཁྲི 1~3ཡིན་པའི་ཚོང་རྫས་ཕག་གསོ་ཁེ་ལས་ཡིན་ན་ཉིན་བདུན་གྱི་ལམ་ལུགས་སྤྱོད་

པ་ཡིན། གཞི་ཁྱོན་ཙུང་ཆུང་བའི་ཕག་གསོ་ར་བ་ཡིན་ན་སྤྱིར་བཏང་དུ་ཉིན་10~12ལམ་ལུགས་སྤྱོད་པ་ཡིན། སྤྱིར་བཏང་དུ་ཕག་གསོ་ར་བ་རྣམས་ཀྱིས་ཉིན་བདུན་ལམ་ལུགས་ཀྱི་ཐོན་སྐྱེད་མཚམས་ཚིགས་བེད་སྤྱོད་བྱེད་པ་དང་། དེའི་བཟང་ཆ་ནི་གཤམ་ལྟར།

1.གསོ་ཕག་དུས་རྩ་ལངས་པའི་དུས་ཡུན་ནི་ཉིན་21ཡིན་པས། སྦྱོར་སྡེབ་ལ་སྒྲུག་པའི་ཕག་མ་དང་རྗེས་གྲབས་ཕག་པའི་གྲངས་ཀ་ཇེ་ཉུང་དུ་གཏོང་ཐུབ།

2.རྒྱུད་སྤེལ་ལག་རྩལ་བྱ་བ་དང་ངལ་རྩོལ་གྱི་ལས་འགན་རྣམས་གཟའ་འཁོར་གཅིག་གི་ནང་དུ་ཉིན་ལྔའི་ནང་དུ་ལེགས་འགྲུབ་ཡོང་བར་བྱས་ཏེ། གཟའ་ཉི་མ་དང་གཟའ་སྤེན་པར་གཡོལ་བ། ཕག་མ་མང་པོ་ནི་ནུ་མ་སྣུན་མཚམས་བཞག་རྗེས་ཀྱི་ཉིན་4~6བར་ནས་དུས་རྩ་ལངས་པ་ཡིན་པས། སྦྱོར་སྡེབ་བྱ་བ་ཉིན་གསུམ་པའི་ནང་དུ་ལེགས་འགྲུབ་ཡོང་བར་བྱེད་པ།

3.གཟའ་འཁོར་དང་ཟླ་བ། ལོ་གཅིག་བཅས་ཀྱི་བྱ་བའི་འཆར་གཞི་ལྟར་ལས་སྒྲུབ་དང་ངལ་གསོ་ལམ་ལུགས་བཙུགས་ནས་བྱ་བའི་རྟོག་འཁྲུལ་རང་བཞིན་དང་མུན་འཐོམ་རང་བཞིན་ཇེ་ཉུང་དུ་གཏོང་དགོས།

(གསུམ)བཟོ་རྩལ་གྱི་དཔྱད་གྲངས་གཏན་འཁེལ་བྱེད་པ།

ནོར་འཁྲུལ་མེད་པའི་སྒོ་ནས་ཕག་ཁྱུའི་གྲུབ་ཚུལ་ཏེ་ཕག་ཁྱུ་སོ་སོའི་ལག་ཡོད་ཕག་གྲངས། ཕག་ར་དང་ཕག་ར་སོ་སོར་ཚང་དགོས་པའི་ལག་ཡོད་ཕག་གྲངས། གཟན་ཆག་གི་སྤྱོད་གྲངས་དང་ཐོན་ཟས་ཀྱི་གྲངས་ཀ་རྣམས་སྡོམ་རྩིས་གསལ་པོ་ཞིག་བྱེད་དགོས་ན། ངེས་པར་དུ་ཐོན་སྐྱེད་ནུས་པའི་ཆུ་ཚད་དང་ལག་རྩལ་ཆུ་ཚད། བདག་གཉེར་དོ་དམ་ཆུ་ཚད། ཁོར་ཡུག་སྒྲིག་ཆས་སོགས་གཞིར་བཟུང་ནས་ཐོན་སྐྱེད་བཟོ་རྩལ་གྱི་དཔྱད་གྲངས་གཏན་འཁེལ་བྱེད་དགོས།

1.སྐྱེ་འཕེལ་དུས་ཡུན། སྐྱེ་འཕེལ་དུས་ཡུན་གྱིས་ཕག་མའི་ལོ་གཅིག་གི་ཕག་

ཕྲུག་བཙས་གྲངས་ཐག་གཅོད་བྱེད་པ་ཡིན་པས། ཕག་གསོ་ཐོན་སྐྱེད་ཚུ་ཚད་ཀྱི་མཐོ་དམན་དང་འབྲེལ་བ་དམ་པོ་ཡོད། འདིའི་རྩོམ་རྩིས་སྤྱི་འགྲོས་ནི། སྐྱེ་འཕེལ་དུས་ཡུན=ཕག་མ་མངལ་སྦྲུམ་དུས་ཡུན(114) +ཕག་ཕྲུག་གི་ནུ་སྣུན་དུས་ཡུན+ཕག་ཕྲུག་ལ་ནུ་མ་སྣུན་མཚམས་བཞག་པ་ནས་ཕག་མར་མངལ་ཆགས་པའི་དུས་ཡུན། (དེ་ལས་ཕག་ཕྲུག་ལ་ནུ་མ་སྣུན་པའི་དུས་ཡུན་ནི་སྤྱིར་བཏང་དུ་ཉིན 35ཡིན། ཉིན 21~28འགོར་རྗེས་ནུ་མཚམས་གཅོད་པའང་ཡོད།)

ཕག་ཕྲུག་གི་ནུ་མཚམས་གཅོད་པ་ནས་ཕག་མར་མངལ་ཆགས་པའི་དུས་ཡུན་གྱི་ཁོངས་སུ་ཏྲུས་རྩ་ལངས་པའི་དུས་ཡུན(ཉིན 7 ~10)དང་སྦྱོར་སྦེབ་མངལ་ཆགས་དུས་ཡུན་ཡང་འདུས། འདིའི་རྩོམ་རྩིས་སྤྱི་འགྲོས་ནི། ཕག་ཕྲུག་གི་ནུ་མཚམས་གཅོད་པ་ནས་ཕག་མར་མངལ་ཆགས་པའི་དུས་ཡུན=ཕག་ཕྲུག་གི་ནུ་མཚམས་བཅད་པ་ནས་ཕག་མར་ཏྲུས་རྩ་ལངས་དུས(ཉིན 7~10)+21×(1~ཏྲུས་རྩ་ལངས་དུས་མངལ་ཆགས་ཚད་གཞི།)

དཔེར་ན། ནུ་སྣུན་དུས་ཡུན་ཉིན 35དང་ཏྲུས་རྩ་ལངས་དུས་མངལ་ཆགས་ཚད 90%ཡིན་པ་དང་། ནུ་མཚམས་བཅད་པ་ནས་ཏྲུས་རྩ་ལངས་ཡུན་ཉིན 10ཡིན་ན། སྐྱེ་འཕེལ་དུས་ཡུན=114+35+10+21×(1−0.9)=ཉིན 161 ཏྲུས་རྩ་ལངས་དུས་མངལ་ཆགས་ཚད 100%ཡིན་ན། སྐྱེ་འཕེལ་དུས་ཡུན་ནི་ཉིན 159ཡིན། ཏྲུས་རྩ་ལངས་དུས་མངལ་ཆགས་ཚད 5%འཕར་ན་སྐྱེ་འཕེལ་དུས་ཡུན་ཉིན་གཅིག་ཧེ་མང་དུ་འགྲོ་བ་ཡིན།

2. ལོ་གཅིག་གི་ཕག་ཕྲུག་བཙས་གྲངས། ཕག་མའི་ལོ་གཅིག་གི་ཕག་ཕྲུག་བཙས་གྲངས=ཉིན 365×མངལ་སྦྲུམ་གྲངས་ཚད/སྐྱེ་འཕེལ་དུས་ཡུན། ཕག་མའི་ལོ་གཅིག་གི་ཕག་ཕྲུག་བཙས་གྲངས་དང་ཏྲུས་རྩ་ལངས་དུས་མངལ་ཆགས་པའི་འབྲེལ་བ་རེའུ་མིག 4–1ལས་གསལ་ཏེ།

རེའུ་མིག 4 −1　ཕག་མའི་ལོ་གཅིག་གི་ཕག་ཕྲུག་བཙས་གྲངས་དང་དྲུས་རྩ་ལངས་དུས་མངལ་ཆགས་ཚད། ཕག་ཕྲུག་ལ་ནུ་མ་སྣུན་དུས་ཀྱི་འབྲེལ་བ།

དྲུས་རྩ་ལངས་དུས་མངལ་ཆགས་པའི་ཚད(%)		70	75	80	85	90	95	100
ཕག་མའི་ལོ་གཅིག་གི	ཉིན 21ནུ་སྣུན་གཅོད་པ།	2.29	2.31	2.32	2.34	2.36	2.37	2.39
ཕག་ཕྲུག་བཙས་གྲངས།	ཉིན 28ནུ་སྣུན་གཅོད་པ།	2.19	2.21	2.22	2.24	2.25	2.27	2.28
(གྲངས་ཀ/ལོ)	ཉིན 28ནུ་སྣུན་གཅོད་པ།	2.10	2.11	2.13	2.14	2.15	2.17	2.18

3.གཞན་པའི་དཔྱད་གྲངས།　ཕག་ཕྲུག་ལ་ཟླ་མོ་ནས་ནུ་སྣུན་གཅོད་པ་དང་མངལ་གྲོལ་ཕག་མ་གསོ་ཚགས་དོ་དམ་ནི་ཕག་མའི་ཐོན་སྐྱེད་ནུས་པ་ཇེ………མཐོར་གཏོང་བའི་གནད་འགག་གི་ལྷུ་ཚིགས་ཤིག་ཡིན།　གཞི་ཁྱོན་ཆེ་བའི་ཕག…རའི་བཟོ་རྩལ་དཔྱད་གྲངས་རེའུ་མིག 4 −2ལས་གསལ།　(དཔྱད་གཞིར་འདོན་སྤྱོད་བྱས་པ་ཡིན།)

རེའུ་མིག 4−2　ཕག་གསོ་ཐོན་སྐྱེད་བཟོ་རྩལ་གྱི་དཔྱད་གྲངས།

ལས་གཞི།	དཔྱད་གྲངས།	ལས་གཞི།	དཔྱད་གྲངས།
མངལ་སྦྲུམ་དུས་ཡུན།	ཉིན 114	འཚར་ལོངས་དུས་སྐབས་ཀྱི་གསོན་གྲངས།	98%
ནུ་སྣུན་དུས་ཡུན།	ཉིན 35	ཕག་གསེབ་དང་ཕག་མའི་བསྡུར་ཚད།	1:25
ནུ་མཚམས་བཅད་པ་ནས་མངལ་སྦྲུམ།	ཉིན 7~14	ཕག་གསེབ་དང་ཕག་མ་ལོ་རེའི་བརྗེ་གྲངས།	35%
དྲུས་རྩ་ལངས་དུས་མངལ་ཆགས་གྲངས།	99%	ཕག་ར་སྟོང་བའི་དུག་སེལ་དུས་ཡུན།	ཉིན 7
མངལ་གྲོལ་ཚད་གྲངས།	95%	ཐོན་སྐྱེད་མཚམས་ཚིགས།	ཉིན 7
ཕག་ཕྲུག་བཙས་གྲངས།	10	མངལ་གྲོལ་ཕག་རར་སྤྲུན་ནས་སྤོར་ཡུན།	ཉིན 7
ནུ་སྣུན་དུས་སྐབས་ཀྱི་གསོན་གྲངས།	90%	མངལ་སྦྲུམ་གཏན་ཁེལ་ཉིན་གྲངས།	ཉིན 21
ཕག་ཕྲུག་གསོ་སྐྱོང་དུས་ཡུན།	ཉིན 35	སྐྱེ་འཕེལ་གཟའ་འཁོར་རིམ་དུས་ཡུན།	ཉིན 158~165
ཕྲུག་གསོ་དུས་སྐབས་ཀྱི་གསོན་གྲངས།	95%	ལོ་རེའི་ཕག་ཕྲུག་བཙས་ཐེངས།	2.10~2.19
འཚར་ལོངས་ཚོན་གསོ་དུས་ཡུན།	ཉིན 105		

(བཞི)ཕག་ཁྱུའི་སྒྲིག་གཞི།

ཕག་རའི་གཞི་ཁྱོན་དང་ཐོན་སྐྱེད་བཟོ་རྩལ་གྱི་གོ་རིམ། ཐོན་སྐྱེད་ཆ་རྐྱེན་སོགས་གཞིར་བཟུང་བའི་ཁར། ཐོན་སྐྱེད་ཀྱི་གོ་རིམ་དུས་རིམ་དུ་མར་བགོས་ཏེ། དུས་རིམ་སོ་སོར་རིགས་སྣ་མི་འདྲ་བའི་ཕག་ཁྱུར་དབྱེ་ནས་ཕག་ཁྱུ་སོ་སོའི་ལག······ཡོད་ཕག་གྲངས་བསྡོམས་རྩིས་བྱས་ན་ཕག་ཁྱུའི་སྒྲིག་གཞི་གྲུབ་པ་ཡིན། གསོ····ཚགས་ཀྱི་དུས་རིམ་དགར་དོན་གཙོ་བོ་ནི་ཕག་ཁྱུ་དང་ཕག་ར། སྒྲིག་ཆས་རྣམས་སྤྱོད་དེ་ཐོན་སྐྱེད་ཀྱི་ཕན་འབྲས་ཇེ་མཐོར་གཏོང་རྒྱུ་དེ་ཡིན།

ལོ་རེར་ཕག་གྲངས་ཁྲི་ཕྲག་ཕྱིར་འཚོང་བྱེད་པའི་ཚོང་རྫས་ཕག་རའི་ཕག་ཁྱུའི་སྒྲིག་གཞི་ནི་རེའུ་མིག 4–3གསལ་བ་བཞིན་ནོ། །(དཔྱད་གཞིར་འདོན་སྤྲོད་བྱས་པ་ཡིན)

རེའུ་མིག 4 –3　ལོ་རེར་ཕག་གྲངས་ཁྲི་ཕྲག་ཕྱིར་འཚོང་བྱེད་པའི་ཚོང་རྫས་ཕག་རའི་ཕག་ཁྱུའི་སྒྲིག་གཞི།

ཕག་ཁྱུའི་རིགས་སྣ།	གསོ་ཡུན། (གཟའ་འཁོར)	ཚན་གྲངས། (ཚན་ཆུང)	ཚན་ཆུང་རེའི་གྲངས་ཀ	ལག་ཡོད་ཕག་གྲངས།
མངལ་སྟོང་སྦྱོར་སྟེབ་ཕག་མའི་ཁྱུ།	5	5	27	135
མངལ་སྦྲུམ་ཕག་མའི་ཁྱུ།	12	12	24	288
འོ་ཐོན་ཕག་མའི་ཁྱུ།	6	6	23	138
ནུ་སྣུན་ཕག་མའི་ཁྱུ།	5	5	230	1150
ཕག་ཕྲུག་གསོ་སྐྱོང་ཁྱུ་ཚོགས།	5	5	270	1035
འཚར་ལོངས་ཚོན་གསོའི་ཁྱུ།	15	15	196	2940
རྫས་གྲབས་ཕག་མའི་ཁྱུ།	16	16	4	64
ཕག་གསེབ་ཁྱུ།	52			22
རྫས་གྲབས་ཕག་གསེབ་ཁྱུ།	20			8
སྤྱིའི་ལག་ཡོད་ཕག་གྲངས།				5780

(ལྔ)ཕག་རའི་སྟེབ་སྒྲིག

1.ཕག་སྣ་རེའི་ཕག་ར་སོ་སོའི་གསོ་ཚགས་གྲངས་ཀ　　མངལ་སྟོང་སྦྱོར་

སྙེབ་ཕག་མའི་ཁྲུ་ནི་སྤྱིར་བཏང་དུ་ཕག་ར་རེར 4~5གསོ་བ་ཡིན། མང་ལ་སྨྱུམ་ཕག་མའི་ཁྲུ་ནི་ཕག་ར་རེར 2 ~5གསོ་བ་ཡིན། ཕག་ཕྲུག་དང་འཚར་ལོངས་ཚོན་གསོའི་ཁྲུ་ནི་ཕག་ར་རེར 8 ~12གསོ་བ་ཡིན། ཕག་གསེབ་དང་རྫེས་གྲབས་ཕག་གསེབ། ནུ་སྣུན་ཕག་མ་རྣམས་ཕག་ར་རེར་གཅིག་རེ་གསོ་བ་ཡིན། རྫེས་གྲབས་ཕག་མ་ཕག་ར་རེར 4 ~6གསོ་བ་ཡིན། དེ་དང་མཉམ་དུ། ཕག་ཁྲུ་སྤོ་བསྒྱུར་བྱེད་དུས་ཀྱི་ཕག་ར་སྟོང་བར་དུག་སེལ་དང་ཞིག་གསོ་བྱེད་དགོས།

2.ཕག་རའི་སྒྲིག་སྦྱོར་གྲངས་ཀ ཕག་རའི་རིགས་སྣ་ནི་སྤྱིར་བཏང་དུ་ཕག་རའི་གཞི་རྐྱེན་ལ་དམིགས་ནས་ཕག་ཁྲུའི་རིགས་སྣ་ལྟར་དབྱེ་བ་ཡིན། ཕག་ཁྲུ་སོ་སོའི་ཕག་རའི་ཕག་གྲངས་གསལ་པོར་རྩིས་དགོས་ཏེ། སྟོམ་རྩིས་སྤྱི་འགྲོས་གཤམ་ལྟར།

གསོ་ཚགས་ཕག་ཁྲུ་སོ་སོའི་ཕག་ར་ཚན་དཀར་གྲངས་ཀ=ཕག་ཁྲུ་བགོས་གྲངས+དུག་སེལ་ཕག་ར་སྟོང་བའི་དུས་ཡུན(ཉིན་གྲངས)/ཐོན་སྐྱེད་མཚམས་ཚིགས(ཉིན 7)

ཚན་ཆུང་རེའི་ཕག་རའི་གྲངས་ཀ=ཚན་ཆུང་རེའི་ཕག་ཁྲུའི་ཕག་གྲངས/ཚན་ཆུང་རེའི་གསོ་ཚགས་གྲངས་ཀ+སྐབས་བསྟུན་ཕག་རའི་གྲངས་ཀ

གསོ་ཚགས་ཕག་ཁྲུ་སོ་སོའི་སྟོམ་གྲངས=ཚན་ཆུང་རེའི་ཕག་རའི་གྲངས་ཀ×ཕག་རའི་ཚན་གྲངས།

ཕག་ར་སྟོང་བར་དུག་སེལ་བའི་དུས་ཡུན་ཉིན་བདུན་དང་། ཐོན་སྐྱེད་མཚམས་ཚིགས་ཉིན་བདུན་གཞིར་བཟུང་ནས་བརྩིས་ན། ཕག་གྲངས་ཁྲི་ཕྲག་གསོ་བའི་ཕག་རའི་གྲངས་ཀ་ནི་རེའུ་མིག 4–4ལྟར་རོ། །(དཔྱད་གཞིར་འདོན་སྤྲོད་བྱས་པ་ཡིན།)

རེའུ་མིག 4 −4　ཕག་གྲངས་ཁྲི་ཕག་གསོ་བའི་ཕག་རའི་ཕག་ཕྲུ་སོ་སོ་གསོ་ཚགས་ཀྱི་ཕག་རའི་བཀོད་སྒྲིག་གྲངས་ཀ

ཕག་རའི་རིགས་སྣ།	ཕག་ཕྲུའི་ཚན་གྲངས། (ཚན་ཆུང་)	ཚན་ཆུང་རེའི་གྲངས་ཀ (ཕག་གྲངས)	ཕག་རའི་གསོ་གྲངས། (ཕག་གྲངས/ཕག་ར)	ཕག་རའི་ཚན་གྲངས། (ཚན་ཆུང་)	ཚན་ཆུང་རེའི་ཕག་རའི་གྲངས་ཀ (གྲངས་ཀ)	ཕག་རའི་སྡོམ་གྲངས། (གྲངས་ཀ)
སྡོམ་གྲངས།						774
མངལ་སྟོང་སྦྱོར་སྦེབ་ཕག་མའི་ཕྲུ།	5	27	4	6	7	42
མངལ་སྦྲུམ་ཕག་མའི་ཕྲུ།	12	24	4	13	6	78
འོ་ཐོན་ཕག་མའི་ཕྲུ།	6	23	1	7	24	168
ཕག་ཕྲུག་གསོ་སྐྱོང་ཕྲུ་ཚོགས།	5	207	10	6	21	126
འཚར་ལོངས་ཚོན་གསོའི་ཕྲུ།	15	196	10	16	20	320
ཕག་གསེབ་ཕྲུ།			1			22
རྗེས་གྲབས་ཕག་གསེབ་ཕྲུ།			1			8
རྗེས་གྲབས་ཕག་མའི་ཕྲུ།	16	4	4	5	2	10

གཞན་ལག་ཡོད་ཕག་གྲངས་ཀྱི་རྨང་གཞི་ཕག་མའི་གྲངས་ཀ་ལྟར་ཕག……ཕྲུའི་སྒྲིག་གཞི་དང་ཕག་རའི་བཀོད་སྒྲིག་ལྟར་བརྩིས་ཀྱང་ཆོག　རྨང་གཞི་ཕག་མ་མི་འདྲ་བའི་ཕག་རའི་ཕག་ཕྲུའི་སྒྲིག་གཞི་དང་ཕག་རའི་བཀོད་སྒྲིག་རེའུ་མིག 4−5དང 4−6ལ་གསལ། (དཔྱད་གཞིར་འདོན་སྤྲོད་བྱས་པ་ཡིན།)

རེའུ་མིག 4–5 གཞི་ཁྱོན་ཅན་གྱི་ཕག་རའི་ཕག་ཕྲུའི་སྒྲིག་གཞི།

ཕག་ཕྲུའི་རིགས་སྣ།	ཕག 100ཚང་གཞི་ཕག་མའི་གཞི་ཁྱོན།	ཕག 300ཚང་གཞི་ཕག་མའི་གཞི་ཁྱོན།	ཕག 600ཚང་གཞི་ཕག་མའི་གཞི་ཁྱོན།
སྡོམ་གྲངས།	1064	3190	6380
ཕག་གསེབ།	4	12	24
རྫིས་གྲབས་ཕག་གསེབ།	1	2	4
རྫིས་གྲབས་ཕག་མ།	12	36	72
མངལ་སྟོང་སྦྲུར་སྡེབ་ཕག་མ།	84	252	504
ཤུ་སྣུན་ཕག་མ།	16	48	96
ཤུ་སྣུན་ཕག་ཕྲུག	160	480	960
ཕག་ཕྲུག་གསོ་སྐྱོང་།	228	684	1368
འཚར་ལོངས་ཚོན་གསོ།	559	1676	3352

རེའུ་མིག 4–6 གཞི་ཁྱོན་ཅན་གྱི་ཕག་རའི་བཀོད་སྒྲིག་གྲངས་ཀ

ཕག་ཕྲུའི་རིགས་སྣ།	ཕག 100ཚང་གཞི་ཕག་མའི་གཞི་ཁྱོན།	ཕག 300ཚང་གཞི་ཕག་མའི་གཞི་ཁྱོན།	ཕག 600ཚང་གཞི་ཕག་མའི་གཞི་ཁྱོན།
སྡོམ་གྲངས།	144	431	862
ཕག་གསེབ་ཕག་ར།	4	12	24
རྫིས་གྲབས་ཕག་གསེབ་ཕག་ར།	1	2	4
རྫིས་གྲབས་ཕག་མའི་ཕག་ར།	2	6	12
མངལ་སྟོང་སྦྲུར་སྡེབ་ཕག་མའི་ཕག་ར།	21	63	126
ཤུ་སྣུན་ཕག་མའི་ཕག་ར།	24	72	144
ཕག་ཕྲུག་གསོ་སྐྱོང་ཕག་ར།	28	84	168
འཚར་ལོངས་ཚོན་གསོ་ཕག་ར།	64	192	384

ས་བཅད་གཉིས་པ། སྐྱུར་བསྐལ་མལ་ཁྲིའི་ཕག་གསོ་ལག་རྩལ།

གཅིག སྐྱུར་བསྐལ་མལ་ཁྲིའི་ཕག་གསོ་ལག་རྩལ་གྱི་བཟོ་རྩལ་ལས་རིམ།

སྐྱུར་བསྐལ་མལ་ཁྲིའི་ཕག་གསོ་ལག་རྩལ་ནི་སྐྱུར་བསྐལ་མལ་ཁྲི་བརྟེན་ནས་ཕག་གསོ་བའི་ཐབས་ལམ་གསར་པ་ཞིག་ཡིན། སྐྱུར་བསྐལ་མལ་གདན་བེད་སྤྱོད་བྱས་ཏེ་དུས་ཡུན་ངེས་ཅན་ཞིག་ལ་སླེབས་ན། ཕྱིར་བཏོན་ནས་ལས་སྣོན་བྱས་རྗེས་སྐྱེ་ལྡན་ལུད་རྫས་བྱས་ཆོག་པ་དང་། ཕག་རར་མལ་གདན་གསར་པས་ཡང་བསྐྱར་བརྗེ་སོར་བྱེད་པ་དང་མལ་གདན་གྱི་བེད་སྤྱོད་དུས་ཡུན་ནི་སྤྱིར་བཏང་དུ་རྒྱུ་ཆའི་རིགས་སྣ་དང་རྫས་སྦྱོར། ཉིན་རྒྱུན་གྱི་དོ་དམ་སོགས་ཀྱིས་ཤུགས་རྐྱེན་ཐེབས་པ་ཡིན། (རི་མོ 4–4)

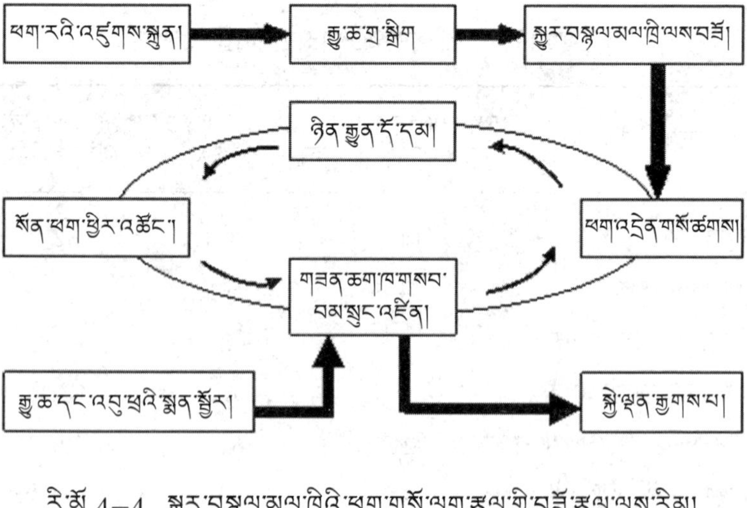

རི་མོ 4–4 སྐྱུར་བསྐལ་མལ་ཁྲིའི་ཕག་གསོ་ལག་རྩལ་གྱི་བཟོ་རྩལ་ལས་རིམ།

(གཅིག) ཕག་རའི་འཛུགས་སྐྲུན།

སྐྱུར་བསྐལ་མལ་ཁྲིའི་ཕག་གསོ་ར་བའི་འཛུགས་སྐྲུན་ནི་ཤིན་ཏུ་གལ་ཆེ

བའི་ལས་དོན་ཞིག་ཡིན་ཏེ། སྦར་ཡོད་ཀྱི་ཕག་རའི་རྨང་གཞིའི་སྟེང་དུ་ཁ་སྣོན་ཉུང་ཙམ་བྱས་པས་ཆོག་པ་ཡིན། སྤྱིར་བཏང་དུ་ཕག་རའི་བར་ཁྲིམས་ཤར་ནས་ནུབ་ལ་གཏོད་པ་དང་ཁ་ཕྱོགས་ལྷོ་ཕྱོགས་སུ་བཀོད་སྒྲིག་བྱེད་པ་ཡིན་ལ། དེ་ལྟར་བྱས་པས་ཕག་རའི་ནང་དུ་ཉི་མའི་འོད་ཟེར་འཕྲོ་བར་མ་ཟད་རླུང་གི་རྒྱུད་ཕྱོགས་ཀྱང་འགྲིག་པ་ཡིན། ཕག་ར་རེ་རེའི་རྒྱ་ཁྱོན་ནི་སྤྱིར་བཏང་དུ་སྨི་གྲུ་བཞི་མ 25 ཡས་མས་ཡིན་པ་དང་། ཕག་རའི་ནང་དུ་གསོ་ཕག 15 ~20གསོ་སྐྱོང་བྱས་ཆོག ཕག་རའི་རྩིག་གྱང་གི་མཐོ་ཚད་སྨི 3དང་། རྩེ་ཐོག་གི་མཐོ་ཚད་སྨི 4.5ཡིན། ལྷོ་ཕྱོགས་ལ་འཁོར་བའི་ཕག་རའི་དབུས་ཁུལ་དུ་རང་དབང་གིས་ཕྱེ་ཆོག་པའི་དྲ་མིག་བཞག་ཆོག ཉི་ཟེར་ཕག་སྡོད་མལ་ཁྲིའི་སྟེང་དུ་འཕྲོ་ཚད་གསུམ་ཆའི་གཅིག་ཡིན། གལ་ཏེ་དྲོད་ཁང་ནང་དུ་ཕག་གསོ་བ་ཡིན་ན། ལས་ཀར་སྟབས་བདེ་བཟོ་བར་མ་ཟད་མ་དངུལ་ཡང་མང་པོ་ཞིག་གཏོང་མི་དགོས། རྒྱུ་མཚན་ནི་དྲོད་ཁང་གི་བཟོ་སྐྲུན་མ་དངུལ་དམའ་བ་དང་དྲོད་ཚད་ཀྱང་སྐྱོམ་སྒྲིག་བྱེད་ཐུབ་པས་ཡིན། དགུན་དུས་ཉི་ཟེར་འཕྲོ་ལ་དྲོད་ཁོལ་འཛིན་པས་གསོ་ཕག་གི་འཚར་ལོངས་བཟང་བ་དང་། དབྱར་དུས་སུ་དྲོད་ཁང་ནང་དུ་རླུང་རྒྱུད་བར་བྱས་ན་དྲོད་ཚད་ཇེ་སྐྱོམས་སུ་འགྲོ་བ་ཡིན།

(གཉིས)སྐྱུར་བསྐལ་མལ་ཁྲིའི་བཟོ་སྐྲུན།

1.སྐྱུར་བསྐལ་འབུ་ཕྲ་གྲ་སྒྲིག་བྱེད་པ། གསོ་ཕག་གི་གཅིན་རྐྱག་རྣམས་སྐྱུར་བསྐལ་མལ་ཁྲིའི་སྟེང་གི་འབུ་ཕྲའི་རིགས་ཀྱིས་ཕྲ་ཞིབ་ཅན་དུ་བསྐྱུར་བ་ཡིན། འབུ་ཕྲའི་རིགས་ཀྱི་བཟང་ངན་གྱིས་ཐད་ཀར་གཅིན་རྐྱག་གི་ཞིབ་ཕྲའི་ཕན་ནུས་ཐག་གཅོད་བྱེད་ཀྱིན་ཡོད་པས། ས་རྒྱུ་ཁྲོད་ཀྱི་སྐྱེ་དངོས་ཕྲ་རབ་ཀྱི་འབུ་ཕྲའི་རིགས་འཚོལ་སྡུད་བྱེད་རྒྱུ་ནི་གནད་འགག་གལ་ཆེན་ཞིག་ཡིན། དུས་ཚིགས་དང་ས་གནས་མི་འདྲ་བའི་དབང་གིས་སོ་སོའི་ཁྱད་ཆོས་ལ་དམིགས་ཏེ་སྐྱེ་དངོས་ཕྲ་རབ

ཀྱི་འབུ་སྲིའི་རིགས་ཀྱང་འདྲ་མིན་སྣ་ཚོགས་འཚོལ་སྡུད་བྱེད་ཐུབ་ལ། འཚོལ་སྡུད་བྱས་པའི་གནོད་མའི་འབུ་སྲིའི་རིགས་རྣམས་ཁང་བའི་ནང་དུ་བསིལ་སྐམ་བྱེད་པ་དང་སྐམ་ཤས་ཆེ་བའི་ས་ཁུལ་དུ་བདག་གཉེར་བྱེད་དགོས། སྐྱུར་བསྐོལ་མལ་ཁྲིའི་ཕག་གསོ་ལག་རྩལ་ཁྱབ་སྤེལ་དུ་སོང་བ་དང་བསྟུན་ནས། ཉུས་མཐོ་དང་བདེ་འཇགས། དཔལ་འབྱོར། སྤྱོད་བདེ་བའི་འབུ་སྲིའི་རིགས་མང་པོ་ཞིག་མི་རྣམས་ཀྱི་ཤེས་ཚོར་བྱུང་ནས་བེད་སྤྱོད་བྱེད་ཐུབ་ངེས་ཡིན།

2.མལ་གདན་གདམ་གསེས། རྒྱུ་ཆའི་འབྱུང་ཁུངས་རྒྱ་ཆེ་བ་དང་མགོ་འདོན་གཏན་འཇགས་ཡིན་པ། རིན་གོང་དམའ་བ་སོགས་ཀྱི་རྩ་དོན་ལྟར། རྒྱུ་ཆ་གཙོ་བོ་ངེས་པར་དུ་ཐན་རྒྱུ་མང་བ་དང་བརྟན་གཤེར་ཆུང་བའི་རྒྱུ་ཆ་ཡིན་དགོས་ཏེ། དཔེར་ན། སོག་ཕྱེ་དང་ཕུག་མ། ལེས་སྨི 5མན་གྱི་ཤིང་རྡུལ། ཤིང་ཞོགས། བ་དམ་གྱི་ཕྱེ་ཤུན། ཐ་རྡུལ་ཅན་གྱི་སོག་རྐང་། ལྐོ་བ་སྐམ་པོ་སོགས་ཡིན། ཞོར་འདེགས་ཀྱི་རྒྱུ་ཆར་གཙོ་བོ་ཤིང་ཧོག་གི་སྙིགས་རོ་དང་སྨན་ཕྱུར་གྱི་སྙིགས་རོ། ཚང་གི་སྦྲང་མ། འབའ་སྙིགས། འབྲས་ཕྱེ། གྲོ་པགས། རྡོ་ཐལ། གའོ་ལིན་སེན་ཀད། ལིན་རྡོའི་གཏེར་ཁ། བུ་རམ། མངར་རྒྱུ། ཕག་སྐྱག་སོགས་འདུས། ཞོར་འདེགས་རྒྱུ་ཆས་མལ་གདམ་སྤྱིའི་བསྡུར་ཚད་ཀྱི 20%ལས་བརྒལ་མི་རུང་། སྤྱིར་བཏང་དུ་རྒྱུ་ཆ་གཉིས་བསྲེས་ནས་བཟོས་ན་རབ་ཡིན། ཆེས་བཟང་བའི་མལ་གདན་བཟོ་ཚུལ་ནི། སོག་ཕྱེ+ཕུག་མའམ། ཕུག་མ+མ་རྨོས་ལོ་ཏོག་གི་སོག་རྐང་གིས་གྲུབ་པ་དེ་ཡིན། མ་རྨོས་ལོ་ཏོག་གི་སོག་རྐང་ནི་ཕྱེ་རྡུལ་ཡིན་དགོས་ལ། ཐོན་སྐྱེད་རང་བཞིན་དུ་སྤྱོད་པའི་རུལ་འགོག་ཤིང་ལེབ་ཡིན་མི་ཆོག

3.མལ་གདན་བཟོ་སྐྲུན། ཕག་རའི་ནང་གི་མལ་གདན་གྱི་མཐུག་ཚད་བྱང་ཕྱོགས་ནས་ལིས་སྨི 80~120དང་། ལྷོ་ཕྱོགས་ནས་ལིས་སྨི 50~80ཡིན། སྟོན་ལ་ལིས་སྨི 30~40ཅན་གྱི་ཤིང་ཞོགས་བཏིངས་ནས་སོབ་གདན་བྱེད་པ་དང་

དེའི་འཕྲོར་སོག་ཕྱེ་དང་ཕུག་མ་འདིང་དགོས། དེ་བཞིན་དུ་མཐུག་ཚད་ལིས་སྨི་30~50ཅན་གྱི་མ་རྒྱས་ལོ་ཏོག་གི་སོག་རྐང་དང་མཐུག་ཚད་ལིས་སྨི་30ཅན་གྱི་ཕུག་མ་བཏིངས་ཚོག་པ་དང་། དེ་འཕྲོར་སོག་ཕྱེ་འདིང་དགོས། ཞོལ་ནས་སྐྱུར་བསྐོལ་མལ་ཁྲི་བཟོ་སྐྲུན་གྱི་ཐབས་ལམ་འགའ་ཟུར་ལྟའི་རྒྱུ་ཆར་འདོན་སྤྲོད་བྱེད་རྒྱུ་ཡིན་ཏེ།

ཐབས་ལམ་དང་པོ། སྐྱུར་བསྐོལ་མལ་ཁྲིའི་ཆེ་ཆུང་ལྟར་རྒྱུ་ཆ་གྲ་སྒྲིག་བྱེད་དགོས་ཏེ། འབྲས་ཤུན་དང་སོག་ཕྱེ་སོ་སོ 10%གྲ་སྒྲིག་བྱེད་དགོས། ཐོག་མར་སྨི་གྲུ་བཞི་མ་ལྷམ་པ་རེ་རེའི་ནང་དུ་སྤྱི་རྒྱ 2.5ཅན་གྱི་འབྲས་ལྷགས་དང་སྤྱི་རྒྱ་གཉིས་ཅན་གྱི་འབུ་ཕྲའི་གསེར་ཆུ་བསྲེས་པ། བརླན་གཤེར་གྱི་ཚད་གཞི 30%ཡས་མས་སུ་ཚོད་འཛིན་བྱེད་དགོས། དེ་འཕྲོར་བསྲེས་དཀྲུག་བྱས་ཡོད་པའི་རྒྱུ་ཆ་རྣམས་སྦྱོས་འཁྱིག་སྣོད་ཁུག་ནང་དུ་བཅུག་སྟེ་ཁ་སྦྱར་ནས་སྐྱུར་བསྐོལ་བྱེད་པའམ། ཡང་ན་བསྲེས་དཀྲུག་བྱས་ཡོད་པའི་རྒྱུ་ཆ་ཕུང་གསོག་བྱེད་པ་དང་། དེའི་སྟེང་དུ་སྦྱོས་འཁྱིག་བཀབ་ནས་སྐྱུར་བསྐོལ་བྱེད་པ། ཁང་མིག་དང་དྲོད་ཁང་གི་དྲོད་ཚད་སྤྱིར་བཏང་དུ 20℃~25℃བར་དུ་ཚོད་འཛིན་བྱེད་དགོས། དབྱར་དུས་ཀྱི་བསྐོལ་ཡུན་ཉིན 2~3ཡིན། དགུན་དུས་ཀྱི་བསྐོལ་ཡུན་ཉིན 5~7ཡིན། སྐྱུར་བསྐོལ་བྱས་པའི་རྒྱུ་ཆར་སྐྱུར་མངར་ཆེ་བའི་བསིལ་ཆང་གི་དྲི་མ་ཞིག་འབྱུང་དུས་སྐྱུར་བསྐོལ་ལེགས་འགྲུབ་བྱུང་བ་ཡིན། སྐྱུར་བསྐོལ་ལེགས་འགྲུབ་བྱུང་ཡོད་པའི་འབྲས་ལྷགས་དང་གཞན་པའི་འབྲས་ཤུན་རྣམས་བསྲེས་སྦྱོར་ཡག་པོ་ཞིག་བྱེད་དགོས་པ་དང་། བརླན་གཤེར་འདྲེས་ཚད 40%~50%རྒྱུན་འཁྱོངས་བྱེད་དགོས། དེ་འཕྲོར་དོ་མཉམ་པའི་སྙོ་ནས་ཕག་རའི་ནང་དུ་འདིང་བ་ཡིན། དེ་ཉིད་སྦྱོས་འཁྱིག་གིས་བཏུམས་ནས་ཉིན་གསུམ་འགོར་རྗེས་པེད་སྤྱོད་བྱས་ཆོག སྐྱུར་བསྐོལ་ལེགས་འགྲུབ་བྱུང་བའི་མལ་གདན་བཏིངས་རྗེས། ཟུར་འཛོག་བྱས་ཡོད་པའི 10%ཡི་འབྲས་ཤུན་དང་སོག་ཕྱེ་དེའི་སྟེང་དུ་གཏོར་ནས་བདེ་སྙོམ་བྱེད་

དགོས་པ་དང་། མཐུག་ཚད་སྒྲིར་བཏང་དུ་ལིས་སྨི 10ཡིན།

ཐབས་ལམ་གཉིས་པ། སོག་ཕྱེ 40%དང་། འབྲས་ཤུན 50% ཕག་རྟུག 10% སྒྲི་གྲུ་བཞི་མ་ལྷམ་པ་རེའི་ནང་དུ་འབྲས་ཐུགས་སྤྱི་རྒྱ 2.5 སྒྲི་གྲུ་བཞི་མ་ལྷམ་པ་རེའི་ནང་དུ་སྐྱུར་བསྐལ་འབུ་ཕྲའི་སྨན་རྫས་ཁེ 150བཅས་བསྲེས་ནས་སྐྱུར་བསྐལ་མལ་ཁྲིའི་སྟེང་དུ་འཛོག་པ་དང་། བརླན་གཤེར་འདྲེས་ཚད 60%~65%བར་ཆོད་འཛིན་བྱས་ཐོག རྒྱ་ཆ་ཐོག་མ་ལས་ལྷབ 500ཙན་གྱི་གར་སླ་སློམ་གཤེར་གཏོར་དགོས།

ཐབས་ལམ་གསུམ་པ། མ་རྫོས་ལོ་ཏོག་གི་སོག་རྐང 90%དང་ས་ནག་བསྲེས་ནས་ལིས་སྨི 30བཏིངས་རྗེས། དེའི་སྟེང་དུ་ཚྭ་ཁུ་རིམ་པ་གཅིག་གཏོར་བ། སོག་ཕྱེ 90%དང་ས་ནག 10%བསྲེས་ནས་ལིས་སྨི 20བཏིངས་རྗེས། སཡང་ཚྭ་ཁུ་རིམ་པ་གཅིག་གཏོར་བ། དེའི་འཕྲོར་སོག་ཕྱེ་ལིས་སྨི 5བཏིངས་ནས་བདེ་སློམ་བྱེད་པ་ཡིན། དེར་མཐུད་ནས་སྒྲི་གྲུ་བཞི་མ་ལྷམ་པ་རེའི་སྟེང་དུ་འབུ་ཕྲའི་གཤེར་ཚ་སྤྱི་རྒྱ་གཉིས་གཏོར་བ་དང་བརླན་གཤེར 75%སླེབས་དགོས། མཇུག་མཐར་སོག་ཕྱེ་སྐམ་པོ་ལིས་སྨི 5འདིང་བའོ། །

སྒྲིར་བཏང་དུ་དགུན་དུས་ཀྱི་སྐྱུར་བསྐལ་ཡུན་ཚད་ཉིན 7~15དང་། དབྱར་དུས་ཀྱི་སྐྱུར་བསྐལ་ཡུན་ཚད་ཉིན 3~7ཡིན། ལིས་སྨི 10འོག་རིམ་གྱི་རྒྱུ་ཆ་སྣུམ་དྲི་མར་བསྣམས་ཏེ་དྲི་ངན་མེད་ན་ཆོག་པ་ཡིན། རྒྱུན་ལྡན་གྱི་གནས་ཚུལ་འོག་ཏུ་སྐྱུར་དྲི་ཞིག་བྱུང་བ་ཡིན་ན་སྐྱུར་བསྐལ་ལེགས་འགྲུབ་བྱུང་བ་མཚོན་པ་དང་། ཡང་ན་དྲོད་ཚད་འཇལ་ཆས་མལ་གདན་གྱི་ལིས་སྨི 20ཙུན་ལ་བཞག་ནས་སྐར་མ 5འགོར་རྗེས། དྲོད་ཚད 50℃ཡས་མས་སུ་སླེབས་ན་སྐྱུར་བསྐལ་ལེགས་འགྲུབ་བྱུང་བ་ཡིན་པས་ཕག་གསོ་སྐྱོང་བྱས་ཆོག སྒྲིར་བཏང་གི་བེད་སྤྱོད་དུས་ཡུན་ནི་ལོ་གཅིག་གི་ཡན་ཡིན།

གཉིས། སྐྱུར་བསྐོལ་མལ་ཁྲིའི་ཕག་གསོ་དོ་དམ་ཐད་ཀྱི་བླང་བྱ།

(གཅིག)ཕག་ཕྲུའི་དོ་དམ།

1.གསོ་ཕག་མ་བཙུག་སྔོན་དུ་དུག་སེལ་བྱེད་པ། སྐྱུར་བསྐོལ་མལ་ཁྲིའི་སྟེང་དུ་འབུ་སྲ་འབྱུང་སླ་བའི་སྐྱེ་དངོས་ཀྱི་སྒྲིབ་ཡོད་པས། མལ་ཁྲིའི་ཕྱི་ངོས་ལ་དུག་སེལ་བྱེད་མི་དགོས་རུང་། མཐའ་སྐོར་གྱི་ཁོར་ཡུག་ཀུན་ཏུ་རྒྱུན་ལྡན་ལྟར་དུ་དུག་སེལ་བྱེད་དགོས།

2.དམིགས་ཡུལ་ཡོད་པའི་སྔོ་ནས་འགོག་སྨན་རྒྱག་པ། ནད་ཏན་གྱིས་རིམས་འགོག་གི་རིམས་ལག་ཏུ་བསྟར་ནས། རིམས་འགོག་ལས་དོན་ལེགས་པར་སྒྲུབ་དགོས། གསོ་ཕག་གང་ཡིན་རུང་སྐྱུར་བསྐོལ་མལ་ཁྲིའི་སྟེང་དུ་མ་བཙུག་སྔོན་ལ་འགོག་སྨན་རྒྱག་དགོས།

3.གསོ་ཕག་གི་གཟན་ཆག་ཁྲོད་དུ་དུག་སྲིན་འགོག་སྨན་བསྲེས་མི་རུང་། གཟན་ཆག་དང་འཐུང་ཆུ་ནང་དུ་སྐྱེ་དངོས་ཕྲ་རབ་ཀྱི་གཟན་ཆག་སྦྱོར་རྫ་བསྲེས་ཆོག་པ་དང་། ཡང་ན། སྐྱེ་དངོས་ཕྲ་རབ་བེད་སྤྱོད་བྱས་ཏེ་གཟན་ཆག་སྐྱུར་བསྐོལ་བྱས་ཆོག འདིས་གསོ་ཕག་བདེ་ཐང་དང་འཚར་ལོངས་འབྱུང་བ་དང་སྐྱུར་བསྐོལ་མལ་ཁྲི་སྲུང་སྐྱོང་བྱེད་པར་ཡང་ཕན་པ་ཡོད།

4.ཕག་ཕྲུའི་བདེ་ཐང་ལྟ་ཞིབ། ཕག་ཕྲུའི་བདེ་ཐང་གི་གནས་ཚུལ་ནི་ཉི་མ་རེ་རེར་ལྟ་ཞིབ་བྱེད་དགོས་ཏེ། དུས་ཐོག་ཏུ་དཔེ་མཚོན་ཅན་གྱི་ནད་རིམས་ཁྱད་ཆོས་མངོན་པའི་གསོ་ཕག་རྣམས་སོགས་བཀར་ཕག་རའི་ནང་དུ་བཙུག་ནས་སྨན་བཅོས་བྱེད་པ་དང་། ནམ་ཡིན་ཡང་ཐོན་སྐྱེད་ཕག་ཕྲུའི་བདེ་ཐང་རྒྱུན་སྲུང་བྱེད་དགོས།

(གཉིས)སྐྱུར་བསྐོལ་མལ་ཁྲིའི་དོ་དམ།

1.གསོ་ཕག་གི་གྲངས་ཀ་ཉུང་མང་ན་སྐྱུར་བསྐོལ་མལ་ཁྲིའི་ནུས་པ་འདོན

སྤེལ་བཟང་པོ་བྱེད་མི་ཐུབ་པས། སྤྱིར་བཏང་དུ་གསོ་ཕག་རེའི་ས་ཟིན་ཚད་སྨི་གྲུ་བཞི་མ 1.2~1.5ཡིན་ན་རབ་ཡིན། ཕག་ཕྲུག་ཡིན་དུས་ཆུང་མང་གསོ་བྱས་ཆོག

2.སྐྱུར་བསྐལ་མལ་ཁྲིའི་ཕྱི་ངོས་ཀྱི་སྐམ་ཤས་ཤིན་ཏུ་ཆེ་མི་རུང་། བརླན་གཤེར་འདུས་ན་སྐྱེ་དངོས་ཕྲ་རབ་རྣམས་འཚར་ལོངས་འབྱུང་བར་ཕན་པ་ཡོད་པ་དང་། སྐམ་ཤས་ཆེ་དྲགས་ན་གསོ་ཕག་གི་དབུགས་ལམ་མ་ལག་ལའང་ནད་རིམས་འབྱུང་སླ་བས་དུས་ལྟར་གཤེར་ཆུ་གཏོར་དགོས། ས་ངོས་ཀྱི་བརླན་གཤེར་ཚད་གྲངས 60%ནང་དུ་ཚོད་འཛིན་བྱེད་དགོས། དུས་རྒྱུན་དུ་ཞིབ་བཤེར་བྱས་ཏེ། བརླན་གཤེར་ཆེ་དྲགས་ན་སྒོ་དྲ་མིག་འབྱེད་ནས་རླུང་རྒྱུད་བར་བྱེད་དགོས།

3.གསོ་ཕག་རྣམས་ཕག་ར་ར་མ་བཙུག་སྔོན་ལ་ངེས་པར་དུ་ལུས་སྟེང་གི་ཞོར་སྐྱེས་སྲིན་འབུ་རྩ་མེད་དུ་གཏོང་དགོས། དེ་མིན་ཡང་བསྐྱར་ནད་རིམས་འབྱུང་བའི་ཉེན་ཁ་ཆེ།

4.ས་རྒྱུ་སྟེང་གི་སྐྱེ་དངོས་ཕྲ་རབ་རྣམས་ཀྱི་ཟ་ཤུགས་ལ་དོ་སྣང་བྱེད་དགོས་པ་དང་། དགོས་ངེས་བྱུང་ན་ཟ་ཤུགས་ཆེ་བའི་དག་རྫས་སྤྱད་དེ་ས་རྒྱུ་ཇེ་ལེགས་སུ་བཏང་ནས་སྐྱུར་བསྐལ་ཁག་ཐེག་བྱེད་དགོས།

5.ཕག་རའི་ནང་དུ་སོག་ཕྱེ་ཧེ་ཉུང་དུ་སོང་ན། སྐྱེ་དངོས་ཕྲ་རབ་ཀྱི་མ་ཕྱི་དང་འཚོ་བཅུད་གཤེར་ཆུ་ཁ་སྣོན་བྱེད་དགོས།

6.གསོ་ཕག་འཕག་རྟེང་སློག་པར་སྟབས་བདེ་བཟོ་ཆེད། གསོ་ཕག་གི་གཟན་ཆག་ཉིན་རྒྱུན་གྱི 80%ནང་དུ་ཚོད་འཛིན་བྱེད་དགོས། གསོ་ཕག་གིས་སྤྱིར་བཏང་དུ་གཏན་ཁེལ་གྱི་ས་གནས་སུ་གཅིན་རྟུག་གཏོང་བ་ཡིན་པས། ཕུང་གསོག་བྱས་རྗེས་ཕྱིར་བཏོན་པས་ཆོག

7.ཕག་རའི་ནང་དུ་རྫས་འགྱུར་སྨན་རྫས་བེད་སྤྱོད་བྱས་མི་ཆོག་པ་དང་།

དེ་མིན་ས་རྒྱ་ཁྲོད་ཀྱི་སྐྱེ་དངོས་ཕྲ་རབ་ལ་གནོད་པ་འབྱུང་བས་སོ། །

8.མལ་གདན་ལོ་གཅིག་ལ་བེད་སྤྱོད་བྱས་རྗེས། མལ་གདན་གྱི་ངོས་སུ་ས་རྡུལ་མང་པོ་ཆགས་ཡོད་ན། སྙིང་ཕྱོགས་ཀྱི་ལིས་སྨི 10ཡས་མས་ཀྱི་རྒྱ་ཆ་བརྗེ་སོར་བྱས་པས་ཆོག་པ་དང་། དེའི་སྙིང་དུ་འབུ་ཕྲའི་རིགས་དང་མ་རྨོས་ལོ་ཏོག་གི་རྡུལ་ཞུང་དུ་གཏོར་ན་ལོ 1~2ལ་མུ་མཐུད་དུ་བེད་སྤྱོད་བྱས་ཆོག འདི་ལྟར་བརྗེ་སོར་བྱེད་དུས། ཐེངས་དང་པོར་ལིས་སྨི 10དང་། གཉིས་པར་ལིས་སྨི 15གསུམ་པར་ལིས་སྨི 20རིམ་བཞིན་ཇེ་མཐོར་བཏང་ནས་བརྗེ་སོར་བྱས་ཏེ་བཀོལ་སྤྱོད་བྱེད་པའོ། །

ལེའུ་ལྔ་པ། ཕག་གི་ནད་རིམས་འགོག་བཅོས།

ས་བཅད་དང་པོ། ཕག་ནད་ལས་ཐར་བྱེད།

གཅིག ཕག་ནད་ལས་ཐར་བྱེད་དང་འགོག་བཅོས་ཀྱི་རྩ་དོན།

1. གསོ་ཚགས་ཀྱི་ངོ་དམ་ལ་ཤུགས་བསྣན་ནས་ཕག་ཕྲུ་རྣམས་བདེ་ཐང……ངང་འཚར་ལོངས་འབྱུང་བར་བྱེད་པ།

2. ནན་ཏན་གྱི་འཕྲོད་བསྟེན་དུག་སེལ་བྱེད་ཐབས་སྒྲིག་འཛུགས་དང……ལག་བསྟར་བྱེད་པ། ཕག་རའི་ཁོར་ཡུག་ལ་གཙང་སྦྲ་བཟང་པོ་བྱས་ཏེ་ནད……རིམས་བསྐྱེད་པར་སྔོན་འགོག་བྱེད་དགོས།

3. རང་ས་གནས་ཀྱི་ནད་རིམས་མཆེད་སྟངས་ལ་རྒྱུས་ལོན་བྱས་ཏེ་རང་གི་ཕག་རར་འཚམ་པའི་རིམས་འགོག་འཆར་གཞི་གཏན་འབེབས་ལག་བསྟར་བྱེད…པ།

4. ཡང་དག་གིས་ཕྲུས་ཚད་མཐོ་ཞིང་བདེ་འཇགས་ཕན་པ་ཡོད་པའི་སྨན་ཁབ་བདམས་ཏེ། བདེ་འཇགས་ཕན་ཐོག་འབྱུང་བའི་སྨན་ཁབ་རྒྱག་པ། རྫུན་བཟོ་དང་ཕྲུས་འགྱུར་སྨན་ཁབ་རྒྱག་མི་རུང་།

5. སྨན་ཁབ་རྒྱག་དུས་སྔོན་གཞུག་གི་དུག་སྲིན་འགོག་རྫས་ཀྱི་ལྷ་ཞིབ་ཚད་ལེན་བྱ་བ་ལེགས་པོར་བསྒྲུབས་ནས་སྨན་ཁབ་ཀྱི་ཕན་འབྲས་ལ་རྒྱུས་ལོན་བྱེད……དགོས། དགོས་ངེས་དང་བསྟུན་ཏེ་རིམས་འགོག་གོ་རིམ་ལེགས་བཅོས་བྱས་ནས…

ཁ་གསབ་འགོག་བཅོས་བྱེད་དགོས།

གཉིས། ཕག་རའི་རིམས་འགོག་དོ་དམ།

1.ཉིན་རྒྱུན་གྱི་དོ་དམ།

(1)ཕག་རའི་ནང་ཁུལ་གྱི་ནད་རིམས་འགོག་བཅོས་འཆར་གཞི་དང་སྡེ་ཁག་སོ་སོའི་རིམས་འགོག་འགན་འཁྲི་ལམ་ལུགས་བཙུགས་ནས། འགན་འཁུར་མི་སྣ་གཙོ་བོའི་འོས་འགན་དང་ལེན་བྱེད་པའི་ལམ་ལུགས་ལག་ཏུ་བསྟར་དགོས།

(2)ཕག་རའི་ནང་ཁུལ་ནས་སྨན་བཅོས་ཁང་འཛུགས་དགོས་པར་མ་ཟད། ཆེད་ལས་ལག་རྩལ་མི་སྣ་དང་དགོས་གལ་ཆེ་བའི་ལྟ་ཞིབ་སྒྲིག་ཆས་བཀོད་སྒྲིག་བྱས་ཐོག འཕྲུས་སྒོ་ཚང་བའི་སྨན་ཁབ་དང་སྨན་བཅོས། བརྟག་དཔྱད་ཟིན་ཐོ་ཡོད་དགོས།

(3)རང་སྐྱེལ་རང་གསོའི་རྩ་དོན་རྒྱུན་འཁྱོངས་བྱེད་དགོས། རྒྱུད་སྐྱེལ་ཕག་གསེབ་ནང་འདྲེན་བྱེད་དགོས་དུས། ནད་རིམས་མེད་པའི་ས་ཁུལ་ནས་ནང་འདྲེན་བྱེད་དགོས་པ་དང་བརྟག་དཔྱད་ཚད་ལྡན་ཡིན་ན་ད་གཟོད་ནང་འདྲེན་བྱས་ཆོག རང་གི་ཕག་ར་ནས་ཀྱང་ཉིན 45ལྷག་ལ་སོགས་སུ་བཀར་ནས་ལྟ་ཞིབ་དང་བརྟག་དཔྱད་བྱེད་དགོས། བདེ་ཐང་ཡིན་པ་གཏན་ཁེལ་བྱས་རྗེས་ད་གཟོད་ཁྱུ་ཚོགས་སུ་བཏང་ནས་གསོ་སྐྱོང་བྱེད་དགོས།

(4)ཕག་རའི་ནང་ཁུལ་ནས་སྒོ་ཕྱུགས་དང་ཁྱི། བྱི་ལ་སོགས་སྲོག་ཆགས་གཞན་པ་གསོས་མི་ཆོག

(5)ཐོན་སྐྱེད་ཁུལ་གྱི་ལས་བྱེད་མི་སྣས་ཕག་ཤ་རྗེན་པར་རེག་ཐུག་བྱས་མི་ཆོག ཕྱི་ཡོང་ལྷངས་འཁོར་ཕག་རའི་ནང་དུ་བགྲོད་མི་ཆོག་པ་དང་ངེས་པར་དུ་འགྲོ་དགོས་འབྱུང་དུས་དུག་སེལ་བྱེད་དགོས། ཐོན་སྐྱེད་མི་སྣ་ཐོན་སྐྱེད་ཁུལ་དུ་བགྲོད་དུས་ངེས་པར་དུ་དུག་སེལ་ལེགས་པོ་བྱེད་དགོས། ཕག་རའི་སོ་སོའི་སྒོ

ཁར་དུག་སེལ་ཡོ་བྱད་འཛོག་དགོས།

2.ནད་རིམས་བརྟག་དཔྱད་དང་ལྟ་ཞིབ། ཕག་རའི་གསོ་ཕག་ལ་ནད་རིམས་འགོས་ནས་འཆི་རྐྱེན་བྱུང་ན། སྨན་བཅོས་ལག་རྩལ་མི་སྣས་ངེས་པར་དུ་ནད་ཐོག་སྨན་བཅོས་དང་ན་འཆི་རྒྱུ་རྐྱེན་ལ་བརྟག་དཔྱད་བྱས་པའི་ཁར། ནད་རྟགས་དང་འཆི་སྟངས་སོགས་ཟིན་ཐོར་འགོད་དགོས། འཆི་རྐྱེན་བྱུང་བའི་གསོ་ཕག་གི་ཁྲག་སོགས་མ་དཔེ་འཚོལ་སྡུད་དངོས་པོ་རྣམས་དུས་ཐོག་ཏུ་འབྲེལ་ཡོད་སྡེ་ཁག་དང་བརྟག་དཔྱད་ཁང་ལ་ཁྱེར་ནས་ལྟ་ཞིབ་བྱེད་དགོས། དུས་ལྟར་ནད་རིམས་ལྟ་ཞིབ་བྱ་བ་སྤེལ་ནས་ཕག་ཁྱུར་ནད་རིམས་འགོས་པའི་གནས་ཚུལ་ལ་རྒྱུས་ལོན་བྱས་ཏེ་མ་དཔེ་བླངས་ནས་བརྟག་དཔྱད་བྱེད་དགོས། སྤྱིར་བཏང་དུ་ལོ་རེའི་ཐེངས 3~4ལ་བརྟག་དཔྱད་བྱེད་དགོས།

3.ནད་རིམས་ཐག་གཅོད། གཞི་ཁྱོན་ཆེ་བའི་ཕག་རར་ནད་རིམས་བྱུང་བ་དང་ནད་རིམས་འབྱུང་ཉེན་ཆེ་ན། 《ཀྲུང་ཧྭ་མི་དམངས་སྤྱི་མཐུན་རྒྱལ་ཁབ་སྲོག་ཆགས་རིམས་འགོག་བཅའ་ཁྲིམས》ཀྱི་འབྲེལ་ཡོད་གཏན་ཁེལ་ལྟར་ཐག་གཅོད་བྱེད་དགོས་ཏེ། དུས་ལྟར་སྨན་བཅོས་བྱས་ནས་ལོགས་སུ་དགར་བ་དང་ཕག་རར་དུག་སེལ་བྱེད་པ། ནད་འགོས་ཕག་པ་ཐག་གཅོད་བྱེད་པ་སོགས་ཀྱི་བྱེད་ཐབས་སྤྱོད་དགོས།

4.འགོག་སྨན་རྒྱག་པ། འགོག་སྨན་སྣ་ཚོགས་རྒྱག་པའི་བྱ་བ་ལེགས་པར་བསྒྲུབས་ནས་ནད་རིམས་ཚབས་ཆེན་འབྱུང་བར་སྔོན་འགོག་བྱེད་དགོས། ཕག་ཁྱུ་དང་དུས་ཚིགས་ནད་རིམས་མཆེད་སྟངས་གཞིར་བཟུང་ཐོག རང་ཕག་རའི་གནས་ཚུལ་དངོས་ལ་དམིགས་ནས་རིམས་འགོག་ཐུས་འགོད་དང་རིམས་འགོག་བརྒྱུད་རིམ་གཏན་འབེབས་བྱེད་དགོས། གཞི་ཁྱོན་ཅུང་ཆེ་བའི་ཕག་རས་ནད་རིམས་སྔོན་འགོག་བྱེད་དུས། གཤམ་གྱི་བརྒྱུད་རིམ་ལ་ཟུར་ལྟ་བྱས་ཆོག (རིའུ་མིག 5–1)

རེའུ་མིག 5–1 རྒྱུན་མཐོང་ཕག་ནད་སྔོན་འགོག་བརྒྱུད་རིམ།

སྨན་ཁབ་ཀྱི་མིང་།	སྨན་ཁབ་རྒྱག་ཡུལ།	སྨན་ཁབ་རྒྱག་པའི་དུས་ཚོད།
ཕག་ཕྲུག་གི་ནུ་མཚམས་བཅད་རྗེས་ཐོག་ཁ་ཚ་སྐྲིག་ཚའམ་ཚ་འགོག་སྨན་ཁབ།	ནུ་བཀར་ཕག་ཕྲུག རྗེས་གྲབས་ཕག ཕག་གསེབ།	དང་པོ། ཕག་གསེབ་དང་རྗེས་གྲབས་ཕག་པར་ཟླ་བཞི་རེར་ཐེངས་རེ། ཕག་མར་ནུ་སྣུན་བཞག་དུས་ཀྱི་ཉིན 1~2 བར་དུ་ཐེངས་གཅིག
ཕག་ཕྲུག་ལ་ཉིན 20རྗེས་སུ་སྨན་ཁབ་དང་ཕག་ནད་འཁྲུག་སྐམ་སྨན་ཁབ།	ཕག་ཕྲུག རྗེས་གྲབས་ཕག ཕག་གསེབ།	ཉིན 50~60འགོར་རྗེས་ཐེངས་གཉིས་པ། ཕག་མར་ཕག་ཕྲུག་བཙས་རྗེས་ཀྱི་ཉིན 20འགོར་རྗེས་རྒྱག་དགོས། ཕག་གསེབ་དང་རྗེས་གྲབས་ཕག་པར་དཔྱིད་སྟོན་དུས་ལ་ཐེངས་རེར་རྒྱག་དགོས།
ཕག་ཕྲུག་ལ་ཉིན 50~60 རྗེས་དང་ཕག་ནད་མེ་དབལ་གློ་གསུམ་སྨན་ཁབ།	ཕག་ཕྲུག རྗེས་གྲབས་ཕག ཕག་གསེབ།	ཕག་མར་ཕག་ཕྲུག་བཙས་རྗེས་ཀྱི་ཉིན 20འགོར་རྗེས་རྒྱག་དགོས། ཕག་གསེབ་དང་རྗེས་གྲབས་ཕག་པར་དཔྱིད་སྟོན་དུས་ལ་ཐེངས་རེར་རྒྱག་དགོས།
ཕག་ཕྲུག་ཚ་རྒྱས་སྨན་ཁབ།	ཕག་ཕྲུག	ཕག་ཕྲུག་བཙས་རྗེས་ཀྱི་ཉིན 30འགོར་རྗེས་རྒྱག་དགོས།
སོང་གའི་དབྱུག་སྲིན་སྨན་ཁབ།	ཕག་ཕྲུག ཕག་མ།	ཕག་ཕྲུག་བཙས་རྗེས་ཀྱི་ཉིན 7འགོར་རྗེས་རྒྱག་དགོས། ཕག་མར་ཕྲུ་གུ་མ་བཙས་གོང་གི་ཉིན 20སྔོན་ལ་ཐེངས་གཅིག་རྒྱག་དགོས།

5.སྨན་རྫས་འགོག་བཅོས། རང་ཕག་རར་དབྱུག་སྲིན་རང་བཞིན་གྱི་ནད་རིམས་འགོས་པའི་གནས་ཚུལ་དངོས་ལ་དམིགས་ནས། ཕག་ཕྲུའི་དུས་རིམ་སོ···སོའི་སྨན་རྫས་འགོག་བཅོས་ཀྱི་ཐུས་གཞི་གཏན་འབེབས་བྱེད་དགོས་པར་མ་ཟད། ཕག་རའི་འབུ་སྲིན་ཚོད་འཛིན་འཆར་གཞིའང་འཛུགས་དགོས།

6.ནད་རིམས་གཙང་དག རྒྱལ་ཁབ་ལས་རིགས་དོ་དམ་སྡེ་ཁག་གི་འབྲེལ་ཡོད་བླང་བྱ་ལྟར། ནད་རིམས་ཚོད་འཛིན་གྱི་འཆར་འགོད་གཞིར་བཟུང་ནས་ཕག་ཁྱུའི་ནད་རིམས་གཙང་དག་བྱ་བར་ལེགས་སྒྲུབ་བྱས་ཏེ་བདེ་ཐང་གི་ཁོར་ཡུག་ཡག་པོ་ཞིག་བསྐྲུན་དགོས།

ས་བཅད་གཉིས་པ། འཕྲོད་བསྟེན་དུག་སེལ་ལམ་ལུགས།

གཅིག སྤྱིའི་བླང་བྱ།

ཕག་རའི་ཁྱོན་ཡོངས་ཀྱི་ཁོར་ཡུག་ངེས་པར་གཙང་དག་ཡིན་དགོས་པར་མ་ཟད་འཕྲོད་བསྟེན་དུག་སེལ་དོ་དམ་ལམ་ལུགས་འཛུགས་དགོས། དུག་སེལ་ཡོ་བྱད་དམ་སྨན་རྫས་འདེམ་དུས་ཕན་ནུས་ལེགས་ཤིང་དར་ཁྱབ་ཆེ་བ་ཡིན་དགོས་པ་དང་། དུས་ཚོད་ལྟར་ཕག་རའི་བགྲོད་ལམ་དང་ཕྱོགས་སོ་སོའི་ཁོར་ཡུག་ལ་དུག་སེལ་བྱེད་དགོས། ནད་རིམས་འབྱུང་བའི་སྐབས་སུ་དུག་སེལ་བྱེད་པའི་གྲངས་ཀ་ཇེ་མང་དུ་གཏོང་དགོས་པ་ཡིན། ཉིན་མ་རེ་རེར་གཟན་གཞོང་དང་ཆུ་གཞོང་། ཡོ་བྱད། ས་ངོས་རྣམས་གཙང་དག་ཡིན་དགོས། གཞན་ད་དུང་བྱི་བ་དང་ཤ་སྦྲང་གསོད་པའི་བྱ་བ་ལེགས་སྒྲུབ་བྱེད་དགོས།

གཉིས། དུག་སེལ་བརྒྱུད་རིམ།

(གཅིག)ཐོན་སྐྱེད་ཁུལ་མ་ཡིན་པའི་ས་གནས་དུག་སེལ་བྱེད་པ།

1.མི་སྣར་དུག་སེལ། ཕག་རའི་ནང་དུ་བགྲོད་མཁན་གྱི་མི་སྣ་སུ་ཡིན་རུང་། ངེས་པར་དུ་དུག་སེལ་རྒྱུ་ལམ་ལ་བུད་ནས་དུག་སེལ་བྱེད་དགོས། དུག་སེལ་རྒྱུ་ལམ་ནང་དུ་སྨུག་ཕྱིའི་འོད་ཟེར་སྒློག་དང་མཐོ་གནོན་དུག་སེལ་སྨན་རྫས་གཏོར་ཆས། དུག་སེལ་ས་གདན། ལག་པ་བཀྲུ་བྱེད་སོགས་དུག་སེལ་སྒྲིག་ཆས་བཀོད་

བྲིག་བྱས་ཆོག སྨུག་ཕྱིའི་འོད་ཟེར་སྒྲོག་གིས་ལུས་པོའི་ཕྱི་རུ་དུག་སེལ་བྱེད་ཐུབ། ཡིན་ནའང་འདིས་མིའི་ལུས་པོར་གནོད་པ་ཆུང་ངུ་ཡོད་པ་དང་སྨུག་ཕྱིའི་སྒྲོག་འོད་སྒྲིག་འཛུགས་བྱས་པ་ཚད་ལྡན་མིན་ན་དུག་སེལ་གྱི་ཕན་འབྲས་ལ་གནོད་པ་ཡོད། མཐོ་གནོན་དུག་སེལ་སྨན་རྫས་གཏོར་ཆས་ཀྱིས་ཕྱི་ངོས་སུ་དུག་སེལ་བྱས་ན་ཕན་འབྲས་ཤིན་ཏུ་བཟང་། འདིས་ཕན་ནུས་ལྡན་པའི་སྒོ་ནས་ནད་གཞིའི་སྐྱེ་དངོས་ཕྲ་རབ་སྔོན་འགོག་བྱེད་ཐུབ། དུག་སེལ་ས་གདན་གྱིས་ལྷམ་མཐིལ་དུ་དུག་སེལ་བྱེད་པ་ཡིན། མི་སྣ་འཛུལ་སར་ཆུ་གཏིང་ཐུང་བའི་ཆུ་དོང་བསྐྱུན་ནས་སྤྱིས་འཁྱིག་གམ་བལ་བཟོས་ས་གདན་ཡིན་ཆོག དུག་སེལ་སྨན་རྫས་དུས་ལྟར་ཆུ་དོང་ནང་དུ་གཏོར་དགོས་པ་དང་ཉིན་རེར་ཐེངས་རེར་བརྗེ་དགོས། དུག་སེལ་སྨན་རྫས་ཟླ་3~4ནང་དུ་ཐེངས་གཅིག་ལ་བརྗེ་སོར་བྱེད་དགོས། དུག་སེལ་ཆུ་གཞོང་སྒྲིག་འཛུགས་བྱས་ཏེ་ཕྱག་རའི་ནང་དུ་བགྲོད་དུས་ལག་པ་བཀྲུས་ནས་དུག་སེལ་བྱེད་དགོས།

2.ལྷངས་འཁོར་དུག་སེལ། སྐྱེལ་འདྲེན་ལྷངས་འཁོར་ལས་གཞན་པའི་སྤྱི་ཚོགས་སྟེང་གི་ལྷངས་འཁོར་གང་ཞིག་ཡིན་རུང་ནང་དུ་ཡོང་མི་ཆོག སྒོ་ཆེན་ཁ་ནས་དུག་སེལ་ཆུ་དོང་བསྐྱུན་དགོས་པ་དང་སྨན་ཆུ་གཏོར་ཆས་སྤྱད་དེ་དུག་སེལ་བྱེད་དགོས། གཟན་ཆག་སྐྱེལ་འདྲེན་ལྷངས་འཁོར་གྱི་འདམ་རྫབ་འགོག་བྱེད་དང་ལྷངས་འཁོར་འོག་ཏུ་སྨན་ཆུ་གཏོར་ནས་དུག་སེལ་ལེགས་པོ་བྱེད་དགོས་ལ་ཁ་ལོ་བསྒྱུར་སའང་དུག་སེལ་བྱེད་དགོས། ཕག་འདྲེན་ལྷངས་འཁོར་ཐོན་སྐྱེད་ཁུལ་དུ་སོང་མི་ཆོག ཕག་པ་སྐྱེལ་འདྲེན་མ་བྱས་གོང་ལ་གཙང་སྦྲ་དང་དུག་སེལ་བཟང་པོ་བྱེད་དགོས།

3.ཁོར་ཡུག་དུག་སེལ། དུས་རྒྱུན་དུ་བགྲོད་ལམ་དང་ས་སྟོང་རྣམས་གཙང་སྦྲ་ལེགས་པོ་བྱས་ཏེ་གཙང་དག་གི་ཁོར་ཡུག་རྒྱུན་འཁྱོངས་བྱེད་དགོས་པར་མ

ཟད། དུས་ལྟར་དུག་སེལ་བྱེད་དགོས། དུག་སེལ་བྱེད་གྲངས་གཟའ་འཁོར་གཅིག་ལ་ཐེངས་1~2ཡིན། གཞན་ཕག་རའི་ཉེ་འཁོར་གྱི་བསྐྱོད་ལམ་ལའང་དུག་སེལ་བྱེད་དགོས་ཏེ་ཟླ་རེར་ཐེངས་གཉིས་རེ་ཡིན།

(གཉིས)ཐོན་སྐྱེད་ཁུལ་ལ་དུག་སེལ་བྱེད་པ།

1.མི་སྣར་དུག་སེལ་བྱེད་པ། ཐོན་སྐྱེད་ཁུལ་དུ་འགྲོ་བའི་མི་སུ་ཡིན་རུང་ལས་སྒྲུབ་ལྭ་བ་དང་འགྱིག་ལྷམ་བརྗེ་སོར་བྱས་ཏེ་དུག་སེལ་རྫུ་ལམ་དུ་བུད་ནས་དུག་སེལ་བྱས་རྗེས་དགའ་གཟོད་ནང་དུ་སོང་ཆོག ཆ་རྐྱེན་ལྡན་ན་ཕག་རའི་ནང་དུ་འཁྲུས་བྱེད་པ་དང་ལྭ་བ་བརྗེ་སོར་བྱས་ནས་དུག་སེལ་བྱས་རྗེས་ནང་དུ་འགྲོ་དགོས། གོ་རིམ་ནི་འཁྲུས་བྱེད་པ→ལས་སྒྲུབ་ལྭ་བ་བརྗེ་བ→སྨན་ཆུ་གཏོར་བའམ་སྨུག་ཕྱིའི་སློག་འོད་ཀྱིས་དུག་སེལ་བྱེད་པ→ལྷམ་བརྗེ་བ→དུག་སེལ་ཆུ་དོང(དུག་སེལ་ས་གདན)→ཐོན་སྐྱེད་ཁུལ།

2.ཕྲུགས་འཁོར་ལ་དུག་སེལ་བྱེད་པ། ཕྲུགས་འཁོར་རྣམས་ཐོན་སྐྱེད་ཁུལ་དུ་འགྲོ་དུས་ངེས་པར་དུ་མགོ་ནས་ཞ་མའི་བར་དུ་དུག་སེལ་བཟང་པོ་བྱེད་དགོས། དུག་སེལ་སྨན་ཆུ་གཟའ་རེར་ཐེངས་རེར་བརྗེ་དགོས།

3.ཐོན་སྐྱེད་ཁུལ་ནང་ཁུལ་གྱི་ས་ངོས།

(1)བསྐྱོད་ལམ་དང་ས་སྟེང་། འགྲུལ་སྐྱོད་ར་བར་དུག་སེལ་བྱེད་པ། མཐོ་གནོན་གཙང་བཀྲུས་འཕྲུལ་ཆས་སྤྱད་དེ་གཟའ་རེར་དུག་སེལ་སྨན་ཆུ་གཏོར་ནས་ཐེངས་1~2ལ་དུག་སེལ་བྱེད་དགོས། ཚ་བསྲེགས་པ་དང་རྡོ་ཐལ་ཆུས་དུས་ལྟར་བཀྲུས་ཀྱང་ཆོག

(2)གསོ་ཕག་འདེད་སའི་ལམ་དང་ཕག་འཇུག་སྒོ་ཁུར་དུག་སེལ་བྱེད་པ། ཕག་རྣམས་མ་དེད་གོང་དུ་ངེས་པར་དུ་དུག་སེལ་བྱེད་དགོས། དེད་ཚར་རྗེས་ཀྱང་གཙང་དག་དང་དུག་སེལ་བྱས་ཏེ་ནད་རིམས་འབྱུང་བར་སྔོན་འགོག་བྱེད

དགོས། དུག་སེལ་སྨན་རྫས་ལ་ཅེན་བཟོས་སྨན་རྫས་དང་རྫིན་བཟོས་སྨན་རྫས། ཅེ་ཨན་ཚྭ་སོགས་སྤྱད་ཆོག ཟླ 3~4ནང་དུ་ཕན་ཚུན་བརྗེ་སོར་ཐེངས་གཅིག་རེ་བྱེད་དགོས།

(3)ཕག་ར་སྟོང་བར་དུག་སེལ་བྱེད་པ། ཕག་ར་སྟོང་བར་དུག་སེལ་བྱེད་དུས་རབ་ཡིན་ན་ཕག་རའི་ནང་གི་ཆུ་གཞོང་དང་གཟན་གཞོང་། རྩྭ་གདན། གཟན་ཆག་ལྷག་མ་སོགས་གནས་སྤོར་གཙང་དག་བཟང་པོ་ཞིག་བྱེད་དགོས། དང་ཐོག་དུག་སེལ་སྨན་ཆུས་རྩྭ་གདན་དང་ར་བ། རྩིག་གྱང་། ས་རྡོས་བཅས་ལ་སྨན་ཆུ་གཏོར་ནས་དུག་སེལ་བྱས་ཐོག་གཞན་པའི་ཡོ་བྱད་དང་འཕྲུལ་ཆས་རྣམས་སྨན་ཆུས་བཀྲུས་དགོས། དུས་ཚོད 24འགོར་རྗེས་ཆུས་གཙང་བཀྲུ་བྱེད་དགོས། ཁ་གཏོར་བའི་སྒྲིག་ཆས་རྣམས་ཅེན་བཟོས་སྨན་ཆུ་དང་རྫིན་བཟོས་སྨན་ཆུ་ནང་དུ་བཞག་ནས་སྐར་མ 30~60ལ་དུག་སེལ་བྱས་རྗེས་ཆུས་གཙང་བཀྲུ་བྱེད་དགོས། ཕག་རའི་ནང་གི་བརླན་གཤེར་རྣམས་མེད་པར་བཟོས་རྗེས་དུག་སེལ་སྨན་ཆུ་ཕག་རའི་མགོ་ནས་ཇ་མར་གཏོར་ནས་དུག་སེལ་བྱེད་དགོས། གྱང་རྡོས་དང་ས་རྡོས་ལ 2%ཟིན་པའི་ཚྭ་བསྲེགས་དང་རྡོའི་ཐལ་ཆུ་བྱུག་ཀྱང་ཆོག

(4)འགོས་ནད་ཅན་གྱི་ཕག་པ་ལོགས་དགར་ཁང་དུ་དུག་སེལ་བྱེད་པ། ཅེན་བཟོས་སྨན་ཆུ་དང་དབྱང་འགྱུར་དངོས་པོའི་སྨན་ཆུ་གཏོར་ནས་དུག་སེལ་བྱེད་དགོས། ཉིན་རེར་ཐེངས 1~2ཡིན།

4.གཞན་པ། ཕག་རའི་ནང་དུ་ཁྱེར་བའི་ཡོ་བྱད་སྣ་ཚོགས་དང་ལག་འདེད་འཁོར་ལོ་སོགས་ལ་དུག་སེལ་བྱེད་དགོས། གསོ་ཚགས་ཡོ་བྱད་རྣམས་ཉིན་རེར་གཙང་བཀྲུས་དང་དུས་ལྟར་དུག་སེལ་བྱེད་དགོས། ཐོན་སྐྱེད་ཁུལ་དུ་ནང་འདྲེན་བྱེད་པའི་སྨན་རྫས་དང་གཟན་ཆག་གི་ཕྱི་ངོས་ཀྱི་ཁྱད་ཆོས་མི་འདྲ་བར་དམིགས་ནས། སྨུག་ཕྱིའི་སྒྲོག་འོད་དང་ཚ་ངད་ཐོག་པ་སོགས་ཀྱི་ཐབས་ལམ་སྤྱད་དེ་དུག

སེལ་བྱེད་དགོས། སྨན་ཁབ་རྒྱག་བྱེད་ལ་དྲོད་ཚད་མཐོན་པོས་དུག་སེལ་བྱེད་དགོས། བཤགས་བཅོས་ཡོ་ཆས་བེད་སྤྱོད་བྱས་རྗེས་དུག་སེལ་སྨན་ཆུའི་ནང་དུ་བཞག་ནས་དུག་སེལ་བྱེད་དགོས། སྨན་ཁབ་དམ་བེ་སྣོང་བ་རྣམས་སྤྲས་འཁྱིག་ནང་དུ་བཞག་ནས་དུག་སྲིན་ཁྱབ་པར་སྔོན་འགོག་བྱེད་དགོས།

ས་བཅད་གསུམ་པ། ཕག་གི་ནད་རིམས་གཙོ་བོའི་འགོག་བཅོས།

གཅིག ཕག་པའི་འགོས་ནད།

ཕག་པའི་འགོས་ནད་ལ་ཧོན་ནད་ཀྱང་ཟེར། དེ་ནི་ཕག་པའི་ཆེ་ཆུང་དང་རིགས་གང་འདྲ་ཞིག་ཡིན་པའམ་ཕག་མ་དང་ཕག་གསེབ་གང་ཞིག་ཡིན་རུང་ལོ་གཅིག་གི་དུས་ཚིགས་སོ་སོར་འབྱུང་སྲིད་པ། དར་ཁྱབ་ཆེ་བ། ནད་རྟགས་འབྱུང་ཚད་མང་བ། འཆི་གྲངས་མཐོ་བ། གནོད་འཚེ་ཆེ་བའི་རིམས་ནད་ཅིག་ཡིན་པས། རྒྱལ་སྤྱིའི་རིམས་བཤེར་བརྟག་དཔྱད་བྱ་ཡུལ་ཡིན།

1.སྒོ་བུར་དུ་འབྱུང་བའི་འགོས་ནད། ནད་འབྱུང་གསོ་ཕག་གི་དྲོད་ཚད་ 40~42℃ཡིན། ལུས་སྟོབས་ཉམས་པ་དང་གྲང་བའི་ཚོར་སྣང་འབྱུང་བ། ཕྱུགས་གཅིག་ཏུ་འདུས་པ་སོགས་ཀྱི་ནད་རྟགས་འབྱུང་བ་ཡིན། ནད་རིམས་ཐོག་མར་འབྱུང་དུས་རྩ་འགག་པ་དང་རྩ་སྐམ་པའི་ནད་རྟགས་འབྱུང་། ཉིན་ 5~6འགོར་རྗེས་ཁོག་པ་བཤལ་ནས་ཆུ་ཟད་ཐེབས་པར་མ་ཟད་ཁྲག་བསྲེས་པ་ཡིན། ནད་རིམས་དུས་མཇུག་ཏུ་སྣ་བ་དང་ཁ། རྣ་བ། རྐང་ལག་བཞི་པོ། གསུས་ཁོག་ནང་ངོས་ཀྱི་པགས་པའི་སྟེང་དུ་དམར་ཐིག་འབྱུང་། ནད་ཡུན་ནི་གཟའ་འཁོར་ 1~3ཡིན། དུས་རྒྱུན་དུ་འབུ་སྲིན་འགོས་ནད་འབྱུང་ཚད་མང་ལ་སློ་རིམས་དང་རྒྱ་མའི་གཉན་ཚད་བྱུང་ནས་ཤི་བ་རུང་མང་།

2.དལ་བ་རང་བཞིན་གྱི་འགོས་ནད། འདི་ནི་ནད་བྱུང་གསོ་ཕག་གི་ལུས་རིད་པ་དང་ཁྲག་ཤེད་དམའ་བ། གཟུགས་གཞི་སྐྱ་བ། ན་ཡུན་ནི་ཟླ་གཅིག་ལས་བརྒལ་བའང་ཡོད། དྲོད་ཚད་སྐབས་འགར་མཐོ་ལ་སྐབས་འགར་དམའ། ཟས་ཀྱི་དྭངས་ཁ་བཟང་མིན་རེས་མོས་སུ་སྣང་། སྐབས་འགར་རྩ་འགག་པ་དང་སྐབས་འགར་ཁོག་བཤལ་བ་ཡིན། རྣ་རྩེ་དང་མཇུག་མའི་རྩེ། སུག་ལག་བཞིའི་འོག་ཕྱོགས་བཅས་སྨུག་ནག་ཆགས་པའམ་ཤ་འདྲུལ་ཐེབས་ཀྱི་ཡོད་ལ་ཡང་ན་ཤ་འདྲུལ་ཐེབས་པའི་རྨ་ཤུལ་སྐམ་པོར་འགྱུར་བ་ཡིན། རྒྱུད་སྤེལ་བཀག་འགོག་རང་བཞིན་གྱི་ཕག་པའི་འགོས་ནད་ཀྱིས་མངལ་ཤོར་བ་དང་ཕག་ཕྲུག་ཕག་མའི་ཁོག་པའི་ནང་ནས་འཆི་བ། དབང་པོར་སྐྱོན་ཞུགས་པའི་ཕག་ཕྲུག་བཙས་པ་བཅས་སོ། །

3.འགོག་བཅོས་བྱེད་ཐབས། ཕག་ཕྲུག་ཉིན 20~25ལ་རིམས་འགོག་སྨན་ཁབ་ཐོག་མའི་ཐེངས 5རྒྱག་པ། ཕག་ཕྲུག་བཙས་ཡུན་གྱི་ཉིན 60འགོར་རྗེས་རིམས་འགོག་སྨན་ཁབ་ཐོག་མའི་ཐེངས 10རྒྱག་དགོས།

གཉིས། ཕག་པའི་ཁ་ཚ་ཟིག་ཚ།

གྲང་ངར་ཆེ་བའི་དུས་ཚིགས་སུ་འབྱུང་སླ་བ་དང་ཁྱབ་སྤེལ་ཡང་ཤིན་ཏུ་མགྱོགས། དྲོད་ཚད 41℃ཡན་ཡིན། གཟན་ཆག་མི་བཟའ་བ་དང་རྩ་སྐམ་པའི་ནད་རྟགས་འབྱུང་། ཉིན 1~2རྗེས་སུ། ཁ་ནང་དང་སྣ་ནང་། ཟིག་པའི་སྟེང་དུ་ཆུ་ལྦུ་ཐོན་པ་དང་། ཆུ་ལྦུ་དུས་ཡུན་ཐུང་ངུའི་ནང་དུ་རུལ་ནས་ཁྲག་བྱུང་སྡེ་རྐང་ལག་སར་འཛུགས་དཀའ། ཕག་ཕྲུག་རྣམས་ལུས་སྟོབས་ཞན་པས་ནད་རིམས་འདི་རིགས་འབྱུང་ན་ཤི་སླ། ནད་འདིའི་གནོད་འཚེ་གཙོ་བོ་ནི་སྙིང་ཁམས་ལ་གནོད་པ་ཡོད་ལ་སྙིང་གི་ཤ་གནད་ལ་གནོད་སྐྱོན་བྱུང་ནས་ཚེ་སྲོག་ཤོར་སླ་བ་དེ་ཡིན། ཕག་ཆུང་ཆེ་ནའང་ཤི་ཚད་ཉུང་། ནུ་མ་སྣུན་བཞིན་པའི་ཕག་ཕྲུག་གི་ཤི་གྲངས་ཉུང་མང་། ནད་འདི་བྱུང་ན་ཕག་པའི་ཟིག་པ་དང་སྣ་མགོར་བལྟས་པས་

ཞེས་ཐུབ། ཡིན་ནའང་ཆུ་ལྷུ་ནད་རིམས་དང་དབྱེ་བ་འབྱེད་དགོས།

འགོག་བཅོས་བྱེད་ཐབས། མིག་སྔར་ཕན་ནུས་ལྡན་པའི་སྨན་བཅོས་བྱེད་ཐབས་ཤིག་ད་དུང་མེད། སྤྱིར་བཏང་དུ་སྤྱོར་སྡེབ་མ་བྱས་གོང་གི་ཕག་མ་དང་ནུ་མ་སྣུན་མཚམས་བཅད་པའི་ཕག་ཕྲུག་སོགས་ལ་སྔོན་འགོག་བྱེད་དགོས། ནད་བྱུང་ཡོད་པ་ཤེས་རྗེས་གོང་རིམ་ལ་ནད་རིམས་ཀྱི་གནས་ཚུལ་ཡར་ཞུ་བྱེད་དགོས།

གསུམ། ཕག་རྣ་སྔོན་པོའི་འགོས་ནད།

འདི་ལ་ཕག་པའི་སྐྱེ་འཕེལ་དང་དབུགས་ལམ་སྣ་འདུས་ནད་རིམས་ཀྱང་ཟེར། ཕག་མའི་མངལ་ཤོར་བ་དང་ཕག་ཕྲུག་ཕག་མའི་ཁོག་ནས་འཆི་བ། དབུགས་འབྱིན་དཀའ་བ་སོགས་ཀྱི་ནད་རྟགས་གསལ་བའི་དུག་སྲིན་རང་བཞིན་གྱི་འགོས་ནད་ཅིག་ཡིན། ཆེ་ཆུང་དང་ཕག་རྒྱུད། ཕོ་མོ་གང་རུང་ལ་འགོས་པ་ཡིན། ནད་རིམས་འགོས་པའི་ཕག་ཁྲུའི་ནད་རྟགས་མངོན་ཚུལ་ཡང་གཅིག་མཚུངས་མིན་པར་མ་ཟད། དུག་སྲིན་འགོས་ནད་གཞན་རིགས་བསྐྱེད་དེ་ནད་རིམས་ཇེ་ལྷིར་གཏོང་བས་འཆི་བའི་གྲངས་ཀ་ཙུང་མཐོ། ནད་རིམས་འདི་བྱུང་ན་ཕག་མའི་མངལ་ཤོར་བ་དང་ཕག་ཕྲུག་ཁོག་ནས་འཆི་བ་ཡིན། ཡང་ན་ཕག་མར་དུས་ཡུན་རིང་པོར་དྲུས་རྩ་མི་ལངས་པ་དང་མངལ་ཆགས་ཚད་ཇེ་དམར་འགྲོ་བ། ཕག་ཕྲུག་གིས་དབུགས་འབྱིན་དཀའ་བ། ཁོག་བཤལ་བ། ལུས་རིད་པས་འཆི་གྲངས་ནི 80% ~100%ཡིན། ཕག་ཐན་རྣམས་ལ་ནད་རིམས་འདི་བྱུང་རྗེས་དབུགས་ལེན་དཀའ་བར་གྱུར་ནས་ཟློ་རིམས་བྱུང་སླ། ཕག་གསེབ་ལ་ནད་རིམས་འདི་བྱུང་རྗེས་ཟློ་རིག་མི་གསལ་བ་དང་འཁྲིག་སྤྱོད་ཀྱི་ནུས་པ་ཇེ་དམའ་རུ་འགྲོ་བ། ཁུ་བ་ཇེ་ཉུང་དུ་འགྲོ་བ། ཁུ་བའི་སྤུས་ཚད་ཇེ་དམའ་རུ་འགྲོ་བ་སོགས་ཀྱི་རྟགས་འབྱུང་།

འགོག་བཅོས་བྱེད་ཐབས། མིག་སྔར་འགོས་ནད་འདི་སྨན་བཅོས་བྱེད་

ཐབས་ཕན་ནུས་ཅན་ཞིག་མེད་པས། སྔགས་ཡོངས་ནས་འགོག་བཅོས་དང་ནད་རིམས་ཚོད་འཛིན་གྱི་བྱེད་ཐབས་སྤྱོད་པ་ཡིན།

བཞི། ཕག་གི་ཚམ་རིམས།

ནད་རྟགས་མི་མངོན་པའི་དུས་ཡུན་ནི་ཉིན 2 ~7ཡིན། སྤྱིར་བཏང་དུ་ཤུགས་རྒྱུན་གཅིག་གམ་འགའ་ཐེབས་རྗེས་ན་བ་ཡིན། ནད་འདི་གློ་བུར་དུ་འབྱུང་བ་དང་ཁྱབ་ཚུལ་ཡང་ཧ་ཅང་མགྱོགས། ཕག་པའི་ལུས་དྲོད 40 ~41.5℃ཡིན། དང་ག་ཞན་པ་དང་ཟ་མ་ཅི་ཡང་མི་བཟའ་བ། མིག་འབྲས་ཀྱི་སྐྱི་མོ་དམར་པོར་འགྱུར་བ། ཁ་སྣ་ནས་ཟགས་ཐོན་དངོས་རྫས་འབྱུང་བ། ཁོག་པ་བཤལ་བ། དབུགས་འཕྱིན་པ་དང་སྙིང་ལྡིང་ཚད་ཇེ་མགྱོགས་སུ་འགྲོ་བ། དུས་མཐར་གློ་ལུ་བ། རྩ་སྐམ་པ། དབུགས་ལེན་དཀའ་བ་ཡིན། ཤ་གནད་དང་རྐང་ལག་ན་བ། སར་ཉལ་ནས་ཡར་མི་ལངས་པ། དྲན་པ་ཐོར་ནས་འཆི་བ་བཅས་ཡིན། ནད་ཡམས་ཚབས་ཆེན་མིན་ན། མང་པོར་ཉིན་བདུན་ཡས་མས་འགོར་རྗེས་སངས་དྲག་ཏུ་འགྲོ།

འགོག་བཅོས་བྱེད་ཐབས། ཕག་རའི་ནང་ཁུལ་གྱི་གཙང་སྦྲ་ཇེ་ལེགས་སུ་གཏོང་བ་དང་། རླུང་དབུགས་བརྒྱུད་ཚུལ་མཉམ་འཛོག་པ། ཉིན་སྲེག་ཆར་སྦྲང་དང་མཚན་མོ་གྲང་ངར་ཆེ་དུས་ཕྱི་རུ་ཉལ་བར་སྔོན་འགོག་བྱེད་དགོས། མང་ལ་ཆགས་ཕག་མ་ལས་གཞན་པའི་གསོ་ཕག་རྣམས་ལ་ཨན་ནེ་ཅིན་དང་ཨན་ཅི་པེ་ལིན་འཆིང་ལིང་མེ་སོའི་སྨན་ཁབ་རྒྱག་དགོས། བསྟུད་མར་ཉིན་གཉིས་ལ་རྒྱག་པ་དང་ཉིན་རེར་ཐེངས་གཉིས་རེ་རྒྱག་དགོས། མང་ལ་ཆགས་ཕག་མར་ཁྲི་ཧོ་དང་པེ་ལིན་ཀན་བསྲེས་ནས་སྨན་ཁབ་རྒྱག་དགོས། སོ་སོ་བཀར་ནས་རྒྱག་པའང་ཡོད། ཉིན་རེར་ཐེངས་གཉིས་དང་བསྟུད་མར་ཉིན་གསུམ་ལ་རྒྱག་དགོས། ཡུན་ཞོ་དུག་སེལ་རིལ་བུ་འཐུང་དགོས་ཏེ་ཕག་ཆེ་བས་ཐེངས་རེར་རིལ་བུ་གཉིས་དང་ཉིན

རེར་ཐེངས་1~2ལ་འཐུང་དགོས།

ལྔ། ཕག་སྨྲུག་གི་ཁོག་བཤལ་བ།

ཕག་སྨྲུག་གི་ཁོག་པ་བཤལ་བ་ནི་མིག་སྔར་ཆེས་ཚབས་ཆེ་བའི་ཕག་སྨྲུག་གི་ནད་རིགས་གྲས་ཀྱི་གཅིག་ཡིན་པར་མ་ཟད། ཕག་སྨྲུག་འཆི་རྐྱེན་དུ་འགྲོ་བའི་རྒྱུ་རྐྱེན་གཙོ་བོའང་ཡིན། ནད་རིགས་ཀྱི་འབྱུང་རྐྱེན་རྙོག་འཛིང་ཆེ་བ་དང་ཕན་ཚུན་ལ་འབྲེལ་བ་ཆེ་བ། ཕན་ཚུན་ལ་ཤུགས་རྐྱེན་ཡོད་པས་ནད་རྟགས་མངོན་ཚུལ་ཡང་ཀུན་ནས་མི་འདྲ།

1.ཕག་སྨྲུག་གི་འབྲུ་སེར། འདི་ནི་གཙོ་བོ་གཟའ་འཁོར་གཅིག་ཚུན་གྱི་ཕག་སྨྲུག་ལ་འབྱུང་བ་ཡིན། སྤྱིར་བཏང་དུ་ཉིན་གསུམ་ཅན་གྱི་ཕག་སྨྲུག་ལ་འབྱུང་བ་མང་། རྩ་ནི་འབྲུ་སེར་ཡིན་ལ་དྲི་མ་ངན་པ་ཡིན། ཚབས་ཆེན་བཤང་སྒོ་ཇེ་སྐྱོད་དུ་གྱུར་ནས་རྩ་ཆུ་ཚོད་འཛིན་མི་ཐུབ་པར་འགྱུར། བཤང་སྒོའི་མདོག་དམར་པོ་འགྱུར་བ་ཡིན།

2.ཕག་སྨྲུག་གི་འབྲུ་དཀར། འདི་ནི་གཙོ་བོ་ཉིན་7~30ཚུན་གྱི་ཕག་སྨྲུག་ལ་འབྱུང་བ་ཡིན། སྤྱིར་བཏང་དུ་ཉིན་7~14ཅན་གྱི་ཕག་སྨྲུག་ལ་འབྱུང་བ་མང་། རྩ་ནི་དཀར་པོ་འདོན་པ་དང་དྲི་མ་ངན་པ་ཡིན།

3.ཕག་སྨྲུག་གི་འབྲུ་དམར། འདི་ལ་ཁྲག་འདོན་རྒྱ་མའི་གཉན་ཚད་དང་ཤ་འདྲུལ་ཅན་གྱི་རྒྱ་མའི་གཉན་ཚད་ཀྱང་ཟེར། འདི་ནི་བེ་ཧྲི་ཅིན་དུག་སྲིན་གྱི་བསྐྱེད་པའི་ནད་རིགས་ཤིག་ཡིན། འདི་ནི་གཙོ་བོ་ཉིན་གསུམ་ཚུན་གྱི་ཕག་སྨྲུག་ལ་འབྱུང་བ་ཡིན། རྩ་ནི་དམར་པོ་འདོན་པ་དང་ནད་རྟགས་མངོན་ཚད་མགྱོགས་ལ་ནད་ཡུན་ཐུང་བས། སྤྱིར་བཏང་དུ་ཕག་ཚང་ཧྲིལ་པོར་ཁྱབ་ནས་ཕག་ཚང་ཧྲིལ་པོ་འཆི་བ་ཡིན། ནད་རིགས་འདི་འབྱུང་བའི་དུས་ཚིགས་མངོན་གསལ་མེད།

4.དུག་སྲིན་རང་བཞིན་གྱི་ཁོག་པ་བཤལ་བ། འདི་ནི་གཙོ་བོ་འགོས་ནད

རང་བཞིན་གྱི་ཕོ་བ་དང་རྒྱ་མའི་གཉན་ཚད་དང་ཁོག་པ་བཤལ་བ་བཅས་ཀྱིས་བསྐྱེད་པའི་སྐྱུག་པ་དང་བཤལ་བའི་ནད་རྟགས་མངོན་པ་ཡིན། རྩ་སྨམ་ལ་དྲི་ངན་ཆེ། ཉིན 10ཙོན་ཀྱི་ཕག་ཕྲུག་ལ་འབྱུང་བ་མང་ལ་འཆི་གྲངས་ཀྱང་མང་།

5.ཞོར་སྐྱེས་སྲིན་འབུའི་ཁོག་པ་བཤལ་བ། འདི་ནི་སྲིན་འབུ་སྣ་ཚོགས་ཀྱིས་བསྐྱེད་པའི་ཁོག་པ་བཤལ་བའི་ནད་རིམས་ཤིག་ཡིན། ཉིན 20ཡན་གྱི་ཕག་ཕྲུག་ལ་འབྱུང་བ་ཡིན། ནད་རིམས་འདི་བརྒྱུད་རིམ་དལ་བ་དང་ཕག་ཕྲུག་གི་དང་ག་ཞན་པ། སྐྱ་ལུ་བ། དབུགས་འབྱིན་དཀའ་བ། བྱང་ཁྲག་ཉམས་པ་སོགས་ཀྱི་ནད་རྟགས་མངོན། འགའ་ཞིག་ལ་རྩ་འགག་པ་དང་ཁོག་བཤལ་བ་བྱུང་ངུ་འཕྲིལ་ཞིང་དྲོད་ཚད་རྒྱས་པའི་ནད་རྟགས་མངོན།

(གཉིས)སྔོན་འགོག་དང་སྨན་བཅོས།

1.མངལ་ཆགས་པའི་ཕག་མར་ཡོང་གའི་དབྱུག་སྲིན་སྨན་ཁབ་རྒྱག་པ། འདིས་འབྲུ་སེར་དང་འབྲུ་དཀར་སྔོན་འགོག་བྱེད་པར་ནུས་པ་ཆེན་པོ་འདོན་ཐུབ།

2.ཕག་རའི་ནང་ཁུལ་གྱི་གཙང་སྦྲ་ལེགས་སྐྱོང་བྱས་ཏེ་ཕག་མར་སྤྲི་དཀར་དང་འཚོ་བཅུད་བཟང་བའི་གཟན་ཆག་སྟེར་བ།

3.ཕག་ཕྲུག་ལ་ཕག་མས་ནུ་མ་སྣུན་དུས་དྲོད་ཚད་ལ་མཉམ་འཛོག་པ།

4.ཕག་གི་འཐུང་ཆུའི་ནང་དུ་འཚོ་བཅུད་དང་རིམས་འགོག་སྨན་རྫས་བསྲེས་ནས་ནད་རིམས་འབྱུང་བར་སྔོན་འགོག་བྱེད་པ། ནད་རིམས་བྱུང་ཡོད་པའི་ཕག་ལ་ཀྲི་ལི་ཙིན་ཀང་སོགས་སྨན་རྫས་དང་སྨན་ཁབ་རྒྱག་པ། ཕག་རེར་ཏའོ་ཧྲིན 2~3ཡིན།

5.ཐུའུ་མེ་སུའུ་དང་ལའོ་མེ་སུའུ། ཁླན་མེ་སུའུ། ཞིན་མེ་སུའུ། ཧྲི་ནན་ཙའོ་ཐིན། ཧྲི་ཧྲང་ཞིན་ནའོ་མིན། ལའེ་ཐེའུ་ལིན། ཏན་པིན་ཧྲ་ཞིན། ཆིན་མེ་སུའུ། ལིན་མེ་སུའུ་སོགས་སྨན་རྫས་སྤྱད་དེ་སྨན་བཅོས་བྱས་ཆོག

6.ཕག་མའི་མངལ་མ་གྲོལ་གོང་ལ་ཕག་མར་ཞིག་སོན་མའི་དང་ཤིང་མར་སོགས་རྩ་འགག་པ་དང་ཁོག་བཤལ་བར་ཕན་པའི་སྨན་འབྱུང་དུ་བཙུག་ཆོག ཙུ་སྣུན་ཕག་མའི་གཟན་ཆག་ནང་དུ་ཐུཙུ་མེ་སུཙུ་དང་ཧོང་མེ་སུཙུ་སོགས་སྨན་རྫས་བསྲེས་ཆོག

7.ལུས་ཚུ་ཤོར་བ་ཚབས་ཆེན་ཡིན་པའི་ཕག་ཕྲུག་གི་གསུས་ཁོག་སྟེང་དུ 5% རྒྱུན་འབྲུམ་མངར་ཆའམ་ལུས་འཕྲོད་ཚྭ་ཆུ་ཧ་འོ་ཧྲིན 10~30རྒྱུག་དགོས། དེའི་ནང་དུ་ཚོད་དང་མཐུན་པའི་དུག་སྲིན་འགོག་སྨན་ཁྲེ་ན་མེ་སུཙུ་དང་ལིན་མེ་སུཙུ་སོགས་བསྲེས་དགོས།

ལེའུ་དྲུག་པ། གཞི་གྲོན་ཅན་གྱི་ཕག་རའི་འཇུགས་སྐྱུན།

ས་བཅད་དང་པོ། ཕག་རའི་བཟོ་སྐྲུན་འཆར་འགོད།

གཅིག ཕག་རའི་གདམ་གསེས།

ཕག་ར་འདེམ་དུས་ངེས་པར་དུ་ཕག་རའི་ངོ་བོ་དང་གཞི་གྲོན། འོས་འགན་སོགས་ལ་དམིགས་ཏེ་སའི་དབྱིབས་དང་ས་བབ། ཆུ་འགོ ས་རྒྱུ། རང་ས་གནས་ཀྱི་གནམ་གཤིས་སོགས་རང་བྱུང་གི་ཁོར་ཡུག་ལ་བསྟུན་ཅི་ཐུབ་བྱེད་དགོས་པར་མ་ཟད། གཟན་ཆག་དང་ནུས་ཁུངས་མཁོ་སྤྲོད། འགྲིམ་འགྲུལ་སྐྱེལ་འདྲེན། ཐོན་རྫས་བྲིན་ཚོང་། ཉེ་འཁོར་གྱི་བཟོ་གྲྭ་དང་གྲོང་མི། གཞན་པའི་སྣ་ཕྱུགས་གསོ་སྐྱེལ་ར་བའི་བར་ཐག་སོགས་ལའང་བསམ་བློ་གཏོང་དགོས་ལ། དེའི་འཁོར་ད་དུང་རང་ས་གནས་ཀྱི་ཞིང་ལས་ཐོན་རྫས་དང་ཕག་རའི་གཅིན་ཧུག་ཐག་གཙོད་བྱེད་ནུས་སོགས་སྤྱི་ཚོགས་ཆ་རྐྱེན་ལའང་བསྟུན་ཏེ། ཕྱོགས་ཡོངས་ལ་ཞིབ་ཏུ་བརྟག་དཔྱད་དང་དབྱེ་ཞིབ་བྱས་རྗེས་ད་གཟོད་གསོ་སྐྱེལ་ར་བ་འདེམ་དགོས།

(གཅིག) ས་བབ་དང་ས་དབྱིབས།

1. ས་བབ། ཕག་རའི་ས་བབ་ནི་ས་ཐོད་ཡངས་ཤིང་བཀོད་པ་གྲ་དག་ཡིན་དགོས་ལ། ས་ཁྲོན་འདང་ངེས་ཚད་དང་ལོངས་པ་ཞིག་དགོས། སྤྱིར་བཏང་དུ

རྒྱུད་སྤེལ་ཕག་མ་རེར་སྨི་གྲུ་བཞི་མ 40~50དང་། ཚོང་རར་ཕྱིར་འཚོང་གསོ་ཕག་རེར་སྨི་གྲུ་བཞི་མ 3~4ཡོད། གཞན་ད་དུང་རང་ས་གནས་མཁར་གྲོང་འཛུགས་སྐྲུན་འཕེལ་རྒྱས་ཀྱི་འཆར་འགོད་དང་མཐུན་དགོས་པར་མ་ཟད། འཕེལ་རྒྱས་ཀྱི་མདུན་ལྗོངས་ལ་བསམས་ནས་ས་བབ་འཕྲོ་ལྷག་ཡོད་དགོས།

2.ས་དབྱིབས། ཕག་རའི་ས་དབྱིབས་ནི་ས་ཁོད་སྙོམས་ཤིང་སྐམ་ཤས་ཆེ་བ། ལྷགས་ཕྱོགས་མི་འཁེལ་བའི་ཉི་གདུང་ས་གནས་ཡིན་དགོས་པ་དང་། ས་འོག་གི་ཆུ་སྨི་གཉིས་མན་ནས་ཡོད་དགོས། ཕྱིར་བཏང་གི་སའི་གཟར་ཚད་ནི 1%~3%ཡིན་ལ་རབ་ཡིན་ན 20%ལས་བརྒལ་མི་རུང་། རི་སུལ་དང་གཞོང་ས་ནས་འཛུགས་སྐྲུན་བྱེད་མི་རུང་ལ་མཁའ་རླུང་ཆུ་འཁོར་དུ་གྲུབ་པར་གཟབ་དགོས། ནུབ་བྱང་ཕྱོགས་སུ་ཁ་གཏད་པའི་ལུང་མདོ་དང་གཞོང་རིང་ལ་གཡོལ་ཐབས་བྱས་ན་དབྱིད་ཀ་དང་དགུན་དུས་ཀྱི་རླུང་དང་ཁ་བའི་གནོད་པ་ཉུང་ཆུང་བ་ཡིན།

(གཉིས)ཆུ་ཁུངས་དང་ཆུ་གཤིས།

ཕག་རའི་ཆུ་ཁུངས་ཀྱི་ཆུ་ནི་འཛོམ་པོ་ཡིན་དགོས་ལ། ཆུ་གཤིས་བཟང་པོ་སྐྱེ་མིའི་འཐུང་ཆུའི་ཚད་གཞི་དང་མཐུན་ན་པེད་སྤྱོད་དང་གཙང་སྲ། དུག་སེལ་བཅས་བྱས་ན་སྟབས་བདེ་བ་ཡིན། ཆུ་ཁུངས་ཀྱི་ཆུ་ནི་གཙོ་བོ་ས་ངོས་ཀྱི་ཆུ་དང་ས་འོག་གི་ཆུ། ཆར་ཆུ་སོགས་ལ་གོ་བ་དང་། དེ་ལས་ཆུ་རྒྱུན་ཅན་གྱི་འབབ་ཆུ་དང་ས་འོག་གི་ཆུ་ཆེས་བཟང་བའི་ཆུ་ཁུངས་ཡིན། ས་ངོས་ཀྱི་ཆུས་ཕག་གསོ་དུས་འཚག་རྒྱག་དང་དུག་སེལ་བྱེད་དགོས་ལ་ཆུ་གསོག་རྫིང་བུའི་མཐའ་སྐོར་གྱི་སྨི་བརྒྱའི་ཚུན་ནས་འབབ་བཙོག་ཁུལ་གང་ཡང་ཡོད་མི་ཆོག་ལ། ཆུའི་སྟོད་རྒྱུད་ཀྱི་སྨི 1000དང་ཆུའི་སྨད་རྒྱུད་ཀྱི་སྨི 100ཡི་ཚུན་དུ་བཙོག་ཆུ་འདོན་གནས་ཡོད་མི་ཆོག ས་འོག་གི་ཆུས་ཕག་གསོ་དུས། ཁྲོན་པའི་མཐའ་བསྐོར་གྱི་སྨི 30ཚུན་དུ་སྤྱོད་ཁང་དང་སྐྱག་རྫིང་སོགས་སྦགས་ཁུངས་ཡོད་མི་ཆོག

ཆུ་ཁུངས་ཀྱིས་ཕག་གསོ་ར་བའི་ནང་ཁུལ་གྱི་འཚོ་བའི་བཏུང་ཆུ་དང་…… གསོ་ཕག་གི་འཁྲུད་ཆུ་སོགས་འདང་དགོས། གཞི་ཁྱོན་ཅན་གྱི་ཕག་ར་འི་ཉིན་…… གཅིག་གི་ཆུ་མཁོ་འདོན་བྱེད་ཚད་ནི་རེའུ་མིག 6–1ལྟར།

རེའུ་མིག 6–1 གཞི་ཁྱོན་ཅན་གྱི་ཕག་རའི་ཆུ་འདོན་ཟུར་དཔྱད་ཚད་གཞི།

ཆུ་འདོན་ཚད་གཞི།	ཕག 100ཟུང་གཞི་ ཕག་མའི་གཞི་ཁྱོན།	ཕག 300ཟུང་གཞི་ ཕག་མའི་གཞི་ཁྱོན།	ཕག 600ཟུང་གཞི་ ཕག་མའི་གཞི་ཁྱོན།
ཕག་རའི་ཆུ་འདོན་སྤྱི་གྲངས།	20	60	120
གསོ་ཕག་གི་འཁྲུད་ཆུའི་སྤྱི་གྲངས།	5	15	30

མཆན། ཚ་བ་དང་སྐམ་ཤས་ཆེ་བའི་ས་ཁུལ་གྱི་ཆུ་མཁོ་འདོན་བྱེད་ཚད 25%འཕར་སྣོན་བྱས…… ཚོག ཧྲིས་གཞི། ཏུན/ཉིན།

ཕག་རིགས་སོ་སོའི་ཉིན་གཅིག་གི་ཆུ་འདོན་ཚད་གཞི་དང་འཁྲུད་ཆུའི…… ཚད་གཞི་རེའུ་མིག 6–2ལྟར།

རེའུ་མིག 6 –2 ཕག་རིགས་སོ་སོའི་ཉིན་གཅིག་གི་ཆུ་འདོན་ཚད་གཞི་དང་འཁྲུད་ཆུའི་ཟུར་དཔྱད་ཚད་གཞི།

ཕག་རིགས།	མཁོ་ཆུའི་སྤྱི་གྲངས། (L)	འཁྲུད་ཆུའི་སྤྱི་གྲངས། (L)
ཕོ་ཕག	40	10
མངའ་མ་ཆགས་པའི་ཕག་མ།	40	12
ནུ་མ་སྣུན་པའི་ཕག་མ།	75	20
ནུ་མཚམས་བཅད་པའི་ཕག་ཕྲུག	5	2
འཚར་ལོངས་འབྱུང་བཞིན་པའི་ཕག	15	6
ཚོན་གསོ་ཕག	25	6

མཆན། རེའུ་མིག་སྟེང་གི་གྲངས་ཀ་ནི་ཆུ་ཁུངས་འདེམ་པར་དཔྱད་གཞིར་འདོན་སྤྲོད་བྱས་པ…… ཡིན།

(གསུམ)ས་རྒྱུའི་ཁྱད་ཆོས།

སྤྱིར་བཏང་གི་གནས་ཚུལ་འོག་ཏུ། ཕག་གསོ་རབ་པའི་ས་རྒྱུ་ནི་བྱེ་ས་སོབ་སོབ་ཅན་ཡིན་ན་རབ་ཡིན་ལ། བྱེ་སའི་རླུང་ཤོར་ནུས་པ་དང་ཆུ་སིམ་ནུས་པ་ཅུང་བཟང་བས། ཆར་རྗེས་འདམ་རྫབ་མི་འབྱུང་བར་གཡོལ་ཐུབ་པར་མ་ཟད། སྐྱེ་དངོས་ཕྲ་རབ་དང་ཞོར་སྐྱེས་སྲིན་འབུ། དུག་སྦྲང་དང་ཤ་སྦྲང་སོགས་སྐྱེ་འཕེལ་འབྱུང་བར་ཚོད་འཛིན་བྱེད་ཐུབ། བྱེ་ས་སོབ་མའི་ཚ་སྐྱིད་རང་བཞིན་དམན་པ་དང་དྲོད་ཚད་སྙོམ་འཛིན་བྱེད་ཐུབ་པས། ས་རྒྱུའི་དག་གཙང་དང་ཕག་གི་བདེ་ཐང་ངམ་གཙང་སྦྲ་རིམས་འགོག་ལ་ནུས་པ་ཆེན་པོ་འདོན་ཐུབ། ས་གནས་སྐོར་ཞིག་ནས་རང་བྱུང་ཁོར་ཡུག་དམན་པའི་དབང་གིས་ས་རྒྱུ་བཟང་པོ་བཙལ་རྒྱུ་ནི་ལས་ཁག་པོ་ཞིག་ཏུ་གྱུར་ཡོད་པས། ཕག་རའི་ཧུས་འགོད་དང་བཟོ་སྐྲུན། དོ་དམ་སོགས་བྱེད་དུས་ཐབས་ལམ་སྣ་མང་སྤྱད་དེ་དཀའ་ངལ་སེལ་ཐབས་བྱེད་དགོས།

(བཞི)གློག་འདོན་དང་འགྲིམ་འགྲུལ།

གློག་ཤུགས་འདོན་སྤྲོད་བྱེད་རྒྱུ་ནི་ཕག་རར་མཚོན་ན་ཤིན་ཏུ་གལ་ཆེ་བས། ཕག་གསོ་ར་བ་འདེམ་དུས་གློག་སྐྱེད་སྐྱུད་ལམ་དང་ཉེ་བའི་ས་གནས་ཤིག་བདམས་ན། གཅིག་ནས་གློག་ཤུགས་འདོན་སྤྲོད་བཟང་པོ་བྱེད་ཐུབ་པ་དང་། གཉིས་ནས་གློག་འདོན་མ་དངུལ་མང་པོ་གཏོང་མི་དགོས་པས་སོ། །ལྷག་པར་དུ་ལེགས་བསྒྲུས་ཞིབ་གཉེར་ཅན་དུ་གྱུར་ཡོད་པའི་ཕག་གསོ་ར་བར་མཚོན་ན་ངེས་པར་དུ་གདེང་འཁེལ་ཆེ་བའི་གློག་འདོན་མ་ལག་ཅིག་ཚང་དགོས་པར་མ་ཟད། གྲབས་སྤྱོད་བྱུས་ཆོག་པའི་གློག་ཁུངས་ཤིག་ཀྱང་དགོས།

ཕག་གསོ་ར་བ་འདེམ་དུས་འགྲིམ་འགྲུལ་སྟབས་བདེ་མིན་ལའང་དོ་སྣང་བྱེད་དགོས། ནད་རིམས་སྔོན་འགོག་དང་ཁོར་ཡུག་གང་དེའི་འབབ་བཙོག་གི་

གནད་དོན་སོགས་ལའང་བསམ་བློ་གཏོང་དགོས་པས། གཞུང་ལམ་དང་ལྟགས་ལམ་ལ་བར་ཐག་ཏ་ཙང་ཉེ་ན་མི་བཟང་བ་དང་། གཞུང་ལམ་དང་བར་ཐག་སྨི 400ཡི་ཡན་ཡོད་དགོས། སྤྱིར་བཏང་དུ་ལྟགས་ལམ་དང་རྒྱལ་ཁབ་ཀྱི་རིམ་པ་དང་པོའམ་གཉིས་པའི་གཞུང་ལམ་དང་བར་ཐག་སྨི 300~500ཡོད་དགོས་ལ། རབ་ཡིན་ན་སྨི 1000གི་ཡན་ཡོད་ན་བཟང་། རིམ་པ་གསུམ་པའི་གཞུང་ལམ (ཞིང་ཆེན་ནང་ཁུལ་གྱི་གཞུང་ལམ) དང་བར་ཐག་སྨི 150~200ཡོད་དགོས། རིམ་པ་བཞི་པའི་གཞུང་ལམ (རྫོང་རིམ་དང་ས་གནས་གཞུང་ལམ) དང་བར་ཐག་སྨི 50~100ཡོད་དགོས།

(༤) མཐའ་བསྐོར་ཁོར་ཡུག

ཕག་གསོ་ར་བ་འདེམ་དུས་ངེས་པར་དུ་སྤྱི་ཚོགས་སྤྱི་གཞུང་འཕྲོད་བསྟེན་དང་ཕྱུགས་ནད་སྔོན་པའི་འཕྲོད་བསྟེན་ཚད་གཞི་བརྩི་སྲུང་བྱས་ཏེ་མཐའ་བསྐོར་ཁོར་ཡུག་གི་འབབ་བཙོག་ཐོན་ཁུངས་སུ་འགྱུར་བར་སྔོན་འགོག་བྱེད་དགོས་པར་མ་ཟད། མཐའ་བསྐོར་ཁོར་ཡུག་གིས་གནོད་སྐྱོན་མི་ཐེབས་པར་མཉམ་འཇོག་བྱེད་དགོས། སྤྱིར་བཏང་དུ་ཕག་གསོ་ར་བ་ནི་སྡོད་དམངས་ཁུལ་གྱི་འོག་ཕྱོགས་སམ་དམའ་ས་ནས་ཡོད་དགོས་པ་དང་སྡོད་ཁུལ་གྱི་བཙོག་སེལ་ཆུ་ཀ་ལས་གཡོལ་དགོས། ཕན་ཚུན་ཕྱོགས་གཉིས་ཀར་འབབ་བཙོག་མི་བཟོ་ཆེད་སྡེ་གྲོང་སྡོད་ཁུལ་དང་བཟོ་གྲྭ། གཞན་པའི་སྒོ་ཕྱུགས་དང་ཁྱིམ་བྱ་གསོ་སྐྱེལ་ར་བའི་བར་ནས་བར་ཐག་འོས་འཚམ་ཡོད་དགོས། འཚོ་བའི་འཐུང་ཆུའི་ཆུ་ཁུངས་དང་གཞན་པའི་གསོ་སྐྱེལ་ར་བ། (གསོ་སྐྱེལ་སྡོད་ཁུལ) སྒོ་ཕྱུགས་དང་ཁྱིམ་བྱ་གསོ་སྐྱེལ་ར་བ། མཁར་གྲོང་སྡོད་ཁུལ། རིག་གནས་སློབ་གསོ་ཞིབ་འཇུག་སོགས་མི་གྲངས་ལྷན་འདུས་ས་ཁུལ་དང་སྨི 1000གི་བར་ཐག་ཡོད་དགོས། སྲོག་ཆགས་ལོགས་བཀར་ར་བ་དང་གནོད་མེད་གཙང་བཟོ་ར་བ། སྲོག་ཆགས་བཤའ་བའམ་ལས་སྣོན་ར

པ། སྲོག་ཆགས་དང་ཕྱུགས་ལས་ཐོན་རྫས་ཚོང་ར། སྲོག་ཆགས་ནད་བརྟག་སྨན་བཅོས་ཁང་སོགས་དང་སྨི 3000ཀྱི་བར་ཐག་ཡོད་དགོས། གལ་ཏེ་སྐོར་ཀྱུང་དང་སྟོང་ར་སོགས་ཡོད་ན་བར་ཐག་ཇེ་ཉེ་རུ་བཏང་ཆོག ཡུལ་སྐོར་ལྟོངས་རྒྱུ་ས་ཁུལ་དང་བཟོ་ལས་འབབ་བཙོག་ཚབས་ཆེན་ཡིན་པའི་ས་གནས་སུ་ཕག་ར་བསྐྲུན་མི་ཆོག

གཉིས། ཕག་རའི་འཆར་འགོད།

(གཅིག)ཕག་རའི་འཆར་འགོད་རྩ་དོན།

1.ཕག་གསོ་ར་བའི་འཛུགས་སྐྲུན་བྱེད་ཕྱོགས་དང་འོས་འགན་གསལ་པོར་མངོན་པའི་རྨང་གཞིའི་སྟེང་དུ། ས་ཞིང་གྲོན་ཆུང་ཅི་ནུས་བྱེད་དགོས།

2.ཕྱོགས་ཡོངས་ནས་རྟག་ལུད་གཙང་དག་དང་བེད་སྤྱོད་བྱེད་དགོས།

3.ས་དབྱིབས་དང་ས་སྟེང་གི་དངོས་པོ་ཚུལ་མཐུན་བེད་སྤྱོད་བྱས་ཐོག སྔར་ཡོད་ཀྱི་གཞུང་ལམ་དང་ཆུ་འདོན། གློག་འདོན། ཁང་བ་སོགས་བེད་སྤྱོད་བཟང་པོ་བྱས་ཏེ་དངུལ་གཏོང་མ་དངུལ་ཇེ་ཉུང་དུ་གཏོང་དགོས།

(གཉིས)ཕག་རའི་ནང་ཁུལ་གྱི་འཆར་འགོད།

ཕག་ར་ལ་སྤྱིར་བཏང་དུ་བྱེད་ནུས་ཁུལ་བཞི་ཡོད་དེ། འཚོ་བའི་ཁུལ་དང་ཐོན་སྐྱེད་དོ་དམ་ཁུལ། ཐོན་སྐྱེད་ཁུལ། ལོགས་བཀར་ཁུལ་བཅས་སོ། །ནད་རིམས་སྔོན་འགོག་དང་བདེ་འཇགས་ཐོན་སྐྱེད་བྱེད་པར་སྟབས་བདེ་བཟོ་ཆེད། རང་ས་གནས་ཀྱི་ལོ་ཧྲིལ་པོའི་རླུང་གི་འཁོར་ཕྱོགས་དང་ས་དབྱིབས་སོགས་ལ་དམིགས་ནས་གོ་རིམ་སྒྲིག་དགོས། རིམ་པ་གཤམ་ལྟར། འཚོ་བ་ཁུལ→ཐོན་སྐྱེད་དོ་དམ་ཁུལ→ཐོན་སྐྱེད་ཁུལ→ལོགས་བཀར་ཁུལ།

1.འཚོ་བའི་ཁུལ། འདིའི་ཁོངས་སུ་རིག་གནས་རོལ་རྩེད་ཁང་དང་ལས་བཟོ་པའི་མལ་ཁང་། ཟ་ཁང་སོགས་འདུས། འདི་ནི་དོ་དམ་མི་སྣ་དང་དེའི་ཁྱིམ་

མི་ནམ་རྒྱུན་འཚོ་བ་རོལ་ཡུལ་ཡིན་པས་ཟུར་གནས་སུ་ཁེར་སྐྲུན་བྱེད་དགོས། འཛུགས་སྐྲུན་གྱི་གཞི་ཁྱོན་དང་མ་དངུལ་སོགས་ཀྱི་གནད་དོན་ལ་དམིགས་ནས། རྒྱ་ཁྱོན་ཆུང་ཆུང་བའི་ཕག་གསོ་ར་བ་ཡིན་ན་འཚོ་བའི་ཁུལ་ནི་ཐོན་སྐྱེད་དོ་དམ་ཁུལ་དང་མཉམ་སྐྲུན་བྱས་ཀྱང་ཆོག་ལ། འཚོ་བའི་ཁུལ་ནི་རླུང་གི་འཁོར་ཕྱོགས་དང་ཅུང་མཐོ་བའི་ས་གནས་སུ་སྐྲུན་དགོས།

2.ཐོན་སྐྱེད་དོ་དམ་ཁུལ། འདིའི་ཁོངས་སུ་ཕག་གསོ་ར་བའི་ཐོན་སྐྱེད་དོ་དམ་ཕྱོགས་ལ་ངེས་པར་དུ་མཁོ་བའི་ཞོར་གཏོགས་ཁང་བ་སོགས་འདུས། དཔེར་ན། གཞུང་ལས་ཁང་དང་སྣེ་ལེན་ཁང་། ནོར་དོན་ཁང་། ཚོགས་འདུ་ཁང་། ལག་རྩལ་ཁང་། རྫས་འགྱུར་བརྟག་ཞིབ་ཁང་། གཟན་ཆག་ལས་སྒྲོན་བཀོད་སྒྲིག་ཁང་། གཟན་ཆག་གསོག་ཉར་མཛོད་ཁང་། ཆུ་གློག་འདོན་སྤྲོད་སྒྲིག་ཆས་ཁང་། རླངས་འཁོར་ཁང་བ། དངོས་ཟོག་མཛོད་ཁང་སོགས་ཡོད། འདི་ནི་ནམ་རྒྱུན་གྱི་གསོ་ཚགས་ལས་དོན་དང་འབྲེལ་བ་ཆེན་པོ་ཡོད་པས་ཐོན་སྐྱེད་ཁུལ་དང་བར་ཐག་ཤིན་ཏུ་རིང་ན་མི་བཟང་། ས་དབྱིབས་ཀྱི་སྟེང་ནས་ཐོན་སྐྱེད་ཁུལ་ལས་ཅུང་མཐོ་དགོས་ལ་རླུང་གི་འཁོར་ཕྱོགས་དེ་ལས་ལྡོག་པ་ཡིན་ན་བཟང་། གཞན་ཐོན་སྐྱེད་ཁུལ་གྱི་སྒོ་ཆེན་ཐོན་སྐྱེད་དོ་དམ་ཁུལ་གྱི་ནང་ཁུལ་ནས་ཡོད་དགོས་ལ། ཕྱོགས་གཉིས་ཀ་ནས་སྒོ་སྲུང་ཁང་དང་དུག་སེལ་ལྷ་བཟེ་ཁང་སྐྲུན་དགོས། ཐོན་སྐྱེད་དོ་དམ་ཁུལ་གྱི་སྒོ་ཆེན་ཁ་ནས་དུག་སེལ་ཆུ་རྫིང་དགོས། རླངས་འཁོར་དོ་དམ་ཁུལ་དུ་སོང་ཆོག

3.ཐོན་སྐྱེད་ཁུལ། འདིའི་ཁོངས་སུ་ཕག་ར་སོ་སོ་དང་ཐོན་སྐྱེད་སྒྲིག་ཆས་སོགས་འདུས། འདི་ནི་ཕག་གསོ་ར་བའི་ཆེས་གལ་ཆེ་བའི་ཁུལ་ཁོངས་ཤིག་ཡིན། སྤྱིར་བཏང་དུ་ཕག་གསོ་ར་བ་སྤྱིའི་འཛུགས་སྐྲུན་གྱི 70%~80%ཟིན། ཕྱི་ཡོང་མི་སྣ་དང་རླངས་འཁོར་གང་རུང་ཕག་གསོ་ར་བའི་ནང་དུ་ཡོང་མི་ཆོག

ཕོན་སྐྱེད་ཁུལ་གྱི་ཕག་རའི་ཁོངས་སུ་རྒྱུད་སྤེལ་ར་བ་དང་ཕག་མ་གསོ་ར། ཕག་ཕྲུག་བཙས་ར། ཕག་ཕྲུག་གསོ་ར། འཚར་སྐྱེ་གསོ་ར་སོགས་འདུས། བཀོད་སྒྲིག་བྱེད་དུས་ནད་རིམས་སྔོན་འགོག་དང་དོ་དམ་ལེགས་པོ། གསོ་ར་གྲོན་ཆུང་བྱེད་པའི་རྩ་དོན་རྒྱུན་འཁྱོངས་བྱེད་དགོས། རྒྱུད་སྤེལ་ར་བ་གཞན་པའི་ར་བ་དང་ཡོགས་སུ་བཀར་དགོས་ལ། མི་འགྲོ་འོང་ཉུང་བ་དང་ས་དབྱིབས་ཅུང་མཐོ་ས་ནས་སྐྲུན་དགོས། རྒྱུད་སྤེལ་ཕོ་ཕག་ར་བར་མང་ལ་སྦྲུམ་མེད་པའི་ཕག་མ་གསོ་རའི་ལྷུང་མི་རྒྱུ་བའི་ས་གནས་སུ་བསྐྲུན་ན། གཅིག་ནས་ཕག་མའི་དྲི་མས་མི་གནོད་པ་དང་། གཉིས་ནས་རྒྱུད་སྤེལ་ཕོ་ཕག་གི་སྟེང་ནས་མཆེད་པའི་དྲི་མས་ཕག་མར་དུས་རྩ་ལངས་པར་ཕན་ནུས་ལྡན་པས་སོ། །ཕག་ཕྲུག་བཙས་ར་ནི་ཕག་མ་གསོ་ར་དང་ཕག་ཕྲུག་གསོ་ར་གཉིས་ཀར་བར་ཐག་ཉེ་དགོས། ཕག་ཕྲུག་གསོ་ར་དང་འཚར་སྐྱེ་གསོ་ར་ནི་ལྷུང་གི་ཁ་གཏད་མ་ཡིན་པའི་ས་གནས་སུ་སྐྲུན་དགོས་ལ། ཕྱིར་ཕུད་སྙི་ཚང་དང་བར་ཐག་ཉེ་དགོས། ཕག་ར་འཆར་འགོད་བྱེད་དུས་ཁ་ཕྱོགས་ནི་རང་ས་གནས་དབྱར་དུས་ཀྱི་ལྷུང་གཡུག་ཕྱོགས་དང་ཟུར་ཚད 30°~60°ཡོད་ན་ཤིན་ཏུ་བཟང་། མདོར་ན། རང་ས་གནས་ཀྱི་རང་བྱུང་ཁོར་ཡུག་གི་ཆ་རྐྱེན་ལྟར། ཕན་ནུས་ལྡན་པའི་མཐུན་རྐྱེན་བཟང་པོ་བེད་སྤྱོད་བྱས་ཏེ་འཆར་འགོད་ཀྱི་སྟེང་དུ་ཕོན་སྐྱེད་ལ་རམ་འདེགས་གང་ལེགས་ཡོང་དགོས།

4.ཡོགས་བཀར་ཁུལ། འདིའི་ཁོངས་སུ་ཕྱུགས་ནད་སྨན་བཅོས་ཁང་དང་ཡོགས་བཀར་ཁང་། གཤགས་ལས་ཁང་། གཙང་དག་སྒྲིག་ཆས་ཁང་། སྒྲིག་ཆས་གསོག་ཉར་ཁང་སོགས་འདུས། འདི་ནི་འཕྲོད་བསྟེན་རིམས་འགོག་དང་ཁོར་ཡུག་སྲུང་སྐྱོང་གི་གལ་ཆེའི་ས་གནས་ཤིག་ཡིན་པས། ཕག་གསོ་ར་བ་སྤྱིའི་དམའ་ས་ནས་སྐྲུན་དགོས། ཕྱུགས་ནད་སྨན་བཅོས་ཁང་ནི་ཕོན་སྐྱེད་ཁུལ་དང་བར་ཐག་ཅུང་ཉེ་ན་ཆོག་ལ་གཞན་པ་རྣམས་ཕོན་ཁུལ་དང་བར་ཐག་རིང་དགོས། ཕག

གསོ་ར་བའི་ནང་ཁུལ་དུ་ཆེད་དུ་རྟུག་ལུད་གཙང་དག་བྱེད་པའི་མཕོ་ཆས་སྒྲིག་དགོས་པར་མ་ཟད། ཕོར་ཡུག་སྲུང་སྐྱོང་གི་བླང་བྱ་དང་མཐུན་དགོས་ཏེ། ཕོར་ཡུག་ལ་འབབ་བཙོག་བཟོ་མི་ཆོག

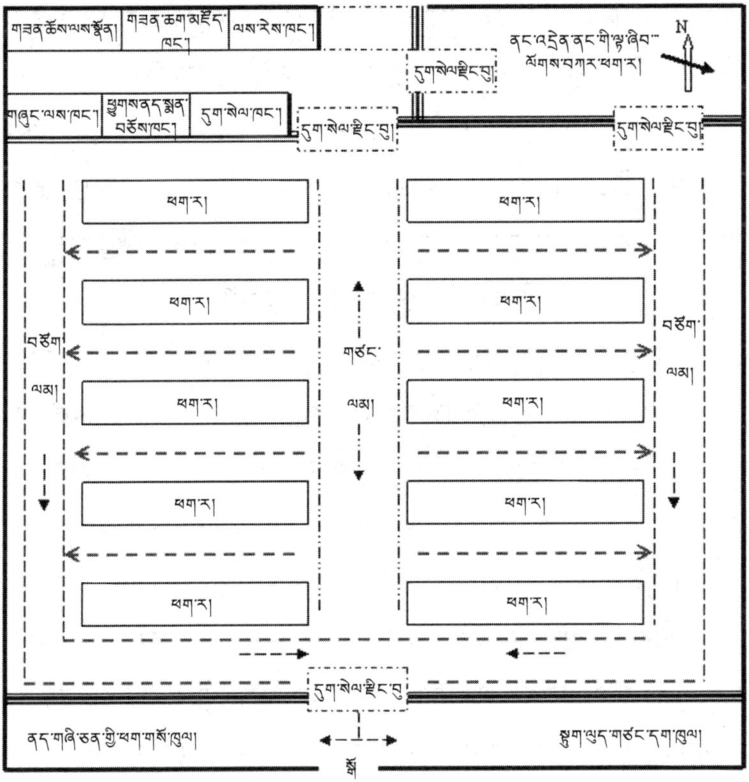

རི་མོ 6–1 གཞི་གྲྭོན་ཅན་གྱི་ཕག་རའི་ངོས་ལེབ་བཟོ་བཀོད་རི་མོ།

གསུམ། ཕག་གསོ་ར་བའི་འཛུགས་སྐྲུན་བཟོ་བཀོད།

ཕག་གསོ་ར་བའི་འཛུགས་སྐྲུན་དངོས་པོའི་བཟོ་བཀོད་ནི། ཚུལ་དང་མཐུན་པའི་སྒོ་ནས་ཕག་ར་སོ་སོ་དང་སྒྲིག་བཀོད་ཀྱི་སྟར་ཕྲེང་སྒྲིག་སྟངས་དང

རིམ་པར་རྟུས་འགོད་བྱས་ཏེ། ཕག་རའམ་འཛུགས་སྐྲུན་དངོས་པོ་དང་སྒྲིག་ཆས་སྣ་ཚོགས་ཀྱི་གནས་ས་དང་འཁོར་ཕྱོགས། ཕན་ཚུན་གྱི་བར་ཐག་སོགས་གཏན་ལ་འབེབས་རྒྱུ་དེ་ཡིན། གསོ་སྐྱེལ་ར་བའི་རྒྱ་ཁྱོན་དང་གསོ་རའི་དོ་དམ་བྱེད་ཐབས། ལེགས་བསྡུས་ཞིབ་གཉེར་ཅན་དུ་གྱུར་པའི་ཚད་གཞི། འཕྲུལ་ཆས་ཅན་དུ་གྱུར་པའི་ཚད་གཞི། གཟན་ཆག་གི་མཐོ་གྲངས་དང་འདོན་གྲངས་སོགས་ཀྱི་གནས་ཚུལ་ལ་དམིགས་ནས། ཕག་རའམ་འཛུགས་སྐྲུན་དངོས་པའི་བཟོ་དབྱིབས་དང་རིགས་སྣ། ཆེ་ཆུང་། གྲངས་ཀ་སོགས་ཕྱོགས་ཡོངས་ནས་ཞིབ་མོར་བཏང་རྗེས། ད་གཟོད་བཟོ་བཀོད་ཀྱི་རྟུས་གཞི་དང་བཟོ་བཀོད་རི་མོ་གཏན་ཁེལ་བྱེད་ཐུབ། (རི་མོ 6−1) ཕག་རའི་སྟར་ཕྲེང་སྒྲིག་སྟངས་དང་བཟོ་བཀོད་ངེས་པར་དུ་ཐོན་སྐྱེད་བཟོ་རྩལ་བརྒྱུད་རིམ་གྱི་བླང་བྱ་དང་མཐུན་དགོས། ཕྱིར་བཏང་དུ་རྒྱུད་སྐྱེལ་ར་བ་དང་ཕག་མ་གསོ་ར། ཕག་ཕྲུག་བཙས་ར། ཕག་ཕྲུག་གསོ་ར། འཚར་སྐྱེ་གསོ་རའི་རིམ་པ་ལྟར་བསྒྲིགས་པ་ཡིན། ཕག་ར་སོ་སོར་བཀར་ན་དོ་དམ་བྱེད་སླ་བར་མ་ཟད་ནད་རིམས་འགོག་པར་ཡང་ནུས་པ་མི་དམན་པ་འདོན་ཐུབ།

(གཅིག)ཕག་རའམ་འཛུགས་སྐྲུན་དངོས་པའི་སྟར་ཕྲེང་སྒྲིག་སྟངས།

ཕག་རའི་སྟར་ཕྲེང་སྒྲིག་སྟངས་ནི་ཁེར་སྒྲིག་དང་ཉིས་སྒྲིག སུམ་སྒྲིག(རི་མོ 6−2)སོགས་གང་རུང་ཡིན་ཆོག ཕག་ར་རྟུས་འགོད་བྱེད་དུས་དོག་ཅིང་རིང་བ་ཞིག་ཡིན་ན། གཟན་ཆག་དང་རྒུག་ལུད་རྣམས་འགྲིམ་འགྲུལ་བར་ཐག་རིང་བ་དང་དོ་དམ་བྱས་ནའང་སྟབས་མི་བདེ་བར་མ་ཟད། འགྲོ་ལམ་དང་ཆུ་སྦུག་ཀྱང་རིང་དགོས་པས་དཔལ་འབྱོར་གྱི་འགྲོ་སོང་ཆུང་ཆེ། ལག་བསྟར་དངོས་ལ་ཞུགས་དུས། ས་དབྱིབས་དང་ཕག་རའི་གྲངས་ཀ ཕག་རའི་ཆེ་ཆུང་སོགས་གནས་ཚུལ་དངོས་ལ་དམིགས་ནས་བཀོད་སྒྲིག་བྱེད་རྒྱུ་གལ་ཆེ།

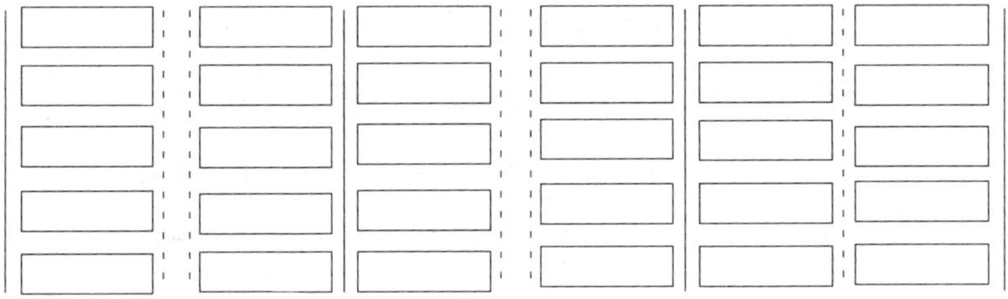

ཁེར་སྒྲིག་བཟོ་བཀོད། ཉིས་སྒྲིག་བཟོ་བཀོད། སུམ་སྒྲིག་བཟོ་བཀོད།

——གཙང་ཆུའི་ཆུ་ཀ ……བཙོག་ཆུའི་ཆུ་ཀ

རི་མོ 6–2 ཕག་རའི་འཛུགས་སྐྲུན་དངོས་པོའི་སྟར་སྒྲིག་དཔེ་དབྱིབས་རི་མོ།

(གཉིས)འཛུགས་སྐྲུན་དངོས་པོའི་ས་གནས།

ཕག་ར་དང་སྒྲིག་ཆས་ཀྱི་ས་གནས་གཏན་ཁེལ་བྱེད་དུས། ཐོག་མར་ཕན་ཚུན་བར་གྱི་བྱེད་ནུས་ཀྱི་འབྲེལ་བ་དང་འཕྲོད་བསྟེན་རིམས་འགོག་གི་བླང་བྱར་བསམ་བློ་བཏང་ནས། བཟོ་བཀོད་བྱེད་དུས་ཕན་ཚུན་ལ་འབྲེལ་བ་ཆེ་བ་རྣམས་ཕྱོགས་གཅིག་ཏུ་བསྡུས་ཏེ་ཐུབ་བྱས་ན་ཐོན་སྐྱེད་ཀྱི་དུས་སུ་སྟབས་བདེ་འབྱུང་། (རི་མོ 6–3)

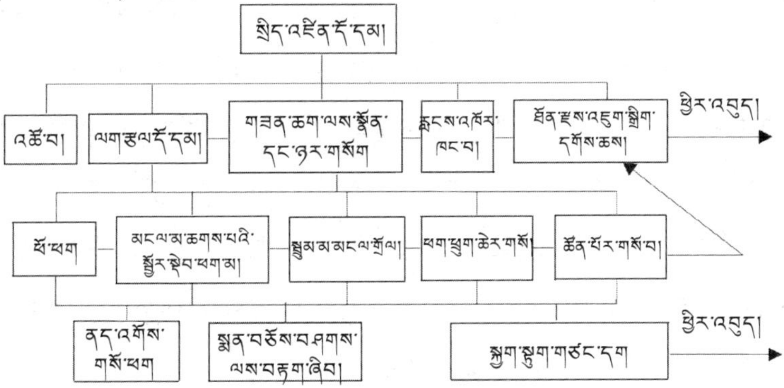

རི་མོ 6–3 ཕག་རའི་འཛུགས་སྐྲུན་དངོས་པོ་སྣ་ཚོགས་དང་སྒྲིག་ཆས་བྱེད་ལས་ཀྱི་འབྲེལ་བའི་དཔེ་དབྱིབས་རི་མོ།

(གསུམ)འཇུགས་སྐྲུན་ཁང་བའི་འཁོར་ཕྱོགས་དང་བར་ཐག

1.འཁོར་ཕྱོགས། འཇུགས་སྐྲུན་ཁང་བའི་འཁོར་ཕྱོགས་གཏན་ཁེལ་བྱེད་དུས་གཙོ་བོ་ནི་ཉི་འོད་འཕྲོ་ཚད་དང་རླུང་གི་བརྒྱུད་ཕྱོགས་ལ་བསམ་བློ་གཏོང་དགོས། ཕག་རའི་ཆེས་འོས་འཚམ་གྱི་འཁོར་ཕྱོགས་ནི། དགུན་དུས་ཉི་ཟེར་འཕྲོ་ཞིང་འཁྱག་རླུང་ཉུང་བ་དང་དབྱར་དུས་ཉི་ཟེར་འཕྲོ་ཡུན་ཐུང་ཞིང་རླུང་མང་དུ་བརྒྱུད་པ་ཡིན་ན་རབ་ཡིན། བྱེ་བྲག་ཏུ་བཤད་ན་ལྷོ་ཕྱོགས་དང་ལྷོ་ཤར་རམ་ལྷོ་ནུབ་ཀྱི་ཕྱོགས་ལ་45°ཡིན་ན་བཟང་།

2.བར་ཐག ཕག་ར་སོ་སོའི་བར་ཐག་གཏན་ཁེལ་བྱེད་དུས་ཉི་མའི་འོད་ཟེར་དང་རླུང་གི་བརྒྱུད་ཕྱོགས། ནད་རིམས་སྔོན་འགོག མེ་འགོག ས་ཞིང་གྲོན་ཆུང་སོགས་ཕྱོགས་ཡོངས་ལ་བསམ་བློ་གཏོང་དགོས། བར་ཐག་ཆེ་ན་རླུང་བརྒྱུད་ཚད་དང་རྒྱུག་ལུད་གཙང་དག ནད་རིམས་སྔོན་འགོག མེ་འགོག་སོགས་ལ་བཟང་ཡང་ས་རྒྱ་ཆུང་ཆེ་དགོས་ལ། བར་ཐག་ཆུང་ན་དེ་ལས་ལྡོག་པའོ། །

ཉི་མའི་འོད་ཟེར་འཕྲོ་ཚད་ལ་བརྟེན་ནས་ཕག་ར་སོ་སོའི་བར་ཐག་གཏན་ཁེལ་བྱེད་དུས། བར་ཐག་ནི་བྱ་འདབ་མཐོ་ཚད་ཀྱི་ལྡབ་3~4ཡོད་ན་ཉི་ཟེར་འཕྲོ་ཚད་ཀྱི་རེ་འདོད་སྐོང་ཐུབ། བར་ཐག་ནི་བྱ་འདབ་མཐོ་ཚད་ཀྱི་ལྡབ་3~5ཡོད་ན་རླུང་གི་བརྒྱུད་ཕྱོགས་དང་ནད་རིམས་སྔོན་འགོག་གི་རེ་འདོད་སྐོང་ཐུབ། མེ་འགོག་རྒྱུ་ཆར་བརྟེན་ནས་ཕག་ར་སོ་སོའི་བར་ཐག་གཏན་ཁེལ་བྱེད་དུས་སྨི་6~8ཡོད་དགོས། ཉི་མའི་འོད་ཟེར་དང་རླུང་གི་བརྒྱུད་ཕྱོགས། ནད་རིམས་སྔོན་འགོག མེ་འགོག་སོགས་ཕྱོགས་ཡོངས་ལ་དམིགས་ནས་བཤད་ན། བར་ཐག་ནི་བྱ་འདབ་མཐོ་ཚད་ཀྱི་ལྡབ་3~5ལས་དམའ་མི་རུང་།

(བཞི)གཞན་པའི་དགོས་ཆས།

1.ཕག་རའི་ནང་ཁུལ་གྱི་འགྲོ་ལམ་དང་ཆུ་ཡུར། ཕག་རའི་ནང་ཁུལ་གྱི་

འགྲོ་ལམ་ལ་སྤྱི་གཞུང་གི་འགྲོ་ལམ་དང་ཐོན་སྐྱེད་ཁུལ་གཙང་ལམ(བཙོག་ལམ)རིགས་གཉིས་ཡོད། ཐོན་སྐྱེད་ཁུལ་གྱི་གཙང་ལམ་དང་བཙོག་ལམ་སྣོལ་མི་རུང་ལ་ཕན་ཚུན་སོ་སོར་དགར་དགོས། གཙང་ལམ་གྱི་སྤྱོད་ཡུལ་ནི་ལས་བཟོ་པ་འགྲོ་བ་དང་གཟན་ཆག་སྐྱེལ་འདྲེན་བྱེད་པ་སོགས་ཡིན། བཙོག་ལམ་གྱི་སྤྱོད་ཡུལ་ནི་རྐྱག་ལུད་དང་ནད་འགོས་གསོ་ཕག ཤི་ཕག་སོགས་སྐྱེལ་འདྲེན་བྱེད་པ་ཡིན། སྤྱི་གཞུང་གི་འགྲོ་ལམ་ལའང་གཙོ་བོ་དང་ཕལ་བ་རིགས་གཉིས་ཡོད། བྱེད་ནུས་ཁུལ་སོ་སོའི་བར་གྱི་འགྲོ་ལམ་ནི་འགོག་སྐོར་ལམ་གྱི་དབྱིབས་སུ་གྲུབ་དགོས། ཕག་རའི་ནང་ཁུལ་གྱི་འགྲོ་ལམ་གཙོ་བོ་ཕྱིའི་གཞུང་ལམ་དང་སྦྲེལ་དགོས། འགྲོ་ལམ་གཙོ་བོའི་ཁོད་ཆེ་ཆུང་སྤྱི་བཏང་དུ་སྨི་བཞི་ཡིན་དགོས་ལ། གཞན་པའི་འགྲོ་ལམ་རྣམས་སྨི་གསུམ་ཡོད་པས་ཆོག ལམ་ངོས་ནི་སྤྱིར་བཏང་དུ་ས་འདམ་དང་བྱེ་གསེག་ཡིན། སྐོར་བའི་ཚངས་ཕྱེད་སྨི་དགུ་ལས་དམའ་མི་རུང་ལ། ཕག་རའི་ནང་ཁུལ་གྱི་འགྲོ་ལམ་གྱི་གཟར་ཚད་སྤྱིར་བཏང་དུ 2.5%ཙམ་དུ་ཚོད་འཛིན་བྱེད་དགོས།

ཕག་རའི་ནང་ཁུལ་གྱི་གཟར་ཚད 1%~3%ཡིན་ན་རབ་ཡིན། འགྲོ་ལམ་གྱི་འགྲམ་ནས་ཆུ་ཀ་ཡོད་དགོས། ཆར་ཆུའི་བཞུར་ཀ་ས་ངོས་དང་ས་འོག་གང་རུང་ནས་བསྐྱུན་ཏེ་ཕྱིར་འདོན་དགོས། ཕག་ར་དང་འཇུགས་སྐྱུན་ཁང་པ་སོ་སོའི་ནང་ནས་ཕྱིར་བཏོན་པའི་བཙོག་ཆུ་རྣམས་ཆུ་སྦུག་བརྒྱུད་ནས་ཕྱིར་བཙོག་ཆུ་གཙང་དག་རྫིང་བུའི་ནང་དུ་འདོན་པ་ཡིན་ལ། གཙང་སེལ་ཚད་གཞི་རྒྱལ་ཁབ་ཀྱི་གཏན་ཁེལ་དང་མཐུན་དགོས།

2.ཕག་ར་ལྗོང་བསྐྱུར། ལྗོང་བསྐྱུར་བྱས་ན་ཁོར་ཡུག་མཛེས་བཟོ་དང་མཁའ་རླུང་གཙང་བཟོ་བྱེད་ཐུབ་པར་མ་ཟད། ཚ་བ་དང་གྲང་ངར་ཡང་འགོག་ཐུབ་པས། ཕག་གསོ་རབའི་གནམ་གཤིས་དང་ལེགས་བཅོས་དང་ཞུར་སྦྲ་ཇེ……

དམའ་རུ་བཏང་ནས། བདེ་འཇགས་ཐོན་སྐྱེད་ལ་སྐུལ་འདེད་དང་དཔལ་འབྱོར་ཁེ་ཕན་ཇེ་མཐོར་གཏོང་བར་ནུས་པ་གལ་ཆེན་ལྡན། ཕག་གསོ་ར་བའི་ནང་དུ་སྡོང་པོ་འཛུགས་དུས། དགུན་དུས་ཀྱི་རླུང་གི་ཁ་ཕྱོགས་ལ་དམིགས་ནས་རླུང་འགོག་ཤིང་ནགས་སྐྲུན་ཆོག ཕག་རའི་མཐའ་བསྐོར་དང་ཕག་ར་ཕན་ཚུན་གྱི་བར། གཞུང་ལམ་གྱི་འགྲམ་ལ་སྡོང་པོ་དང་མེ་ཏོག་སོགས་གང་རུང་འཛུགས་པའམ་བཏབ་ནས་ལྗང་བསྒྱུར་གཞི་ཁྱོན་50%ལས་དམའ་མི་རུང་།

ས་བཅད་གཉིས་པ། ཕག་ར་འཛུགས་སྐྲུན།

ཕག་ར་ནི་ཕག་གསོ་ར་བའི་གྲུབ་ཆ་གཙོ་བོ་དང་ཁོར་ཡུག་བཟོ་སྐྲུན་གྱི་དགོས་ཆས་གཙོ་བོའང་ཡིན། ཕག་རའི་ཁོར་ཡུག་དང་དྲོད་ཚད་འོས་ཤིང་འཚམ་པ་ཞིག་ཡིན་ན། ཕག་ཕྲུག་འཚར་ལོངས་དང་རྒྱུད་འཕེལ་བཟང་བར་མ་ཟད། ཕག་རའི་ནང་ཁུལ་གྱི་མཁའ་དབུགས་ལེགས་པ་དང་སྐམ་ཤས་ཆེ་ན་དོ་དམ་དང་སོན་ཕག་ཐོན་སྐྱེད་ལའང་ཕན་ནུས་གལ་ཆེན་ལྡན།

གཅིག ཕག་ར་འཛུགས་སྐྲུན་གྱི་རྩིས་འགོད་རྩ་དོན།

1. ཕག་རའི་ནང་གི་མཁའ་དབུགས་དང་ཁོར་ཡུག་གཙང་དག་ཡོང་བར་ཁག་ཐེག་བྱེད་དགོས་པ་དང་། རྒྱུན་ཆགས་ཀྱི་ཉི་ཟེར་དང་རླུང་རྒྱུ་སྒྲིག་བཀོད་བཟང་པོ་ཞིག་ལྡན་པ། དགུན་དུས་དྲོད་འཛིན་པ། དབྱར་དུས་བསིལ་མོ་དང་སྐམ་ཤས་ཆེ་བ་ཞིག་ཡིན་དགོས། རྩིས་འགོད་ཀྱི་སླང་བྱ་ནི་གྲང་ངར་ཆེ་ས་ནས་དྲོད་འཛིན་རྒྱུ་དང་བཞའ་ཚན་སྔོན་འགོག་ལ་དམིགས་པ། ཚ་བ་ཆེ་ས་ནས་དྲོད་འགོག་པ་གཙོ་བོར་བཟུང་བ་དང་མཉམ་དུ། གྲང་ངར་དང་བཞའ་ཚན་ལའང་སྔོན་འགོག་བྱེད་དགོས།

2.ཕག་རའི་ནང་ཁུལ་ནས་གཙང་སྦྲའི་སྒྲིག་ཆས་འཁྲུས་སྒོ་ཚང་བ་ཞིག་ཡོད་པ་དང་། འཐུང་ཆུ་དང་ཐོན་སྐྱེད་དོ་དམ་ཐད་ལ་བེད་སྤྱོད་བྱེད་པའི་ཆུ་འདང་ངེས་ཅན་ཞིག་ཡོད་པ། ད་དུང་བཅོག་སེལ་སྒྲིག་བཀོད་ཚང་བ།

3.འཕྲུལ་གློག་གི་སྒྲིག་ཆས་ལ་མཉམ་སྡེབ་བྱས་ཏེ་འཕྲུལ་གློག་སྒྲིག་ཆས་དང་ཆུ་འདོན་སྒྲིག་ཆས་སོགས་ལྷུ་སྒྲིག་དང་བཀོལ་སྤྱོད་སོགས་ལ་བྱང་ཆ་ལྡན་པར་བྱས་ནས་ངལ་རྩོལ་ཐོན་སྐྱེད་ཚད་གཞི་ཇེ་མཐོར་གཏོང་བ།

4.དུས་སྐབས་སོ་སོའི་འགྱུར་ལྡོག་དང་བླང་བྱར་དམིགས་ནས། རྒྱུན་ཆགས་ཀྱི་འཚོ་བ་དང་ཐོན་སྐྱེད་ཀྱི་ཁོར་ཡུག་རྒྱུན་འཁྱོངས་བྱེད་དགོས་པར་མ་ཟད། ཕག་རའི་ཆགས་ཚུལ་ལ་དགེ་མཚན་ལྡན་པའི་ཁྱད་ཆོས་ལྡན་དགོས།

5.ས་བབ་དང་བསྟུན་པ། རྒྱུ་ཆ་རང་འཚོལ། མ་རྩ་ཇེ་དམའ། དངུལ་གཏོང་ཇེ་ཉུང་།

གཉིས། ཕག་ར་འཛུགས་སྐྲུན་གྱི་གཞི་རྩའི་གྲུབ་ཚུལ།

འདིའི་ཁོངས་སུ་ས་རྡོས་དང་ཀྱུང་རྡོས། སྒོ་དང་ཁྲ་མིག ཁང་ཐང་སོགས་ཡིན། འདི་ལ་ཕག་རའི་ཕྱི་སྐོར་ར་བའི་གྲུབ་ཚུལ་ཡང་ཟེར།

(གཅིག)རྡིག་གདན་དང་རྨང་གཞི།

འཛུགས་སྐྲུན་དངོས་པོ་སྤྱིའི་ས་རིམ་འདེགས་སྐྱོར་བྱེད་པ་ལ་རྡིག་གདན་ཟེར། ཕག་ར་མང་ཤོས་ནི་བརྩེགས་རིམ་རྐྱང་མ་ཡིན་པས་ས་རིམ་སྟེང་ནས་སྟོན་ཤུགས་དང་ཉེན་ཁ་ཆེན་པོ་མེད་ལ། ཕྱིར་བཏང་གི་རང་བྱུང་གི་རྡིག་གདན་སྟེང་དུ་འཛུགས་སྐྲུན་བྱས་པས་ཆོག རང་བྱུང་གི་རྡིག་གདན་འདེམ་དུས་ས་རིམ་གྱིས་ངེས་པར་དུ་ཚད་ལོངས་པའི་ལྗི་དངོས་འདེགས་སྐྱོར་བྱེད་ཐུབ་དགོས། ས་རིམ་མཐུག་ཚད་འདང་དགོས། ཆུས་བཤལ་སླ་བ་དང་གཏོས་ཆེ་རུ་འགྲོ་བ་ཞིག་མི་རུང་བར་མ་ཟད། ས་འོག་གི་ཆུ་སྐྱི་གཉིས་མན་དང་བསླད་སྐྱོན་གཏོང་བའི་ནུས

པ་ཡོད་མི་ཆོག བྱེ་མ་དང་རྫ་ཧྲིག རྫ་ས་སོགས་འདུས་པའམ་མཐུག་ཚད་འདང་བ། ཆུས་བཤལ་དཀའ་བའི་ས་རིམ་ནི་ཆེས་བཟང་བའི་རང་བྱུང་གི་རྩིག་གདན་ཡིན། ས་སྨུགས་དང་ས་སེར། སྐྱེ་དངོས་ཡོད་པའི་ས་རིམ་རྩིག་གདན་དུ་གདམ་མི་རུང་།

རྨང་གཞི་ནི་རྩིག་གྲུང་སའི་འོག་ཏུ་མ་འཐིམ་པའི་རིམ་པ་དེ་ཡིན་ལ། རྩིག་གྲུང་གི་འདེགས་སྐྱོར་གཙོ་བོ་ཡིན། འདིའི་ནུས་པ་གཙོ་བོ་ནི་ཕག་རའི་ལྗི་ཚད་དང་ཁང་སྟོད་དུ་ཆགས་པའི་ཁ་བ། རྩིག་གྲུང་སོགས་འགྲོག་པའམ་འཁྱུར་རྒྱུ་དེ་ཡིན། དེ་བས་རྨང་གཞི་ནི་ངེས་པར་དུ་སྲ་ཞིང་བརྟན་པ། ཡུན་རིང་ཐུབ་པ། བཞའ་ཚན་འགོག་པ། ས་འགུལ་དང་ཆུའི་སྐྱོན་ལས་ཐར་ཐུབ་པ་ཞིག་ཡིན……དགོས། སྤྱིར་བཏང་དུ་རྨང་གཞི་ནི་རྩིག་གྲུང་ལས་ལིས་སྨི 10 ~15ལས་མཐུག་དགོས། རྨང་གཞིའི་མཐུག་ཚད་ཕག་ར་སྤྱིའི་འཁྱུར་པོ་དང་རྩིག་གདན་གྱི་འགྲོག་ཚད། ས་འོག་ཆུའི་གཏིང་ཚད། གནམ་གཤིས་སོགས་ལ་དམིགས་ནས་གཏན་ཁེལ་བྱེད་དགོས། རྨང་གཞི་བརླན་གཤེར་གྱིས་བཟུང་ན་གྲུང་ངོས་དང་ཕག……རའང་རྙོན་པར་འགྱུར་བས་རྨང་གཞིའི་བརླན་འགོག་བཞའ་འགོག་ལ་མཉམ……འཛོག་བྱེད་དགོས།

(གཉིས)ས་ངོས།

ཕག་རའི་ས་ངོས་ནི་གསོ་ཕག་འགུལ་སྐྱོད་དང་ཕག་ལྟོ་འཐུང་བ། ཉལ···བ། གཅིན་རྟུག་གཏོང་སའི་གནས་ཡིན་པས། ཕག་རའི་མཁའ་རླུང་གི་ཁོར་ཡུག་དང་གཙང་དག་གི་གནས་ཚུལ། བཀོལ་སྤྱོད་ཀྱི་རིན་ཐང་སོགས་དང་འབྲེལ་བ་དམ་པོ་ཡོད། ས་ངོས་ནས་ཡལ་ཤོར་དུ་གྱུར་པའི་དྲོད་ཚད་ཀྱིས་ཕག་ར་སྤྱིའི་དྲོད་ཤོར་ཚད་གྲངས་ཀྱི 12%~15%ཟིན། ཕག་རའི་ས་ངོས་ནི་དྲོད་འཛིན་པ། སྲ་ཞིང་འཁྲིགས་པ། ཆུ་མི་སིམ་པ། བདེ་ཞིང་སྙོམས་པ། མི་ཤུད་པ། གཙང་སྦྲ་དང་

དུག་སེལ་བྱེད་བདེ་བ་ཞིག་ཡིན་དགོས། ས་རྡོས་ཀྱི་གཟེར་ཚད་ནི་སྤྱིར་བཏང་དུ 2% ~3%ཡིན་ན་ས་རྡོས་སྐམ་ཤས་ཆེ་བར་ཕན་པ་ཡོད། ཕག་རའི་ས་རྡོས་ལ་གདོས་བཅས་ཀྱི་ས་རྡོས་དང་སེར་ཆད་པང་གཅལ་གཉིས་འདུས།

ས་རྒྱུའི་ས་རྡོས་དང་གསུམ་བསྲེས་ས་རྡོས། སོ་ཕག་ས་རྡོས་ཀྱི་དྲོད་འཛིན་ནུས་པ་བཟང་ནའང་། སྲ་མཁྲེགས་མིན་པ་དང་རྩུབ་སེམ་པ། གཙང་དག་དང་དུག་སེལ་བྱེད་དཀའ་བ་ཡིན། ཨར་འདམ་གྱི་ས་རྡོས་ནི་སྲ་ཞིང་མཁྲེགས་ལ་སྤྱོད་ཡུན་རིང་བ། བདེ་ཞིང་སློམས་པ། གཙང་དག་དང་གཙང་སྦྲ་བྱེད་བདེ་ནའང་དྲོད་འཛིན་གྱི་ནུས་པ་མི་བཟང་། ཨར་འདམ་ས་རྡོས་ཀྱི་དྲོད་ཆ་ངས་ཤོར་ཚད་མགྱོགས་པའི་སྐྱོན་ཆ་ཁྱད་གསོད་བྱེད་ཆེད། ས་རྡོས་ཀྱི་འོག་རིམ་ལ་རྗེ་སོལ་སྲེག་ར་དང་སྦོས་སྐྱིད་ལུ་ཧྲིག་བྲག་རྡོ། ཁོག་སྟོང་སོ་ཕག་སོགས་བརྩུག་ན་ས་རྡོས་ཀྱི་དྲོད་འཛིན་ནུས་པ་ཇེ་བཟང་དུ་གཏོང་ཐུབ། གདོས་བཅས་ཀྱི་ས་རྡོས་སྟེང་དུ་ཕག་ཕྲུག་གསོས་ན་མི་བཟང་། སེར་ཆད་པང་གཅལ་ནི་ཨར་འདམ་དང་ཤིང་ཆ། ལྕགས་རིགས། སྦྱོར་འགྲིག་བཅས་ཀྱིས་བཟོས་པ་ཡིན་ལ། སྤྱོད་ཡུལ་ནི་གསོ་ཕག་དང་གཅིན་རྐྱག་སོ་སོར་འཕྲལ་བྱེད་ཡིན། དེས་ཁོར་ཡུག་གཙང་སྦྲ་དང་སྐམ་འཛིན། ལྷག་པར་དུ་ཕག་ཕྲུག་གསོ་སྐྱོང་བྱེད་པར་ཕན་ནུས་ཆེན་པོ་ལྡན།

(གསུམ)རྩིག་གྱང་།

རྩིག་གྱང་ནི་ཕག་རའི་འཛུགས་སྐྲུན་གྱི་གལ་ཆེའི་གྲུབ་ཆ་ཞིག་ཡིན་ལ། ཕག་ར་དང་ཕྱི་རོལ་གཉིས་ཀ་བྲལ་བ། ཕག་རའི་ནང་ཁུལ་གྱི་དྲོད་ཚད་དང་རློན་ཚད་སོགས་རྒྱུན་འཛིན་བྱེད་པར་ནུས་པ་གལ་ཆེན་ལྡན། ཚད་འཇལ་གཏན་ཁེལ་བྱས་པ་ལྟར་ན། ཕག་རའི་དྲོད་ཤོར་སྤྱི་གྲངས་ཀྱི 35%~40%ནི་གྱང་རྡོས་བརྒྱུད་ནས་ཤོར་བ་ཡིན། གྱང་རྡོས་ཀྱི་ཕན་ནུས་མི་འདྲ་བ་ལྟར་དབྱེ་ན། ཐེག་འཁུར་གྱང་དང་བར་གྱང་། ཕྱི་གྱང་། ནང་གྱང་། གཞུང་གྱང་། གཞོགས་གྱང་སོགས་ཡོད།

ཕག་རའི་རྩིག་ཀྱང་གི་སྤྱིའི་བཟོ་བཀོད་ནི་སྲ་ཞིང་མཁྲེགས་པ། ཡུན་རིང་ཐུབ་པ། གཡོ་འགུལ་ཐེག་ཐུབ་པ། ཆུ་འགོག་ཐུབ་པ། མེ་འགོག་ཐུབ་པ། གྲང་ངར་འགོག་ཐུབ་པ་ཞིག་ཡིན་དགོས། བྱེ་བྲག་གི་བཤད་ན། རྩིག་ཀྱང་གི་སྲ་མཁྲེགས་དང་འཁྱུར་ཐེག བརྟན་པོའི་ཚད་གཞི་ནི་ཆགས་ཚུལ་རྒྱུས་བཀོད་ཀྱི་བླང་བྱ་ངེས་པར་མཐུན་དགོས། རྩིག་ཀྱང་གི་ཕྱི་ངོས་གཙང་དག་དང་དུག་སེལ་བྱེད་སླ་མོ་ཞིག་དགོས་པས། ས་ངོས་ཡན་གྱི་སྨི 1~1.5ཡི་མཐོ་ཚད་ལ་ཨར་འདམ་གྱིས་རྩིག་ཡོལ་དགོས། རྩིག་ཀྱང་ལ་ད་དུང་དྲོད་འཛིན་ནུས་པ་བཟང་པོ་ཞིག་དགོས་ཏེ། སྤྱིར་བཏང་དུ་ས་ཕག་དང་དེའི་ཕྱི་ངོས་རྗེ་ཐལ་དཀར་མོའམ་བྱེ་འདམ་གྱིས་དཀར་རྩི་བཏང་ན། དྲོད་ཤུགས་འཛིན་ལ་བརྟན་གཤེར་འགོག་པར་མ་ཟད། ཕག་རའི་ནང་ཁུལ་གྱི་ཉི་ཟེར་བཟང་ལ་དུག་སེལ་བྱས་ནའང་སྟབས་བདེ་ཡིན།

རྩིག་ཀྱང་གི་མཐུག་ཚད་ནི་རང་ས་གནས་ཀྱི་གནམ་གཤིས་དང་རྩིག་ཀྱང་རྒྱུ་ཆར་དམིགས་ནས་གཏན་ཁེལ་བྱེད་དགོས། ཕག་རའི་རྩིག་ཀྱང་གཙོ་བོའི་མཐུག་ཚད་ནི་སྤྱིར་བཏང་དུ་ལིས་སྨི 37~49ཡིན་དགོས།

(བཞི)སྒོ་དང་ཁྲ་མིག

ཕག་ར་ལ་སྒོ་བཙུགས་ན་ཕག་ཡར་མར་ལ་སྤོ་བསྒྱུར་བྱེད་པ་དང་གཟན་ཆག་སྐྱེལ་འདྲེན་བྱེད་པ། རྟུག་ལུད་གཙང་དག་བྱེད་པ་སོགས་ལ་སྟབས་བདེ་བསྐྲུན་ཐུབ། ཕག་གསོ་ར་བ་གཅིག་ལ་ཉུང་ནའང་སྒོ་གཉིས་དགོས་ཏེ། སྤྱིར་བཏང་གི་སྣེ་གཉིས་ལ་འཛུགས་པ་ཡིན། སྒོ་ཕྱི་ཕྱོགས་ལ་འབྱེད་པ་དང་སྒོའི་ཕྱི་ཐུར་ལམ་ཡིན་ན། ཕག་སྤོ་བསྒྱུར་དང་ལག་འབུད་འཁྱིག་འཁོར་འདྲེད་པར་སྟབས་བདེ་བསྐྲུན་ཐུབ། སྒོའི་མཐོ་ཚད་སྨི 2~2.4དང་ཞེང་ཁའི་ཆེ་ཆུང་སྨི 1.5~2ཡོད་དགོས། སྒོར་བརྟེན་ནས་དྲོད་ཤོར་ཚད་སྤྱིར་བཏང་དུ 4%~8%ཡིན་པས།

སྒོ་འཛུགས་དུས་སྐབས་ཀ་དང་བར་གསེང་མེད་པའི་སྲ་ཞིང་བརྟན་པ་ཞིག་ཡིན་དགོས་ལ། དགུན་དུས་སྒོ་ཡོལ་འཐེན་ནའང་ཆོག

ཏ་མིག་གི་བྱེད་ནུས་གཙོ་བོ་ནི་ནང་དུ་དཀར་གསལ་རྒྱུག་རྒྱུ་དང་རླུང་རྒྱུག་རྒྱུ་དེ་ཡིན། ཏ་མིག་ཆེ་ན་དཀར་གསལ་ཆེ་བ་དང་རླུང་རྒྱུག་ཚད་བཟང་ནའང་། དགུན་དུས་དྲོད་ཤོར་ཚད་དང་དབྱར་དུས་ཚ་བ་སྣུད་ཚད་ཀྱང་མང་བས། དགུན་དུས་ཀྱི་དྲོད་འཛིན་དང་དབྱར་དུས་ཀྱི་ཚ་གཡོལ་གཉིས་ཀར་ཕན་པ་མེད། ཏ་མིག་གི་ཆེ་ཆུང་དང་གྲངས་ཀ གཟུགས་དབྱིབས། གནས་ས་ནི་རང་ས་གནས་ཀྱི་གནམ་གཤིས་ལ་དམིགས་ཏེ་ཧུས་འགོད་འོས་འཚམ་བྱེད་དགོས། སྤྱིར་བཏང་དུ་ཏ་མིག་གིས་ཕག་རའི་སྤྱིའི་རྒྱ་ཁྱོན་གྱི 10% ~12.5% ཟིན་པ་དང་། ཏ་མིག་རྡེགས་བུའི་མཐོ་ཚད་ནི་སྨི 0.9~1.2 ཡིན་ལ། ཁང་བའི་མདའ་གཡབ་ལ་སྨི 0.3~0.4 ཡི་བར་ཐག་ཡོད་དགོས།

(ལྔ)རྒྱ་ཐིབས།

རྒྱ་ཐིབས་ཀྱི་ཕན་ནུས་གཙོ་བོ་ནི་ཆར་རླུང་གཡོལ་བ་དང་དྲོད་ཚད་འཛིན་འགོག་བྱེད་རྒྱུ་དེ་ཡིན་པས། སྲ་ཞིང་མཁྲེགས་པ། ལྗི་ནོན་ནུས་པ། ཆར་རླུང་འགོག་པ། མེ་ཐུབ་པ། གྲུབ་ཚུལ་ཡང་ཞིང་ལེགས་པ་ཞིག་ཡིན་དགོས་པར་མ་ཟད། དབྱར་དུས་ཚ་འགོག་ཐུབ་པ་དགུན་དུས་དྲོད་འཛིན་ཐུབ་པ་ཞིག་ཀྱང་ཡིན་དགོས། ཕག་རའི་ནང་ཁུལ་ལ་ཡོལ་བ་འཐེན་ན་དྲོད་འཛིན་ཚ་འགོག་གི་ནུས་པ་ཇེ་མཐོར་འགྲོ་ནའང་། མ་དངུལ་གཏོང་ཚད་ཀྱང་དེ་བཞིན་དུ་ཇེ་མཐོར་འགྲོ་བ་ཡིན།

ཕག་རའི་མཐོ་ཚད་ཀྱིས་ཕག་རའི་ནང་ཁུལ་གྱི་མཁའ་རླུང་གི་བཟང་ངན་དང་དོ་དམ་བཀོལ་སྤྱོད་ཐག་གཅོད་བྱེད་བཞིན་ཡོད་པས། ཕག་རའི་ནང་ཁུལ་གྱི་ཕག་གི་འགྲུལ་སྐྱོད་བར་གསེང་གི་མཐོ་ཚད་ས་ངོས་ལས་སྨི་གཅིག་གི་ཡན་དང

མིའི་འགུལ་སྐྱོད་ཀྱི་བར་གསེང་ས་ངོས་ནས་སྨི་གཉིས་ཡས་མས་ཡོད་དགོས། ཕག་རའི་ནང་ཁུལ་གྱི་མཁའ་དབུགས་བཟང་པོ་རྒྱུན་འཁྱོངས་བྱེད་ཆེད་ཕག་རའི་བར་གསེང་ནི་ཚད་དང་རན་པ་ཞིག་ཡིན་དགོས་ཏེ། ཏ་ཙང་མཐོ་ན་དགུན་དུས་དྲོད་འཛིན་མི་ཐུབ་ལ་ཏ་ཙང་དམའ་ན་དབྱར་དུས་ཚ་བ་འགོག་མི་ཐུབ་པས། སྤྱིར······བཏང་གི་མཐོ་ཚད་ནི་སྨི 2.2~3ཡིན་ན་རབ་རེད། གྲང་ངར་ཆེ་བའི་ས་ཁུལ་ནས་ཕག་རའི་མཐོ་ཚད་ཇེ་དམའ་རུ་བཏང་ཆོག

གཤམ་ནས་ནམ་རྒྱུན་མཐོང་ཐུབ་པའི་ཕག་རའི་ཚད་གཞི་འགའ་ངོ་སྤྲོད་བྱས་ཆོག་སྟེ། ①རིང་ཚད་སྨི 80~100 ཞེང་སྨི 8~10 མཐོ་ཚད་སྨི 2.4~2.5 ②རིང་ཚད་སྨི 40~50 སྟར་རྐྱང་གི་ཞེང་སྨི 5~6 མཐོ་ཚད་སྨི 2.3~2.4 ③རིང་ཚད་སྨི 40 ~50 སྟར་གཉིས་ཀྱི་ཞེང་སྨི 8 ~10 མཐོ་ཚད་སྨི 2.3~2.4 ④རིང་ཚད་སྨི 20~25 སྟར་རྐྱང་གི་ཞེང་སྨི 5~6 མཐོ་ཚད་སྨི 2.4~2.5 ⑤རིང་ཚད་སྨི 20~25 སྟར་གཉིས་ཀྱི་ཞེང་སྨི 8~9 མཐོ་ཚད་སྨི 2.4~2.5ཡིན།

གསུམ། ཕག་ར་བཟོ་སྐྲུན་གྱི་ལྷང་བྱ།

(གཅིག)ནམ་རྒྱུན་མཐོང་ཐུབ་པའི་ཕག་རའི་རིགས་སྣ།

ཕག་རར་རྒྱ་ཐིབས་ཀྱི་བཟོ་དབྱིབས་དང་རྩིག་གྲུང་གི་གྲུབ་ཚུལ། ཁྲ་མིག་ཕག་རའི་སྟར་ཕྲེང་ལྟར་དབྱེ་ན་གཤམ་ལྟར།

1.རྒྱ་ཐིབས་ཀྱི་བཟོ་དབྱིབས་ལྟར་དབྱེ་ན། ཐུར་ངོས་གཅིག་ཅན་དང་ཐུར་ངོས་གཉིས་ཅན། ཐོག་ཁེབས་སྒོམས་པ་སོགས་ཡོད། (རི་མོ 6~4)

(1)ཐུར་ངོས་གཅིག་ཅན། བརྐྱལ་ཐག་ཆུང་བ། སྒྲིག་གཞི་སྟབས་བདེ། བཟོ་སྐྲུན་གྱི་འགྲོ་གྲོན་དམའ་བ། དཀར་གསལ་དང་རླུང་རྒྱུག་ཚད་བཟང་བ····བཅས་ཀྱིས། གཞི་ཁྱོན་ཆུང་བའི་ཕག་གསོ་ར་བར་འཚམ་པ་ཡིན།

(2)ཐུར་ངོས་གཉིས་ཅན། བརྒྱལ་ཐག་ཆེ་ལ་འདི་ནི་སྟར་གཉིས་ཕག་ར་དང་སྟར་མང་ཕག་རའི་རྒྱུན་མཐོང་གི་བཟོ་དབྱིབས་ཤིག་ཡིན། སྒྲིར་བཏང་དུ་ཁང་སླད་ལ་རྫ་གཡམ་འགྲེམ་པ་ཡིན། བཟོ་སྐྲུན་གྱི་འགྲོ་གྲོན་ཐོག་ཁེབས་སྒོམས་པའི་ཕག་ར་ལས་དམའ་ཡང་། དབྱར་དུས་ཟླུར་གནས་སུ་ཚ་གཡོལ་མ་ལག་འཇུགས་དགོས།

(3)ཐོག་ཁེབས་སྒོམས་པ། འདི་ནི་ཕག་རའི་རྒྱུ་ཐེབས་ཨར་འདམ་ལྕགས་རྩིབས་མའི་རྒྱུ་ཆས་བཟོ་སྐྲུན་བྱས་པ་ཡིན་ལ། ཁང་སླད་ནས་ཆུ་སྐྱིལ་ཚོག་པ་དང་དྲོད་འགོག་ཐུབ་པར་མ་ཟད། དབྱར་དུས་ཚ་བ་ལས་གཡོལ་བར་ཕན་ནུས་ཆེན་པོ་ལྡན།

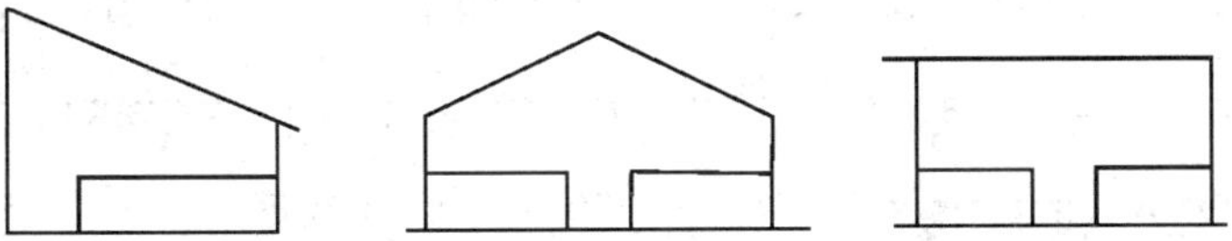

ཐུར་ངོས་གཅིག་ཅན། ཐུར་ངོས་གཉིས་ཅན། ཐོག་ཁེབས་སྒོམས་པ།

རི་མོ 6–4 ནམ་རྒྱུན་མཐོང་ཐུབ་པའི་ཕག་རའི་རིགས་སྣ།

2.རྩིག་གྱང་གི་གྲུབ་ཚུལ་དང་དྲ་མིག་ལྟར་དབྱེ་ན། ཁང་སླད་མེད་པ་དང་ཕྱེད་ཀར་ཁང་སླད་ཡོད་པ། ཁ་སྲུབ་པ་གསུམ་མོ། །

(1)ཁང་སླད་མེད་པའི་ཕག་ར། མཐའ་གཉིས་ཀྱི་རྩིག་གྱང་ལས་ཁང་སླད་མེད་པ། འདིའི་སྒྲིག་གཞི་སྟབས་བདེ་ལ་དཀར་གསལ་དང་རླུང་རྒྱུག་ཚད་བཟང་བ། བཟོ་སྐྲུན་གྱི་འགྲོ་གྲོན་ཆུང་བ། དབྱར་དུས་ཚ་གཡོལ་བྱེད་ཐུབ་པ་བཅས་ཀྱི་ཁྱད་ཆོས་ཡོད། དགུན་དུས་རྔུས་བསླས་པའི་ཡོལ་བའམ་སྤྱིས་འཁྱིག་འཐེན་ན་དྲོད་འཛིན་ནུས་པ་རྗེ་མཐོར་འགྲོ་བ་ཡིན།

(2)ཕྱེད་ཀར་ཁང་སླད་ཡོད་པའི་ཕག་ར། མཐའ་གཉིས་ཀྱི་རྩིག་གྱང་

ལས་ཁང་སླད་ཕྱེད་ཀ་ཡོད་ཀྱང་ཕྱེད་ཀ་མེད་པ། འདིའི་རིགས་གོང་ནས་བརྗོད་པའི་ཁང་སླད་མེད་པའི་ཕག་ར་ལས་ཅུང་བཟང་།

(3)ཁ་སྒུབ་ཕག་ར། འདི་ལའང་དྲ་མིག་ཡོད་པ་དང་མེད་པ་གཉིས་སོ། །དང་པོ་དྲ་མིག་ཡོད་པ་ནི། ཕྱོགས་བཞི་པོར་རྩིག་གྱང་ཡོད་ལ་དྲ་མིག་གཞུང་ཕྱོགས་ཀྱི་གྱང་རྩོམ་སྟེང་དུ་འཛུགས་དགོས། དྲ་མིག་གི་ཆེ་ཆུང་དང་གྲངས་ཀ་སྒྲིག་གཞི་བཅས་ནི་རང་ས་གནས་ཀྱི་གནམ་གཤིས་དང་མཁའ་དབུགས་ལ་བསྟུན་ནས་གཏན་ཁེལ་བྱེད་དགོས། བྱང་ཕྱོགས་ས་ཁུལ་གྱི་ཕག་རའི་ལྷོ་ཕྱོགས་ཀྱི་དྲ་མིག་ཆེ་བ་དང་བྱང་ཕྱོགས་ཀྱི་དྲ་མིག་ཅུང་ཆུང་ན་དྲོད་འཛིན་པར་ཕན་པ་ཡོད། གཉིས་པ་དྲ་མིག་མེད་པ་ནི། ཕྱོགས་བཞི་པོར་རྩིག་གྱང་ཡོད་ལ་གྱང་རྩོམ་སུ་མཐོ་བསྟུན་དྲ་མིག་ལས་ཅི་ཡང་མེད། འདི་ནི་ཕྱི་རོལ་གྱི་ཁོར་ཡུག་དང་ཁ་ཐྲལ་བ་ཅུང་བཟང་། ཕག་རའི་ནང་ཁུལ་གྱི་ཉི་ཟེར་དང་རླུང་རྒྱུག་ཚད། དྲོད་ཚད། རློན་ཚད་སོགས་ནི་མིས་བསྐྲུན་སྒྲིག་ཆས་ཀྱིས་ཚོད་འཛིན་བྱེད་དགོས། འདིའི་ཐོན་སྐྱེད་ཀྱི་ནུས་ཚད་ཅུང་མཐོ་བས། འཛུགས་སྐྲུན་གྱི་མ་རྩ་དང་འགྲོ་གྲོན་ཡང་ཅུང་མཐོའོ། །

3.ཕག་རའི་སྟར་ཕྲེང་ལྟར་དབྱེ་ན། སྟར་ཕྲེང་གཅིག་ཅན་དང་སྟར་ཕྲེང་གཉིས་ཅན། སྟར་ཕྲེང་དུ་མ་ཅན། (རི་མོ 6–5)

(1)སྟར་ཕྲེང་གཅིག་ཅན། ཀྱག་ཀྱོག་ཅི་ཡང་མེད་པའི་སྟར་ཕྲེང་གཅིག་ཅན་གྱི་ཕག་ར་སྟེ། སྤྱིར་བཏང་དུ་གཟན་གསོ་འགྲོ་ལམ་ནི་ཕག་རའི་བྱང་ཕྱོགས་ཀྱི་རྩིག་གྱང་འགྲམ་དུ་གཏོད་པ་ཡིན། ཕག་རའི་ཕྱི་རོལ་ནས་ལུས་རྩལ་ཐང་ཆེན་ཡོད་ཅིང་ཚོག་ལ་མེད་ཅིང་རུང་། བར་ཐག་ཆེན་པོ་ཡོད་མི་དགོས། སྒྲིག་གཞི་སྟབས་བདེ་ལ་བཟོ་སྐྲུན་གྱི་འགྲོ་གྲོན་ཆུང་ནའང་། འཕྲུལ་ཆས་ཅན་གྱི་ངོ་དམ་རྣམ་པར་མི་འཚམ།

(2)སྟར་ཕྲེང་གཉིས་ཅན། སྟར་ཕྲེང་རིམ་པ་གཉིས་ཡོད་པའི་ཕག་ར་སྟེ། སྟར་རིམ་གཉིས་ཀའི་བར་ནས་འགྲོ་ལམ་གཏད་ཚོག གཅིན་རྫུག་དག་གཙང་བྱེད་པར་སྟབས་བདེ་བཟོ་ཆེད་མཐའ་གཉིས་ནས་འགྲོ་ལམ་གཏོད་པའང་ཡོད། འདིའི་རིགས་ནི་ཕག་རའི་གཞི་ཁྱོན་ལ་ཆུད་ཟོས་མེད་པར་བེད་སྤྱོད་ཀྱི་ནུས་ཚད་མཐོ་ལ། དྲོད་འཛིན་བཟང་བ་དང་དོ་དམ་བྱེད་བདེ་བས་འཕྲུལ་ཆས་ཀྱིས་དོ་དམ་གསོ་ཚགས་བྱས་ནའང་ཚོག མིག་སྔར་གཞི་ཁྱོན་ཅུང་ཆེ་བའི་ཕག་ར་མང་ཤོས་ནི་སྟར་ཕྲེང་གཉིས་ཅན་ཡིན།

(3)སྟར་ཕྲེང་དུ་མ་ཅན། སྟར་ཕྲེང་དུ་མ་ཅན་ནི་སྟར་ཕྲེང་གསུམ་མམ་དེའི་ཡན་ལ་གོ་བ་ཡིན། འདིའི་རིགས་ནི་ཕག་རའི་གཞི་ཁྱོན་ལ་ཆུད་ཟོས་མེད་པར་བེད་སྤྱོད་ཀྱི་ནུས་ཚད་མཐོ་ལ་དྲོད་འཛིན་བཟང་བ། ཤོང་ཚད་དམ་ཆུད་ཚད་མང་བ། དོ་དམ་བྱེད་སླ་བ་སོགས་ཀྱི་ཁྱད་ཆོས་ཡོད་ཀྱང་། ཉི་ཟེར་མི་བཟང་བ་དང་བརླན་ཆེ་བ། རླུང་མི་རྒྱུག་པ་སོགས་ཀྱི་སྐྱོན་ཆའང་ཡོད་པས། ངེས་པར་དུ་འཕྲུལ་ཆས་དང་མེར་བརྟེན་ནས་རླུང་རྒྱུག་ཚད་དང་ཉི་ཟེར་འཕྲོ་ཚད། དྲོད་གཤེར་འཛིན་ཚད་ལ་རོགས་འདེགས་བྱེད་དགོས།

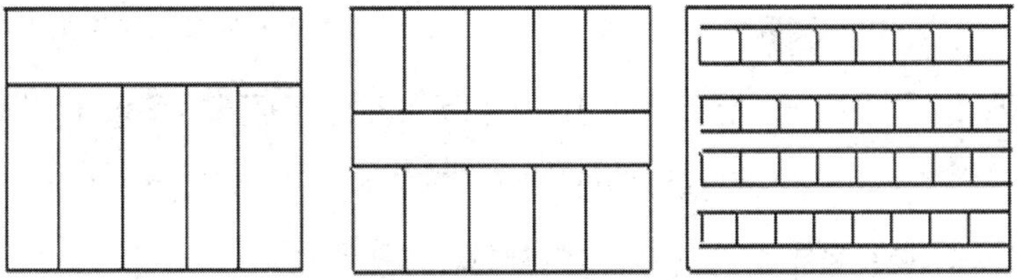

སྟར་ཕྲེང་གཅིག་ཅན། སྟར་ཕྲེང་གཉིས་ཅན། སྟར་ཕྲེང་དུ་མ་ཅན།

རི་མོ 6–5 ཕག་རའི་སྟར་ཕྲེང་སྒྲིག་སྟངས།

(གཉིས)ཕག་རའི་ནང་ཁུལ་གྱི་བཀོད་སྒྲིག

1.ཕོ་ཕག་གསོ་ར། ཕོ་ཕག་ནི་སྤྱིར་བཏང་དུ་སྟར་ཕྲེང་གཅིག་ཅན་གྱི་ཕག་

རའི་ནང་དུ་གསོ་བ་དང་། ཕག་རའི་མཐོ་ཚད་ནི་སྨི 2.3 ~3དང་ཞེང་ཚད་ནི་སྨི 4~5ཡིན། ཕག་རའི་ཕྱིའི་ཉིན་ཕྱོགས་ནས་ལུས་རྩལ་ཐང་ཆེན་ཡོད་དགོས། ཕོ་ཕག་རྣམས་ཕག་ར་རེ་རེའི་ནང་དུ་གསོ་བའོ། །

2.མངལ་མ་ཆགས་པ་དང་མངལ་སྦྲུམ་ཕག་མ་གསོ་ར། མངལ་མ་ཆགས་པ་དང་མངལ་སྦྲུམ་ཕག་མ་ནི་སྐར་ཕྲེང་གཅིག་ཅན་དང་སྐར་ཕྲེང་གཉིས་ཅན། སྐར་ཕྲེང་དུ་མ་ཅན་གང་རུང་དུ་གསོས་ཆོག་པར་མ་ཟད། མང་པོ་མཉམ་གསོ་དང་ཁེར་གསོ་གང་རུང་ཡིན་ཆོག

3.ཞུ་སྐྱུན་ཕག་མ་གསོ་ར། ཞུ་སྐྱུན་ཕག་ར་ནི་སྤྱིར་བཏང་དུ་འགྲོ་ལམ་གསུམ་མམ་སྐར་ཕྲེང་གཉིས་ཅན་གྱི་ཕག་རའི་ནང་དུ་གསོ་བ་ཡིན། ཞུ་སྐྱུན་ཕག་ར་ནི་ཕག་མས་མངལ་གྲོལ་ས་དང་ཕག་ཕྲུག་གསོ་སྐྱོང་བྱེད་ས་ཡིན། འདིར་ཕག་མ་འགོག་ལྷས་དང་ཕག་ཕྲུག་འགུལ་ལྷས་གཉིས་ཡོད་དེ། བར་གནས་ནི་ཕག་མ་འགོག་ལྷས་ཡིན་ལ་མཐའ་གཉིས་ནི་ཕག་ཕྲུག་འགུལ་ལྷས་ཡིན། ཞེང་གི་ཆེ་ཆུང་སྨི 0.6 ~0.65ཡོད་དགོས། ཕག་ཕྲུག་འགུལ་ལྷས་ལའང་གཟན་ཆག་སྟེར་ས་དང་དྲོད་འཛིན་ས་གཉིས་ཡོད།

4.ཕག་ཕྲུག་གསོ་སྐྱོང་ར་བ། ཕག་ཕྲུག་ནི་ས་ཇོས་དང་དྲ་བ་གང་རུང་ནང་ཁྲུལ་ནས་མཉམ་གསོ་བྱས་ཆོག ཕག་ར་རེ་རེའི་གསོ་གྲངས་ནི 8~12ཡིན། ཞུ་མ་སྐྱུན་མཚམས་བཞག་རྗེས་ཕག་ཕྲུག་གསོ་རའི་ནང་དུ་གནས་སྤོར་བ་ཡིན། སྤྱིར་བཏང་དུ་ཕག་ཕྲུག་རྣམས་བཙས་རའི་ནང་དུ་གསོ་བའོ། །

5.འཚར་ལོངས་ཚོན་གསོ་ཕག་ར། ཕག་ཕྲུའི་འཁོར་རྒྱུག་གྲངས་ཚད་ཇེ་ཉུང་དུ་གཏོང་ཆེད། འཚར་ལོངས་དང་ཚོན་གསོ་དུས་རིམ་གཉིས་དུས་རིམ་གཅིག་ཏུ་བགོས་ནས་གསོ་ཚགས་བྱེད་པ་ཡིན། འཚར་ལོངས་ཚོན་གསོ་ཕག་ཕྲུག་རྣམས་ཕག་རའི་ས་ཇོས་སུ་གསོ་བ་དང་། ཕག་ར་རེའི་ཤོང་གྲངས་ནི 8~10

ཡིན། ཕག་རེ་རེའི་ས་འཛིན་གཞི་ཁྱོན་དང་གཟན་སྦྱོད་ཞེང་ཚད་ནི་སོ་སོར་སྨི་གྲུ་བཞི་མ 0.8~1དང་ལིས་སྨི 35~40ཡིན།

6.ལོགས་བཀར་ཕག་ར། ལོགས་སུ་བཀར་ཡུལ་ནི་གསར་དུ་ནང་འདྲེན་བྱས་པའི་ཕག་རྒྱུད་དང་འགོས་ནད་ཡོད་མེད་ལ་ཐེ་ཚོམ་ཡོད་པའི་ཕག རིན་གོང་མཐོ་བའི་ཕག་སོགས་ཡིན། གསོ་ཚགས་ཀྱི་ཤོང་ཚད་ནི་ཕག་ར་ཡོངས་ཀྱི་ཕག་མའི་སྤྱི་གྲངས་ཀྱི 5%ཡས་མས་ཡིན།

ཕག་ར་སོ་སོའི་གསོ་གྲངས་དང་ས་འཛིན་གཞི་ཁྱོན་རེའུ་མིག 6–3 ན་གསལ། ཕག་ར་སོ་སོའི་འཛུགས་སྐྲུན་གཞི་ཁྱོན་རེའུ་མིག 6–4 ན་གསལ།

རེའུ་མིག 6–3 ཕག་ར་སོ་སོའི་གསོ་གྲངས་དང་ས་འཛིན་གཞི། གཟན་སྦྱོད་ཞེང་ཚད།

ཕག་ཁྱུའི་རིགས་སྣ།	ཕག་རའི་མཉམ་གསོ་གྲངས་ཀ	ཕག་རའི་ཤོང་གྲངས།	གཞི་ཁྱོན།（སྨི་གྲུ་བཞི་མ/ཕག་གྲངས）	གཟན་སྦྱོད་ཞེང་ཚད།（ལིས་སྨི/ཕག་གྲངས）
ཐུ་བཅད་ཕག་ཕྲུག	20~30	8~12	0.3~0.4	18~22
རྗེས་སྡོན་ཕག	20~30	4~5	1.0	30~35
མངལ་སྟོང་ཕག་མ།	12~15	4~5	2.0~2.5	35~40
མངལ་གྲོལ་ཐོག་མའི་ཕག་མ།	12~15	2~4	2.5~3.0	35~40
མངལ་གྲོལ་རྗེས་ཀྱི་ཕག་མ།	12~15	1~2	3.0~3.5	40~50
ཐུ་སྨྲུམ་ཕག་མ།	1~2	1~2	6.0~9.0	40~50
འཚར་ལོངས་ཚོན་གསོ་ཕག	10~15	8~12	0.8~1.0	35~40
ཕོ་ཕག	1~2	1	6.0~8.0	35~45

རེའུ་མིག 6–4 གཞི་ཁྱོན་མི་འདྲ་བའི་ཕག་ར་སོ་སོའི་འཛུགས་སྐྲུན་རྒྱ་ཁྱོན།

ཕག་རའི་རིགས་སྣ།	ཕག་གྲངས 100 ཡི་རྨང་གཞི་ཕག་མའི་གཞི་ཁྱོན།	ཕག་གྲངས 300ཡི་རྨང་གཞི་ཕག་མའི་གཞི་ཁྱོན།	ཕག་གྲངས 600ཡི་རྨང་གཞི་ཕག་མའི་གཞི་ཁྱོན།
སྡོམ་གྲངས།	1674	5011	10022
ཕོ་ཕག་གི་གསོ་ར།	64	192	384
རྗེས་སྙོན་ཕོ་ཕག་གསོ་ར།	12	24	48
རྗེས་སྙོན་ཕག་མ་གསོ་ར།	24	72	144
མངལ་སྟོང་མངལ་སྦྲུམ་གསོ་ར།	420	1260	2520
ནུ་སྣུན་ཕག་མ་གསོ་ར།	226	679	1358
ཕག་ཕྲུག་གསོ་ར།	160	480	960
འཚར་ལོངས་ཚོན་གསོ་ཕག་ར།	768	2304	4608

མཆན། ཁོང་གི་གྲངས་ཀ་རྣམས་ནི་ཕག་རའི་འཛུགས་སྐྲུན་གྱི་བར་ཐག་སྨི 8གཞིར་བཟུང་ནས་ཐོན་པ་ཡིན།

(གསུམ) ཕག་རའི་གཞོགས་སྟོན་འཛུགས་སྐྲུན།

འདིའི་ཁོངས་སུ་གཟན་ཆག་ལས་སྟོན་འཁོར་ཁང་དང་། མིའི་ཐབས་ཀྱིས་ཟེའུ་འབྲུ་ཕོ་མོ་སྦྱོར་སྡེབ་ཁང་། ཕག་ནད་བརྟག་དཔྱད་ཁང་། ཆུ་གསོག་མཐོ་ལྡོག་དང་ཆུ་འཐེན་འཕྲུལ་འཁོར་ཁང་། ཁྲི་ཐབ་ཁང་། ཞིག་གསོ་ཁང་། དུག་སེལ་ཁང་། གཞུང་ལས་ཁང་སོགས་འདུས། (རེའུ་མིག 6–5)

རེའུ་མིག 6–5 གཟན་ཆགས་གཞི་ཁྲོན་མི་འདྲ་བའི་གཞོགས་སྔོན་འཇུགས་སྨན་གྱི་རྒྱ་ཁྱོན།

གཞོགས་སྔོན་འཇུགས་སྨན།	ཕག་གྲངས 100 ཡི་རྫང་གཞི་ཕག་མའི་གཞི་ཁྱོན།	ཕག་གྲངས 300ཡི་ རྫང་གཞི་ཕག་མའི་གཞི་ཁྱོན།	ཕག་གྲངས 600ཡི་ རྫང་གཞི་ཕག་མའི་གཞི་ཁྱོན།
སྡོམ་གྲངས།	450	1000	1555
ལྷ་བཟེ། ཁྲུས་ཁང་། དུག་སེལ་ཁང་།	40	80	120
ཟས་འགྱུར་བརྟག་དཔྱད་ཁང་།	30	60	100
གཟན་ཆག་ལས་སྔོན། མཛོད་ཁང་།	200	400	600
མིའི་ཐབས་ཀྱིས་ཟེའུ་འབྲུ་སྦྱོར་སྡེབ་ཁང་།	30	70	100
གློག་ཆས་ཁང་།	20	30	45
གཞུང་ལས་ཁང་།	30	60	90
གཞན་པའི་འཇུགས་སྨན།	100	300	500

མཆན། གཞན་པའི་འཇུགས་སྨན་ནང་དུ་ལས་རིས་ཁང་དང་ཟ་ཁང་། ཉལ་ཁང་། ཞིག་གསོ། ཁྲོ་ཐབ་ཁང་སོགས་འདུས།

བཞི། དགོས་ཆས་སྒྲིག་ཆས།

(གཅིག)ཕག་ར།

1.ཕག་རའི་རིགས་སྣ། བཟོ་སྐྲུན་རྒྱུ་ཆ་ལྟར་དབྱེ་ན་རྩིག་གྲུང་གི་ཕག་ར་དང་ལྕགས་ཁྲའི་ཕག་ར། སྦྱུགས་བསྲེས་ཕག་ར་གསུམ་མོ། །(རི་མོ 6–6) རྩིག་གྲུང་གི་ཕག་ར་ནི་སོ་ཕག་སྒྲིག་སྐྲེ་ཕྱིའི་ངོས་ཨར་འདམ་གྱིས་འཇམ་ཞལ་རྒྱག་..........པའམ་ཨར་འདམ་རྐྱོང་བས་གྲུབ་པ་ཡིན། ལྕགས་ཁྲའི་ཕག་ར་ནི་ལྕགས་རིགས་...ཚ་ལ་བྱས་ནས་གྲུབ་པ་ཡིན། སྦྱུགས་བསྲེས་ཕག་ར་ནི་གོང་ནས་བརྗོད་པའི་རྩིག་....གྲུང་དང་ལྕགས་ཁྲ་གཉིས་ཟུང་དུ་འབྲེལ་ནས་གྲུབ་པ་ཡིན་ལ། སྤྱིར་བཏང་གི་...

ཕག་རའི་བར་ཀྱང་ནི་རྫིག་གྱང་ཡིན་དགོས་པ་དང་གཟན་ཆག་སྐྱེར་སའི་ངོས་དེ་ལྕགས་ཁྲ་ཡིན།

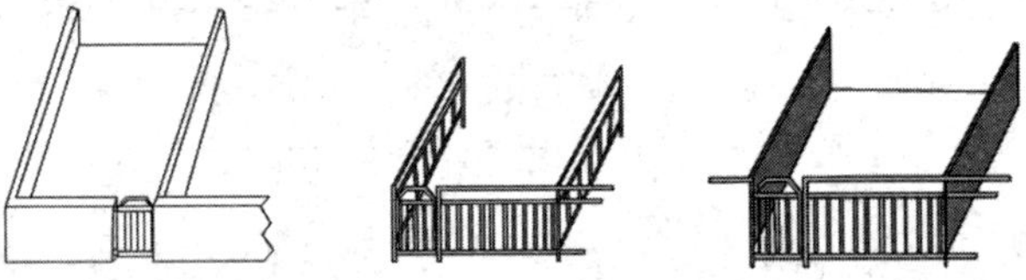

རྫིག་གྱང་ཅན། ལྕགས་ཁྲ་ཅན། སྦྲགས་བསྡུས་ཅན།

རི་མོ 6–6 ཕག་རའི་རིགས་སྣ།

ཕག་གི་རིགས་སྣ་ལྟར་དབྱེ་ན་ཕག་ར་ལའང་ཕོ་ཕག་ར་བ་དང་སྦྱོར་སྐྱེབ་ཕག་ར། ཕག་མའི་ར་བ། མང་ལ་གྲོལ་ཕག་ར། ཕྲུག་གསོ་ཕག་ར། ཚོན་གསོ་ཕག་ར་སོགས་ཡོད།

2.ཕག་གསེབ་ར་བ། འདིར་རྫིག་གྱང་གི་ཕག་ར་དང་ལྕགས་ཁྲའི་ཕག་ར། སྦྲགས་བསྡུས་ཕག་ར་གསུམ་ཡོད། ཕག་ར་གཅིག་གི་ནང་དུ་ཕོ་ཕག་གཅིག་གསོ་ན། ཕག་རའི་མཐོ་ཚད་ལ་སྨི 1.2~1.4དང་། རིང་ཐུང་ལ་སྨི 3~4 ཞེང་གི་ཆེ་ཆུང་ལ་སྨི 2.7~3.2ཡིན། ཕོ་ཕག་གཅིག་གི་ས་འཛིན་ཚད་ནི་སྨི་གྲུ་བཞི་མ 7~9 ཡིན། སྦྱོར་སྐྱེབ་ཕག་རར་གསར་འཛུགས་བྱེད་སྐབས་དུ་མ་ཡོད་དེ། ཆེད་སྤྱོད་ཕག་ར་ཞིག་བཙུགས་ཆོག་ལ། ཕོ་ཕག་ར་བ་དང་ཕག་མའི་ར་བ་བེད་སྤྱོད་བྱས་ཀྱང་ཆོག སྤྱིར་བཏང་གི་ལག་ལེན་བྱེད་ཐབས་གཉིས་ཏེ། གཅིག་ནི་སྦྱོར་སྐྱེབ་དུས་ལ་སླེབས་པའི་ཕག་མའི་ར་བ་དང་ཕོ་ཕག་ར་བ་གཉིས་ཀར་བཀོད་སྒྲིག་བཟང་པོ་བྱས་ཏེ། ཕག་ར་གཅིག་གི་ནང་དུ་བཅུག་པའི་ཕག་མ 3~4དང་ཕག་གསེབ་སྦྱོར་སྐྱེབ་བྱེད་པ། གཉིས་ནི་སྦྱོར་སྐྱེབ་དུས་ཡུན་སླེབས་པའི་ཕག་མའི་ར་བ་དང་ཕོ་ཕག་གི་ར་བའི་བར་གྱང་སྒྲིལ་བ། ཕོ་ཕག་ར་བ་དང་སྦྱོར་སྐྱེབ་ར་བ་

གཉིས་ཀ་གཅིག་ཡིན་ལ། སྦྱོར་སྦེབ་བྱེད་པའི་དུས་ཡུན་སླེབ་དུས་ཕག་མ་ཕོ་ཕག་ར་བའི་ནང་དུ་བཙུག་ནས་སྦྱོར་སྦེབ་བྱེད་པ་ཡིན། གལ་ཏེ་མིས་ཐབས་ཀྱིས་ཟེའུ་འབྲུ་ཕོ་མོ་སྦྱོར་སྦེབ་བྱེད་པ་དང་ཕོ་ཕག་གི་རྒྱུད་སྤེལ་ར་བ་ཡོད་ན་སྦྱོར་སྦེབ་ཕག་ར་ཆེད་དུ་གསར་འཛུགས་བྱེད་མི་དགོས།

3.ཕག་མའི་ར་བ། འདི་ནི་རྗེས་གྲབས་ཕག་མ་དང་མངལ་སྟོང་སྨྲུམ་མ་གསོ་ཚགས་བྱེད་སའི་ར་བ་ཡིན། འདིར་ཕག་མའི་ཕྲུ་གསོ་ར་བ་དང་ཕག་མ་ཁེར་གསོ་ར་བ། མངལ་གྲོལ་ར་བ་གསུམ་དུ་དབྱེ་ཆོག

(1)ཕག་མའི་ཕྲུ་གསོ་ར་བ། སྦྲིར་བཏང་དུ་ཕག་མ 6~8 ཕག་ར་གཅིག་ཏུ་ནང་དུ་གསོ་ཚགས་བྱེད་པ་ཡིན། ཕག་རའི་མཐོ་ཚད་སྨི་གཅིག་དང་ཕག་མ་གཅིག་གི་ས་ངོས་ཟིན་ཚད་སྨི་གྲུ་བཞི་མ 1.2~1.6 ཡིན། ཕྲུ་གསོ་བྱེད་ཡུལ་གཙོ་བོ་ནི་རྗེས་གྲབས་ཕག་མ་དང་མངལ་སྟོང་ཕག་མ་ཡིན།

(2)ཕག་མ་ཁེར་གསོ་ར་བ། འདི་ནི་ཕག་ར་གཅིག་གི་ནང་དུ་ཕག་མ་ཁེར་མོ་གསོ་ཚགས་བྱེད་པ་ཡིན། ཕག་རའི་མཐོ་ཚད་སྨི་གཅིག་དང་། རིང་ཚད་སྨི 3~3.3 དང་ཞེང་གི་ཆེ་ཆུང་སྨི 2.9~3.1 ཡིན། ཁེར་གསོ་བྱེད་ཡུལ་གཙོ་བོ་ནི་མངལ་གྲོལ་ཕག་མ་ཡིན།

(3)མངལ་གྲོལ་ཕག་ར། མངལ་གྲོལ་ཕག་ར་ནི་ཁེར་གསོ་ཕག་ར་ཡིན་ལ། ཕག་མས་མངལ་གྲོལ་བ་དང་ཕག་ཕྲུག་ལ་ནུ་མ་སྣུན་ས་ཡིན། འདི་ནི་ཕག་མའི་གནས་བཀག་གདང་བུ་དང་ཕག་ཕྲུག་ར་བ། ཕག་ཕྲུག་དྲོད་སྐམ། དྲ་རྒྱའི་ཞལ་ཁྲི་བཅས་ཀྱིས་གྲུབ་པ་ཡིན། མངལ་གྲོལ་ར་བའི་དཀྱིལ་དུ་ཕག་མའི་གནས་བཀག་གདང་བུ་དང་ཟུར་གཉིས་ཕག་ཕྲུག་གི་གཟན་ཆག་ཡོངས་སུ་སྤྱོད་ས་དང་ཆུ་འཐུང་ས། དྲོད་འཛིན་ས། འགྲུལ་སྐྱོད་བྱེད་སའི་གནས་ཡིན། དེ་ལས་གནས་བཀག་གདང་བུའི་མཐོ་ཚད་སྨི་གཅིག་དང་། རིང་ཐུང་སྨི 2.2~2.3 ཡིན། ཞེང་

གི་ཆེ་ཆུང་སྨི 0.6~0.7ཡིན། ཕག་ཕྲུག་ར་བའི་རིང་ཐུང་ཁོང་དང་གཅིག་མཚུངས་ཡིན། ཞེང་གི་ཆེ་ཆུང་སྨི 1.7~1.8དང་མཐོ་ཚད་སྨི 0.5~0.6ཡིན། ཕག་ཕྲུག་གི་དྲོད་སྣམ་ཨར་འདམ་སྟོན་བཟོས་ཨར་ལེབ་དང་ཤེལ་ལྷགས། གཞན་པའི་དྲོད་འཛིན་རྒྱུ་ཆས་བསྒྲུན་ཆོག་ལ། ཕག་ཕྲུག་ར་བའི་ནང་ཁྱོན་ནས་བར་མཚམས་བཅད་དེ་གྲུབ་པ་ཡིན།

4.ཕག་ཕྲུག་གསོ་སྐྱོང་ར་བ། འདི་ནི་ཕག་ཕྲུག་གསོ་སྐྱོང་བྱེད་སའི་ར་བ་ཡིན། ར་བ་དང་ལྟོ་གཞོང་། དྲ་རྒྱའི་ཉལ་ཁྲི་བཅས་ཀྱིས་གྲུབ་པ་ཡིན། ར་བའི་མཐོ་ཚད་སྨི 0.7དང་རིང་ཐུང་སྨི 1.9~2.2 ཞེང་གི་ཆེ་ཆུང་སྨི 1.7~1.9ཡིན། སྤྱི་རྒྱ 10~25ཅན་གྱི་ཕག་ཕྲུག 10~12གསོ་ཚགས་བྱས་ཆོག

5.འཚར་ལོངས་ཚོན་གསོ་ཕག་ར། སྤྱིར་བཏང་དུ་ས་རྡོས་ནས་གསོ་ཚགས་བྱེད་པ་ཡིན། རབ་ཡིན་ན་ཕག་མ་གཅིག་གི་ཕག་ཕྲུག་རྣམས་ཕྱོགས་གཅིག་ཏུ་བསྡུས་ཏེ་ཁྱུ་གསོ་བྱེད། སྤྱིར་བཏང་དུ་རྩིག་གྲུང་དང་ལྷགས་ར། ཕྱོགས་བསྡུས་ར་བ་རྩེ་རྣམ་པ་གསུམ་སྤྱོད་ཡིན། ཕག་རའི་ནང་ཁྱོན་གྱི་ས་རྡོས་ཆ་ཤས་སུ་ཨར་འདམ་སྦུབས་ཀའི་པང་གཅལ་དང་ལྷགས་རིགས་སྦུབས་ཀའི་པང་གཅལ་སྒྲིག་འཛུགས་བྱེད་དགོས་ཤིང་སྤྱིར་བཏང་དུ་རྩིག་གྲུང་དང་ལྷགས་རའི་གྲུབ་པ་ཡིན། མཐོ་ཚད་ལ་སྨི 0.9དང་རིང་ཐུང་ལ་སྨི 3~3.3 ཞེང་གི་ཆེ་ཆུང་ལ་སྨི 2.9~3.1ཡིན།

(གཉིས) སྦུབས་ཀའི་པང་གཅལ།

སྦུབས་ཀའི་པང་གཅལ་ལ་ཨར་འདམ་ལྷགས་རྩིབས་མའི་པང་ལེབ་དང་ལྷགས་རྩིབས་བསླས་འཐག་དྲ་བ། ལྷགས་རྩིབས་ཚ་ལས་མཐུད་སྦྱོར་དྲ་བ། འཁྱིག་སྦྱོས་པང་ལེབ། ཟླ་དཀར་པང་ལེབ་སོགས་ཡོད། སྦུབས་ཀའི་པང་གཅལ་ནི་རྨུལ་དཀའ་བ་དང་དབྱིབས་འགྱུར་དཀའ་བ། རྡོས་སྙོམས་པ། བཤུད་འདྲེད་མི་ཆེ་བ། གཙང་བཀྲུས་དུག་སེལ་བྱེད་བདེ་བ། ཕག་ཕྲུག་ཕག་རྐན་གང་ཐུང

གསོས་ཧྲུང་རྩིག་པར་མི་གནོད་པ་ཞིག་ཡིན་དགོས། ཕྲུ་སྣུན་ཕག་མ་དང་ཕྲུ་སྣུན་ཕག་ཕྲུག ཕག་ཕྲུག་གསོ་སྐྱོང་ར་བའི་པང་གཅལ་ནི་རབ་ཡིན་ན་ལྕགས་རིགས་ཕྲ་སྐུད་ཀྱིས་བཟོས་ན་བཟང་། འཚར་ལོངས་ཚོན་གསོ་ཕག་པ་ཡིན་ན་ཨར་འདམ་སྲིབས་ཀའི་པང་གཅལ་བཟང་། (རེའུ་མིག 6–6ལས་གསལ)

རེའུ་མིག 6–6 ཕག་རའི་སྦྲུབས་ཀའི་པང་གཅལ་སོ་སོའི་བར་གསེང་གི་ཆེ་ཆུང་།

རིགས་སྣ།	བར་གསེང་གི་ཆེ་ཆུང་། (ཧའོ་སྨི)
འཚར་ལོངས་ཕག་གསེབ་ར་བ།	20~25
མངལ་གྲོལ་ཕག་ར།	10
ཕག་ཕྲུག་གསོ་སྐྱོང་ར་བ།	15
འཚར་ལོངས་ཚོན་གསོ་ཕག་ར།	20~25

(གསུམ) སྔོ་གཞོང་།

གཟན་ཆག་ཚོད་འཛིན་བྱེད་དགོས་པའི་ཕག་གསེབ་དང་ཕག་མ། མངལ་གྲོལ་ཕག་མ་བཅས་ལ་སྤྱིར་བཏང་དུ་ངར་ལྕགས་སྔོ་གཞོང་དང་ས་རྫོས་ཨར་འདམ་སྔོ་གཞོང་སྤྱོད་པ་ཡིན། རང་དབང་གིས་གཟན་ཆག་ལོངས་སུ་སྤྱོད་པའི་ཕག་ཕྲུག་དང་འཚར་ལོངས་ཕག་རྐན། ཚོན་གསོ་ཕག་པ་བཅས་ལ་སྤྱིར་བཏང་དུ་ངར་ལྕགས་ཀྱིས་གྲུབ་པའི་རང་འགུལ་གཟན་སྟེར་སྔོ་གཞོང་སྤྱོད་པ་ཡིན། (རི་མོ 6–7) གསོ་ཕག་གིས་གཟན་ཆག་ལོངས་སུ་སྤྱོད་དུས་གཟན་ཆག་སྔོ་གཞོང་གི་སྙོར་གཏོར་བར་མཉམ་འཛོག་བྱེད་དགོས། རང་འགུལ་སྙོམས་གཟན་ཆག་སྟེར་བའི་སྔོ་གཞོང་གིས་ཕག་པས་ནམ་ཡང་གཟན་ཆག་ལོངས་སུ་སྤྱོད་ཐུབ་པར་ཁག་ཐེག་བྱེད་དགོས།

1. རང་འགུལ་གཟན་སྟེར་སྔོ་གཞོང་། ངར་ལྕགས་ཀྱིས་བཟོས་ན་ཆོག་ལ་ཞོན་བཟོས་ཨར་ལེབ་ཀྱིས་བཟོས་ཀྱང་ཆོག གྲུ་བཞི་ནར་མོ་དང་གྲུ་བཞི་ཁ་གང

མ། རྨྱམ་དབྱེབས་གང་རུང་ཡོད། ཀྲུ་བཞི་ནར་མོར་ངོས་གཅིག་དང་ངོས་གཉིས་ཅན་གཉིས་ཡོད། ངོས་གཅིག་ཅན་ཡིན་ན་ཕག་ར་གཅིག་གི་ནང་དུ་སྒྲིག་པ་དང་ངོས་གཉིས་ཡིན་ན་ཁྱིམ་མཚེས་ཕག་ར་གཉིས་ཀས་སྤྱོད་ཆོག

2.ཚོད་བཀག་སྒོ་གཞོང་། འདི་ནི་ལུགས་རིགས་དང་ཨར་འདམ་གང་རུང་གིས་གྲུབ་པ་ཡིན་ཞིང་། ཆེ་ཆུང་ནི་གསོ་ཕག་གི་དཔུང་འགོའི་ཁྲག་པའི་ཆེ་ཆུང་དང་ཧ་ལམ་གཅིག་མཚུངས་ཡིན།

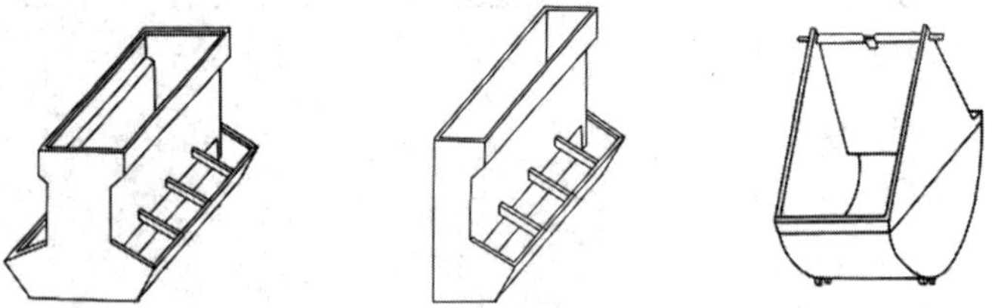

ངོས་གཉིས་རང་འགུལ་སྒོ་གཞོང་། ངོས་གཅིག་རང་འགུལ་སྒོ་གཞོང་། ཚོད་བཀག་སྒོ་གཞོང་།

རི་མོ 6–7 སྒོ་གཞོང་།

སྒོ་གཞོང་གི་མཐོ་ཚད་དང་གཟན་སྤྱོད་བར་གསེང་། མདུན་གྱི་མཐོ་ཚད་མི་འདྲ་བ་ནི་རེའུ་མིག 6–7ལ་སྟོས།

རེའུ་མིག 6–7 གསོ་ཕག་སྒོ་གཞོང་གི་གཞི་རྩའི་དཔྱད་གྲངས།

གྲུབ་སྟངས།	འོས་འཚམ་ཕག་ཁྱུ།	མཐོ་ཚད།	གཟན་སྤྱོད་བར་གསེང་།	མདུན་གྱི་མཐོ་ཚད།
ཨར་འདམ་ཚོད་འཛིན་སྒོ་གཞོང་།	ཕག་གསེབ།	350	300	250
ཕྲེ་ལུགས་རྨྱམ་ཕྱེད་གཞུ་ཐིག་སྒོ་གཞོང་།	མངལ་སྦྲུམ་ཕག་མ།			
	མངལ་གྲོལ་ཕག་མ།	500	310	250
ཀྲུ་བཞི་ནར་མོའི་ལུགས་རིགས་སྒོ་གཞོང་།	ཅུ་སྣུན་ཕག་ཕྲུག	100	100	70
ལུགས་ནར་རང་འགུལ་གཟན་སྤྱིར་སྒོ་གཞོང་།	གསོ་སྐྱོང་ཕག་ཕྲུག	700	140~150	100~200

(བཞི)འབྱུང་ཆུའི་སྒྲིག་ཆས།

ཕག་གསོ་ར་བའི་འབྱུང་ཆུའི་མ་ལག་ནི་ཆུ་འདྲེན་སྦུབས་ལམ་དང་སྦུབས་སྣེ་མཐུད་ཆས། བཀག་གཏོང་མཆུ་ཏོ། རང་འགུལ་འབྱུང་ཆུའི་ཡོ་ཆས་སོགས་ཀྱིས་གྲུབ་པ་ཡིན། ནམ་རྒྱུན་མཐོང་ཐུབ་པའི་འབྱུང་ཆུའི་ཡོ་ཆས་ལ་ངང་བའི་ཁ་དང་འདྲ་བ། ནུ་ཏོག་དང་འདྲ་བ། བཏུང་སྣོད་པེ་ཙི་དང་འདྲ་བ་གསུམ་མོ། །དེ་ལས་ཀྱང་དར་ཁྱབ་ཆེ་བ་ནི་ངང་བའི་ཁ་དང་འདྲ་བའི་འབྱུང་ཆུའི་ཡོ་ཆས་ཡིན། (རི་མོ 6–8) ཕྲུ་གསོ་ཕག་རའི་ནང་གི་བཏུང་ཆུའི་ཡོ་ཆས་གཅིག་གིས་ཕག 15 ཡི་བཏུང་ཆུ་འདོད་པ་བསྐང་ཐུབ། ཕག་པ་ཁེར་གསོ་ར་བ་གཅིག་གི་ནང་དུ་འབྱུང་ཆུའི་ཡོ་ཆས་གཅིག་ཡོད་དགོས།

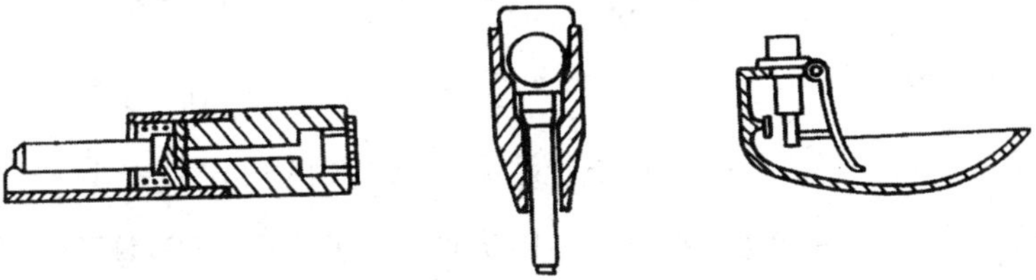

ངང་བའི་ཁ་དང་འདྲ་བའི་བཏུང་ཆས། ནུ་ཏོག་དང་འདྲ་བའི་བཏུང་ཆས། པེ་ཙི་དང་འདྲ་བའི་བཏུང་ཆས།

རི་མོ 6–8 རང་འགུལ་བཏུང་ཆུ་ཡོ་ཆས་ཀྱི་རིགས་སྣ།

རང་འགུལ་འབྱུང་ཆུའི་ཡོ་ཆས་སྒྲིག་སྦྱོར་མཐོ་ཚད་ཀྱི་རེའུ་མིག 6–8 ལ་ལྟོས།

རེའུ་མིག 6–8 རང་འགུལ་འབྱུང་ཆུའི་ཡོ་ཆས་སྒྲིག་སྦྱོར་མཐོ་ཚད།

སྤྱོད་འཚམ་ཕག་ཕྲུ།	མཐོ་ཚད། (ཧའོ་སྨི)
ཕག་གསེབ་དར་མ།	600
མངལ་སྟོང་ཆགས་སྦྲུམ་ཕག་མ།	600
ནུ་སྣུན་ཕག་མ།	600
འོ་གསོ་ཕག་ཕྲུག	120
གཟན་གསོ་ཕག་ཕྲུག	280
འཚར་ལོངས་རྗེན་གསོ་ཕག་པ།	380

(ལྔ)ཁོར་ཡུག་ཚོད་འཛིན་སྒྲིག་ཆས།

ཕག་ཁྱུ་གསོ་སྐྱོང་བྱེད་པར་དྲོད་ཚད་འཚམ་པ་དང་རློན་ཚད་འཚམ་པ། རླུང་འགྲོ་བ། མཁའ་དབུགས་བཟང་བ། གཙང་སྦྲའི་ཆ་རྐྱེན་ལེགས་པོ་ཞིག་ཡོད་དགོས་ན། དྲོད་འདོན་དྲོད་སྲུང་སྒྲིག་ཆས་དང་རླུང་འགྲོ་དྲོད་ཆགས་སྒྲིག་ཆས། གཙང་སྦྲ་དུག་སེལ་སྒྲིག་ཆས་སོགས་ཚང་དགོས།

1.དྲོད་འདོན་དྲོད་སྲུང་སྒྲིག་ཆས། དེང་རབས་ཕག་རའི་དྲོད་འདོན་བྱེད་ཐབས་ལ་ཕྱོགས་བསྡུས་དྲོད་ལེན་དང་ཕྱོགས་ཙམ་དྲོད་ལེན་གཉིས་ཡོད། ཕྱོགས་བསྡུས་དྲོད་ལེན་ནི་ཆུ་ཚའི་ཁྲོ་ཐབ་དང་ཆུ་འདོན་དྲོད་སྤུབས། ཚ་སེལ་ཡོ་ཆས། ཆུ་འདྲེན་ཡོ་ཆས། ཆུ་འཐེན་འཕྲུལ་འཁོར་སོགས་ཀྱིས་གྲུབ་པ་ཡིན་ལ། ཕག་རའི་ནང་ཁུལ་གྱི་དྲོད་ཚད་རྒྱུན་འཁྱོངས་བྱེད་པའི་སྒྲིག་ཆས་ཡིན། ཕྱོགས་ཙམ་དྲོད་ལེན་ནི་གློག་དྲོད་པང་གཅལ་དང་ཆུ་ཚས་དྲོད་རྒྱས་པང་གཅལ། གློག་སྒྲོམ་ཚ་རྒྱས་ཡོ་ཆས་སོགས་ཀྱིས་གྲུབ་པ་ཡིན། མིག་སྔར་མང་ལ་གྲོལ་ཕག་མ་དང་འོ་གསོ་ཕག་ཕྲུག དགུན་དུས་ཀྱི་ནུ་སྣུན་ཕག་མའི་ར་བ་དང་ཕྲུག་གསོ་ར་བ་རྣམས་ལ་དྲོད་འདོན་སྒྲིག་ཆས་སུ་བཙུགས་ཡོད་པ་མང་། འོ་གསོ་ཕག་ཕྲུག་གིས་གློག་འདོན་ཚ་རྒྱས་པང་གཅལ་དང་དམར་ཕྱིའི་འོད་ཟེར་ལ་བརྟེན་ནས་དྲོད་ལེན་པ་ཡིན།

(1)དམར་ཕྱིའི་འོད་ཟེར་གྱི་དྲོད་རྒྱས་སྒྲིག་ཆས། འདིར་དམར་ཕྱིའི་འོད་ཟེར་གྱི་གློག་སྒྲོམ་དང་དམར་ཕྱིའི་འོད་ཟེར་འཕྲོ་མཆེད་པང་ལེབ་སོགས་འདུས། དམར་ཕྱིའི་འོད་ཟེར་གྱི་གློག་སྒྲོམ་གྱིས་འོད་འཚེར་ནས་དྲོད་རྒྱས་པ་དང་། དཔྱང་འགེལ་མཐོ་ཚད་དང་གློག་སྒོའི་དུས་ཚོད་ལ་བརྟེན་ནས་དྲོད་ཚད་སྙོམ་སྒྲིག་བྱེད་པ་ཡིན། སྤྱིར་བཏང་གི་མཐོ་ཚད་ནི་ལིས་སྨི 40~50ཡིན། དམར་ཕྱིའི་འོད་ཟེར་འཕྲོ་མཆེད་པང་ལེབ་ཀྱིས་དྲོད་རྒྱས་པར་བྱེད་པ་ལས་འོད་མི་འཚེར་

བས། དཔྱང་འགེལ་བྱེད་པའམ་དྲོད་འཛིན་སྣམ་གྱི་བླ་གབ་ལ་གཏན་འཛུགས་བྱས་ཀྱང་ཆོག

(2)སློག་ཆས་དྲོད་འཛིན་པང་ལེབ། དེ་ནི་འགྱུར་བ་མེད་པ་དང་། སྐྱུར་ཚྭ་ཐུབ་པ། ཉིང་བར་མི་འགྱུར་བ། དབྱིབས་མི་འགྱུར་བའི་སྒྲོམ་འགྱིག་གིས་གྲུབ་པ་ཡིན། མིག་སྔར་ཐོན་སྐྱེད་ཁྲོད་དུ་བེད་སྤྱོད་བྱེད་པའི་སློག་ཆས་པང་ལེབ་ལ་དྲོད་ཚད་ཚོད་འཛིན་བྱེད་ཐུབ་པ་དང་མི་ཐུབ་པ་གཉིས་ཡོད། སློག་ཆས་དྲོད་འཛིན་པང་ལེབ་ཕག་རའི་ནང་ཁུལ་གྱི་འོས་འཚམ་ས་ཁུལ་གང་རུང་དུ་བཞག་ཆོག ཆེད་དུ་བཟོས་པའི་དྲོད་འཛིན་སྣམ་ཚང་གི་འོག་རིམ་དུ་བཞག་ཀྱང་ཆོག

(3)དྲོད་རྒྱས་པང་གཅལ། མངལ་གྲོལ་ར་བ་དང་ཕྲུག་གསོ་ར་བའི་ནང་དུ་ཆུ་ཚས་དྲོད་རྒྱས་པང་གཅལ་བེད་སྤྱོད་བྱས་ཆོག་སྟེ། ཕག་རའི་ནང་ཁུལ་གྱི་ས་ངོས་སུ་ཨར་འདམ་མ་བཏིང་གོང་རོལ་དུ་དྲོད་རྒྱས་ཆུ་སྦུབས་ས་འོག་ཏུ་འཇུག་དགོས། བེད་སྤྱོད་བྱེད་དུས་ཆུ་འཕེན་འཕྲུལ་ཆས་ཀྱི་གནོན་ཤུགས་ཇི་ཆེར་བཏང་ནས་ཆུ་ཚ་སྦུབས་ལམ་ནང་དུ་བརྒྱུད་ཐུབ་པར་བྱེད་དགོས། པང་གཅལ་གྱི་དྲོད་ཚད་ཆུ་ཚའི་དྲོད་ཚད་ཀྱིས་ཚོད་འཛིན་བྱེད་དགོས།

2.རླུང་འགྲོ་དྲོད་ཆགས་སྒྲིག་ཆས། ཕག་རའི་ནང་ཁུལ་གྱི་གནོད་ལྡན་རླངས་དབུགས་སེལ་ཏེ། ཕག་རའི་ནང་ཁུལ་གྱི་དྲོད་ཚད་ཇེ་སྨོམ་དང་རློན་ཚད་ཚོད་འཛིན་བྱེད་པའི་སྒྲིག་ཆས་ཤིག་ཡིན། འཕྲུལ་ཆས་ལ་བརྟེན་ནས་རླུང་འགྲོ་བར་བྱེད་པ་དང་མིས་རློན་ཚད་ཚོད་འཛིན་བྱེད་དགོས་མིན་ནི་ཕག་རའི་གནས་ཚུལ་དངོས་ལ་དམིགས་ནས་གཏན་ཁེལ་བྱེད་དགོས། ཕག་རའི་རྒྱ་ཁྱོན་ཆུང་བ་དང་བར་ཐག་མི་རིང་བ། སྒོ་དང་སྒེའུ་ཁུང་མང་བའི་ཕག་ར་ཡིན་ན་འཕྲུལ་ཆས་ལ་སོགས་པ་ཅི་ཡང་མི་དགོས་པར་རང་བྱུང་གི་རླུང་ལ་བརྟེན་པས་ཆོག གལ་ཏེ་ཕག་རའི་རྒྱ་ཁྱོན་ཆེ་བ་དང་བར་ཐག་རིང་བ། གསོ་ཕག་མང་བའི་གསོ་ཕག་ར་བ

ཡིན་ན་འཕྲུལ་ཆས་ལ་བརྟེན་ནས་རླུང་འགྲོ་བར་བྱེད་དགོས།

(1)རླུང་འགྲོ་འཕྲུལ་ཆས་ཀྱི་སྟེབ་སྒྲིག　རྒྱུན་སྤྱོད་པོ་ཆས་ནི། ①ཟུར་འདྲེན། (འཕྲུལ་ཆས) གོང་འདོན། (རང་བྱུང) རླུང་འགྲོ། ②གོང་འདྲེན (རང་བྱུང) འོག་འདོན(འཕྲུལ་ཆས)རླུང་འགྲོ། ③འཕྲུལ་ཆས་རླུང་འདྲེན (ཕག་རའི་ནང་ཁུལ་དུ་འདྲེན་པ) འོག་རིམ་རླུང་འདོན་དང་རང་བྱུང་རླུང་འདོན། ④གོང་འོག་རླུང་འགྲོ། ཟུར་གཅིག་ནས་རླུང་འདྲེན་པ(རང་བྱུང) ཟུར་གཅིག་ནས་རླུང་འདོན་པ། (འཕྲུལ་ཆས)

(2)ཁྲ་ཡོལ་རླྭན་པའམ་རླུང་འདོན་འཕྲུལ་ཆས་ཀྱིས་ དྲོད་ཚད་ཇེ་དམའ་རུ་གཏོང་བའི་མ་ལག　ཁ་སྲུབ་པའི་ཕག་རའི་དྲོད་ཚད་ཚོད་འཛིན་བྱེད་པར་འཚམ་ལ། འདི་ནི་ཁྲ་ཡོལ་རླྭན་པ་དང་རླུང་འདོན་འཕྲུལ་ཆས། འཁོར་རྒྱུག་ཆུ་ལམ། ཚོད་འཛིན་སྒྲིག་ཆས་བཅས་ཀྱིས་གྲུབ་པ་ཡིན། ཁྲ་ཡོལ་རླྭན་པ་ནི་ཕག་རའི་སྣེའུ་ཁུང་ངམ་སྒོ་ཁར་འཛེན་པ་ཡིན་ལ། རླུང་འདོན་འཕྲུལ་ཆས་དང་ཟུང་འབྲེལ་སྒོས་དྲོད་ཚད་ཇེ་དམའ་རུ་གཏོང་བ་ཡིན།

(3)གཏོར་ཆ་དྲོད་འཇགས་མ་ལག ཆུ་སྣམ་དང་གནོན་ཤུགས་ཆུ་འཛེན་འཕྲུལ་ཆས། འཚག་ཆས། ཆུ་གཏོར་འཚག་ཁུང་། ཆུ་སྦུག ཚད་འཛིན་སྒྲིག་ཆས་བཅས་ཀྱིས་གྲུབ་པ་ཡིན། ཆུ་གཏོར་ནས་མཁའ་རླངས་ཁྲོད་ཀྱི་དྲོད་ཚད་ཇེ་དམའ་རུ་བཏང་བ་ཡིན།

3.གཙང་སྦྲ་དང་དུག་སེལ་སྒྲིག་ཆས། འདི་ལ་གཙོ་བོ་ཆུ་འཁྲུད་སྒྲིག་ཆས་དང་དུག་སེལ་སྒྲིག་ཆས་གཉིས་ཡོད། ཆུ་འཁྲུད་སྒྲིག་ཆས་ནི་མཐོ་གནོན་དག་བཀྲུས་འཕྲུལ་ཆས་དང་ཆུ་སྦུག　ཆུ་མདའ་གསུམ་གྱིས་གྲུབ་པ་ཡིན། དུག་སེལ་སྒྲིག་ཆས་ནི་ལག་པས་སྨན་ཆུ་གཏོར་བྱེད་ཀྱི་འཕྲུལ་ཆས་དང་རྐང་བས་སྨན་ཆུ་གཏོར་བྱེད་ཀྱི་འཕྲུལ་ཆས། མེ་ལྕེས་དུག་སེལ་འཕྲུལ་ཆས་སོགས་འདུས།

(1)མི་སྣ་དང་རླངས་འཁོར་གཙང་སྦྲ་དུག་སེལ་དགོས་ཆས། ཕག་གསོ་ར་བའི་ནང་དུ་འཛུལ་བའི་མི་སུ་ཡིན་རུང་ངེས་པར་དུ་ཕག་རའི་ལས་སྒྲུབ་ལྭ་བ་བརྗེ་སོར་བྱེད་དགོས། ལས་སྒྲུབ་ལྭ་བ་སྤྱིར་བཏང་དུ་ཕག་རའི་ནང་ཁུལ་ནས་གཙང་བཀྲུས་དང་དུག་སེལ་བྱེད་དགོས། ལྭ་བརྗེ་ཁང་བའི་ནང་དུ་ལྭ་བརྗེ་ཆ་སྒམ་དང་ཆུ་དྲོན་འཕྲུལ་ཆས། ཁྲུས་ཁང་། ལྭ་བཀྲུས་འཕྲུལ་ཆས། སྨུག་ཕྲའི་འོད་ཟེར་སློག་སྒྲོམ་སོགས་ཡོད།

ལེགས་བསྡུས་ཞིབ་གཉེར་ཅན་དུ་གྱུར་ཡོད་པའི་ཕག་གསོ་ར་བ་ཡིན་ན་ཕག་རའི་ནང་ཁུལ་གྱི་རླངས་འཁོར་སྣོ་ཕྱིར་བགྲོད་མི་རུང་། དེ་བས་གསོ་ཕག་སྒོར་ཕུད་སྟེགས་བུ་དང་གཟན་ཆག་མཛོད་ཁང་། སྐྱག་རྫིང་སོགས་ཕག་རའི་ཕྱིར་སྒོར་ལ་ཏུས་འགོད་བྱེད་དགོས། གཞན་པའི་དམིགས་བསལ་གྱི་དོན་རྐྱེན་བྱུང་སྟེ་རླངས་འཁོར་ངེས་པར་དུ་ཕག་རའི་ནང་དུ་ཡོང་དགོས་པ་བྱུང་ན། རླངས་འཁོར་དག་བཀྲུས་དུག་སེལ་བཟང་པོ་བྱེད་དགོས།

(2)ཁོར་ཡུག་གཙང་སྦྲ་དུག་སེལ་སྒྲིག་ཆས། ནམ་རྒྱུན་བེད་སྤྱོད་བྱེད་པའི་ཁོར་ཡུག་གཙང་སྦྲ་དུག་སེལ་དགོས་ཆས་ནི་ས་རྫས་ཆུས་འཕྲུད་སྨན་གཏོར་དུག་སེལ་འཕྲུལ་ཆས་དང་མེ་ལྕེས་དུག་སེལ་འཕྲུལ་ཆས། ལག་པས་སྨན་ཆུ་གཏོར་བྱེད་ཀྱི་འཕྲུལ་ཆས་སོགས་ལ་གོ་བ་ཡིན། ས་རྫས་ཆུས་འཕྲུད་སྨན་གཏོར་དུག་སེལ་འཕྲུལ་ཆས་ཀྱི་བཟང་ཆ་གཙོ་བོ་ནི་དག་གཙང་ཡིན་པ་དང་། ཆུ་དང་སྨན་རྫས་གྲོན་ཆུང་བྱེད་ཐུབ་པ་དེ་ཡིན། ཆུ་བཀྲུས་ཐུབ་པར་མ་ཟད་སྨན་ཆུ་ཡང་གཏོར་ཆོག་པས། ལུས་བོངས་ཆུང་བ་དང་བཀོལ་སྤྱོད་བྱེད་བདེ་བ། བྱ་བའི་ཕན་འབྲས་བཟང་བ། ངལ་ཤུགས་གྲོན་ཆུང་བྱེད་ཐུབ་པ་སོགས་ཀྱི་ཁྱད་ཆོས་ཡོད། མེ་ལྕེས་དུག་སེལ་འཕྲུལ་ཆས་ཀྱི་བཟང་ཆ་ནི་དུག་སྲིན་ཚར་གཅོད་གྲངས་ཚད 97% ལ་སླེབས་པའི་ཁར། བཀོལ་སྤྱོད་བྱེད་བདེ་བ་དང་ཕན་ནུས་བཟང་བ། ཟད

གྲོན་ཆུང་བ། མ་རྩ་དམའ་བ། དུག་སེལ་བྱས་རྗེས་ཡོ་བྱད་དང་ཕག་རར་སྐམ་ཤས་ཆེ་བ་སོགས་ཀྱི་ཁྱད་ཆོས་ཡོད། ལག་པས་སྨན་ཆུ་གཏོར་བྱེད་ཀྱི་འཕྲུལ་ཆས་ཀྱིས་གཙོ་བོ་ཕག་ར་དང་ཡོ་བྱད་ལ་སྨན་ཆུ་གཏོར་ནས་དུག་སེལ་བྱེད་པ་ཡིན།

(དྲུག) བད་མེད་དངོས་རིའི་ཐག་གཅོད་སྒྲིག་ཆས།

1.སྐྱག་རྩ་ཐག་གཅོད་སྒྲིག་ཆས། གཞི་ཁྱོན་ཆུང་ཆེ་བའི་ཕག་ར་ཡིན་ན་སྐམ་རློན་སོ་སོར་དགར་བ་དང་ལས་བཟོ་པས་གཅིན་རྐྱག་དག་གཙང་བྱེད་པའི་ཐབས་ལམ་སྤྱད་དེ་རྐྱག་ལུད་ཐག་གཅོད་བྱེད་དགོས་ལ། ཆེད་སྤྱོད་གཅིན་རྐྱག་ཐག་གཅོད་སྒྲིག་ཆས་སྒྲིག་སྦྱོར་བྱེད་དགོས། གཅིན་རྐྱག་དག་གཙང་སྒྲིག་ཆས་ལ་གཙོ་བོ་རིམ་འབྲེལ་གཅིན་རྐྱག་དག་གཙང་ཡོ་ཆས་དང་བསྐྱར་སྐོར་གཅིན་རྐྱག་དག་གཙང་ཡོ་ཆས་སོགས་ཡོད། གཅིན་རྐྱག་གཙང་དག་འཕྲུལ་ཆས་ལ་རིགས་འགའ་ཡོད་པས་གནམ་གཤིས་བྱས་ཆོག གཞན་རྫབ་རླངས་ཐོན་སྐྱེད་བྱེད་པའི་ཐབས་ལམ་བརྒྱུད་དེ་ཐག་གཅོད་བྱས་པས་ཀྱང་ཆོག

2.འཆི་རྐྱེན་བྱུང་བའི་གསོ་ཕག་ཐག་གཅོད་སྒྲིག་ཆས། སྤྱིར་བཏང་དུ་རུལ་སྨུགས་ས་དོང་དང་མེ་སྲེག་ཐབ་ཀ་སོགས་ཡོད། རུལ་སྨུགས་ས་དོང་གི་གཏིང་ཚད་སྨི 9~10དང་ཞེང་གི་ཆེ་ཆུང་སྨི་གསུམ་ཡིན་དགོས། དོང་མཐིལ་དང་ངོས་བཞི་པོར་སིམ་ཐིམ་འགོག་སྲུང་དང་རུལ་སུངས་འགོག་བྱེད་ཀྱི་འཛུགས་སྐྲུན་རྒྱུ་ཆས་སྐྲུན་དགོས།

(བདུན) གཞན་པའི་སྒྲིག་ཆས།

གཞན་པའི་སྒྲིག་ཆས་ལ་གཙོ་བོ་ཞིབ་འཐག་འཕྲུལ་ཆས་དང་རིལ་རྫོག་འཕྲུལ་ཆས། སྲུབ་དཀྲུག་འཕྲུལ་ཆས་སོགས་གཟན་ཆག་ལས་སྣོན་སྒྲིག་ཆས་ལ་གོ་བ་ཡིན། ཕག་ཕྲུག་སྐྱེལ་འདྲེན་རླངས་འཁོར་དང་གསོ་ཕག་སྐྱེལ་འདྲེན་རླངས་འཁོར། གཅིན་རྐྱག་ཕྱིར་འདོན་རླངས་འཁོར་སོགས་སྐྱེལ་འདྲེན་སྒྲིག་ཆས་ནི

ཕག་གསོ་ར་བ་རང་ཉིད་ཀྱི་གནས་ཚུལ་དངོས་ལ་དམིགས་ནས་ཐག་གཅོད་བྱེད་དགོས། གཞན་ད་དུང་ནད་རིམས་བརྟག་དཔྱད་དང་སྨན་བཅོས་སྒྲིག་ཆས་སོགས་ཉོ་སྒྲུབ་བྱེད་དགོས། སྒྲུམ་མའི་ནད་དཔྱད་དང་ཁུ་བ་ཞིབ་དཔྱད་ཚད་ལེན། ལྗི་ཚད་ལེན་ཆས། ཤ་ཤེད་ཚད་ལེན་སོགས་ཀྱི་ཡོ་ཆས་ཀྱང་ཉོ་སྒྲུབ་བྱེད་དགོས།

ས་བཅད་གསུམ་པ། ཕག་རའི་ཁོར་ཡུག་སྲུང་སྐྱོང་།

གཅིག ཕག་རའི་ཁོར་ཡུག་ལ་ཐེབས་པའི་ཤུགས་རྐྱེན།

(གཅིག)ཕག་རའི་རླུང་ཁམས་ཆེན་པོར་ཐེབས་པའི་འབག་བཙོག

ཕག་པའི་གཅིན་རྟུག་ནང་དུ་སྐྱེ་ལྡན་དངོས་པོ་འགོར་ཆེན་ཡོད་པས་ཕྱིར་བཏོན་དངོས་པོ་དུས་ཡུན་ཐུང་ངུའི་ནང་དུ་རུལ་སྨྱགས་དང་སྒྱུར་བརླལ་དུ་གྱུར་ནས་མུ་ཟི་ཅན་དུ་གྱུར་པའི་ཆེན་དང་ཨན། ལིའུ་ཧྲིན། པུན་སྒྱུར། ཡལ་སླ་བའི་སྐྱེ་ལྡན་སྒྱུར་དང་ཡུན་ཏའོ། ཧྲིན་ཧྲོ་སའོ། ཡི་སྒྱུར། ཡི་ཆོན་སོགས་ཁོར་ཡུག་ལ་འབག་བཙོག་བཟོ་བའི་དངོས་པོ་ཡོད། ཕག་རའི་སྐྱ་ཐལ་དང་སྐྱེ་དངོས་ཕྲ་རབ་ཀྱང་རླུང་ཁམས་ཆེན་པོར་འབག་བཙོག་བཟོ་བའི་འབྱུང་ཁུངས་ཡིན། རླངས་པ་འདི་དག་རླུང་དང་མཉམ་དུ་ག་ལེར་གཡུགས་ནས་ཕྱོགས་བཞིར་ཁྱབ་ན་ཕག་ཁྱུ་དང་མི་ཚོགས་ཀྱི་བདེ་ཐང་ལ་གནོད་པ་ཡོད་པས། ཕག་གི་ལྗི་ཚད་འཕེལ་གྲངས་དལ་བ་དང་མིའི་ལས་སྒྲུབ་ཕན་འབྲས་མི་ལེགས་པ། གཞན་ད་དུང་ནད་རིམས་བསྐྱེད་པའང་ཡོད། ཕག་རའི་ནང་ནས་ཕྱིར་བཏོན་པའི་གཅིན་རྟུག་གིས་དུག་སྣང་དང་ཤ་སྣང་བསྐྱེད་པས་ནད་རིམས་ཁྱབ་སྤེལ་དང་ཁོར་ཡུག་འབག་བཙོག་ཏུ་གཏོང་བ་ཡིན།

(གཉིས)ཕག་རས་ཆུ་དང་ས་རྒྱུར་བཟོས་པའི་འབག་བཙོག

ཕག་རའི་ཕྱིར་བཏོན་བཙོག་ཆུ་ཐག་གཅོད་ལེགས་པོ་མ་བྱས་ན་ས་རྒྱུ་དང་ས་འོག་གི་ཆུ་འབག་བཙོག་ཏུ་སྒྱུར་བ་ཡིན། བཙོག་ཆུས་ནད་གཞིའི་སྐྱེ་དངོས་ཕྲ་རབ་དང་འོར་སྐྱེས་སྲིན་འབུ། སྨན་རྫས་ལྷག་མ། སྦྱོར་རྫ། དུག་སེལ་སྨན་རྫས་སོགས་ཀྱིས་ཀྱང་ཆུ་བོ་དང་ས་རྒྱུར་འབག་བཙོག་བཟོ་བ་ཡིན། གལ་ཏེ་ཆུ་དང་ས་རྒྱུ་ཁྲོད་དུ་ནད་གཞིའི་སྐྱེ་དངོས་ཕྲ་རབ་དང་འོར་སྐྱེས་སྲིན་འབུ་སོགས་གནོད་ལྡན་དངོས་པོ་མང་ན། མི་དང་གཞན་པའི་སྲོག་ཆགས་ལ་གནོད་འཚེ་ཤིན་ཏུ་ཆེ།

གཉིས། གཅིན་རྫུག་གཙང་དག་ལག་རྩལ།

(གཅིག)གཅིན་རྫུག་གཙང་དག་བྱེད་ཐབས།

གཞི་ཁྱོན་ཆུང་ཆེ་བའི་ཕག་གསོ་ར་བ་ཡིན་ན་ཕྱིར་བཏོན་པའི་གཅིན་རྫུག་གཉིས་སོ་སོར་དབྱེ་ནས་ཐག་གཅོད་དང་གཙང་དག་བྱེད་དགོས། བཙོག་ཆུ་དང་གཅིན་པ་བཏོན་ཚད་ཇེ་ཉུང་དུ་བཏང་ནས་འབག་བཙོག་བཟོ་ཚད་ཇེ་དམའ་རུ་གཏོང་དགོས།

1.གཅིན་རྫུག་སྐམ་དག་བྱེད་ཐབས། མིའམ་འཕྲུལ་ཆས་ལ་བརྟེན་ནས་རྫུག་ལུད་གཙང་དག་བྱེད་པ་དང་བཙོག་ཆུ་ས་འོག་གམ་ས་ངོས་ཀྱི་ཆུ་སྦུག་བརྒྱུད་ནས་ཕྱིར་འདོན་པ་ཡིན། འདིའི་ཁྱད་ཆོས་གཙོ་བོ་ནི་སྒྲིག་ཆས་ཀྱི་མ་དངུལ་གཏོང་ཚད་ཉུང་བ་དང་མ་རྩ་དམའ་བ་སོགས་ཡིན།

2.གཙང་ཆུ་དང་ཆུ་ལྷུས་གཅིན་རྫུག་ཆུ་འཁྲུད་བྱེད་ཐབས། ཕག་རའི་ནང་དུ་ལྷུགས་གཞོང་ཆུ་སྣམ་ཞིག་བཙུགས་ནས་གཅིན་རྫུག་ཆུས་འཁྲུད་པར་བརྟེན་ནས་ཕག་རའི་གཅིན་རྫུག་ཆུ་ཀ་བརྒྱུད་ནས་ཕྱིར་འདོན་པ་ཡིན།

ཆུ་ལྷུས་གཅིན་རྫུག་གཙང་དག་བྱེད་པ་ནི་བཙོག་འདོན་ཆུ་ཀའི་སྟེ་གཅིག

ལ་འབུར་བསྐྱེད་ནས་ཆུ་ཀའི་གཏིང་ཚད་ལིས་སྨི་15ཡོད་པར་བྱས་ཏེ། རྟུག་པ་རྣམས་ཆུ་ནང་དུ་ལྟུང་རྗེས་རྟིང་མར་འགྱུར་བར་བརྟེན་ནས་བཙོག་ཆུ་དང་རྟུག་ལུད་ཕྱིར་འདོན་པ་ཡིན། འདི་ཆུ་དང་གློག་གི་འགྲོ་གྲོན་ཆེ་བར་མ་ཟད། ཕག་རའི་ནང་ཁུལ་གྱི་རླན་ཚད་ཀྱང་མཐོ་བ། བཙོག་ཆུ་དང་གཅིན་རྟུག་ཕྱིར་འདོན་གྲིག་ཆས་བཟང་པོ་ད་དུང་མེད་པས། བེད་སྤྱོད་རིན་ཐང་ཅུང་ཆུང་བ་ཡིན།

(གཉིས)རྟུག་ལུད་ཕྱིར་འདོན་དང་བེད་སྤྱོད།

1.ལུད་རྫས་སུ་སྤྱོད་པ། ཕག་པའི་རྟུག་ལུད་ས་ཞིང་གི་ལུད་རྫས་སུ་བེད་སྤྱོད་བྱེད་པ་ནི་རང་རྒྱལ་གྱི་སྲོལ་རྒྱུན་ཞིང་ལས་ཀྱི་གལ་ཆེའི་གྲུབ་ཆ་ཞིག་ཡིན་ལ། ཕག་མང་ན་ལུད་རྫས་མང་བ་དང་། ལུད་རྫས་མང་ན་འབྲུ་རིགས་མང་བ་ནི་དཔེ་མཚོན་ཅན་གྱི་སྐྱེ་ཁམས་ཞིང་ལས་ཀྱི་རྣམ་པ་ཞིག་ཡིན། ཕག་པའི་རྟུག་ལུད་ཀྱིས་ས་ཞིང་གི་ས་རྒྱུ་ཇེ་ལེགས་སུ་གཏོང་ཐུབ་པར་མ་ཟད། ལོ་ཏོག་གི་ཐོན་ཚད་ཇེ་མཐོར་གཏོང་བར་ནུས་པ་མི་དམན་པ་ཞིག་འདོན་བཞིན་ཡོད།

2.རྫབ་རླངས་བཟོ་བ། ཕག་པའི་གཅིན་རྟུག་གིས་རྫབ་རླངས་བཟོ་ཐུབ། རྫབ་རླངས་སྐྱུར་བསྐལ་དུ་གྱུར་པའི་རིགས་སྣ་ལ། ཚོད་མཐོར་སྐྱུར་བསྐལ(45℃~55℃)དང་། ཚོད་འབྲིང་སྐྱུར་བསྐལ(35℃~40℃) རྒྱུན་ཚོད་སྐྱུར་བསྐལ(30℃~35℃)བཅས་ཡོད། རང་རྒྱལ་ནས་དར་ཁྱབ་ཆེ་བ་ནི་རྒྱུན་ཚོད་སྐྱུར་བསྐལ་ཡིན། སྐྱུར་བསྐལ་ས་དོང་གི་ཆེ་ཆུང་གསོ་ཕག་རར་སྨི་གྲུ་བཞི་ལྷམ་པ 0.15ཡིན་ན་རབ་ཡིན།

(གསུམ)གཅིན་རྟུག་ཐག་གཅོད་བཟོ་རྩལ།

1.མི་དང་འཕྲུལ་ཆས་ལ་བརྟེན་ནས་རྟུག་ལུད་འབྲད་པའི་བྱེད་ཐབས་སྤྱོད་དེ་གཅིན་རྟུག་སོ་སོར་དགར་དགོས་ཏེ། རྟུག་ལུད་རྣམས་སྤུང་གསོག་སྐྱུར་བསྐལ་བྱེད་པ་དང་གཅིན་པ་དབྱིང་རླུང་བྲལ་བ་དང་དབྱིང་འགྱུར་ཐག་གཅོད

བྱེད་དགོས། (རི་མོ 6–9)

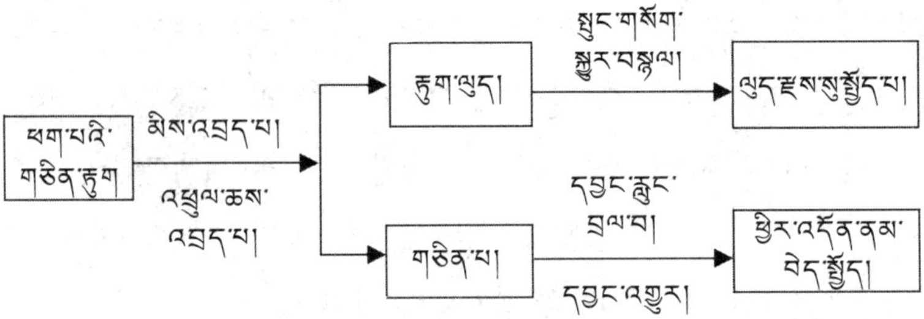

རི་མོ 6–9 མི་དང་འཕྲུལ་ཆས་ལ་བརྟེན་ནས་རྟུག་ལུད་འབྲད་པ།

2.ཕག་པའི་གཅིན་རྟུག་ལ་ཐད་ཀར་དབྱང་སླུང་བྲལ་བ་དང་སྐྱུར་བསྐལ་དུ་བསྒྱུར་རྗེས་དྲི་མཐུག་ཅན་དང་ཆུ་སླ་ཙུ་འགྱུར་བ་དང་། དེའི་འཕྲོར་སོ་སོར······ཐག་གཙོད་བྱེད་པ་ཡིན། (རི་མོ 6–10)

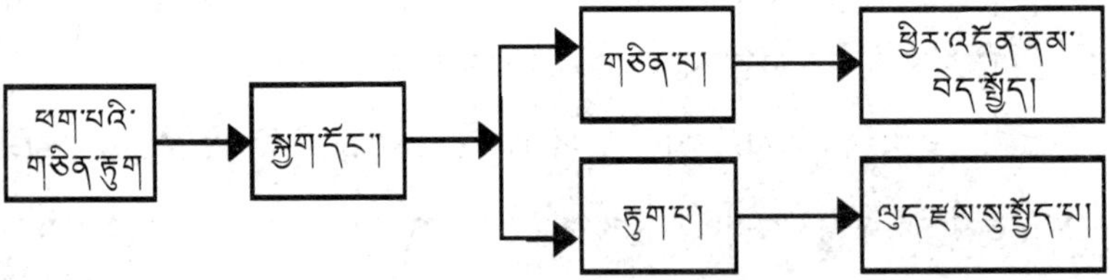

རི་མོ 6–10 ཕག་པའི་གཅིན་རྟུག་ལ་ཐད་ཀར་དབྱང་སླུང་བྲལ་བ་དང་སྐྱུར······བསྐལ་དུ་སྒྱུར་བ།

3.གཅིན་རྟུག་སོ་སོར་དབྱེ་བ་བརྒྱུད་ནས་གཅིན་རྟུག་གཉིས་སྲ་འགྱུར········དངོས་པོ་དང་གཤེར་གཟུགས་དངོས་པོར་བཀར་ནས་རྫབ་རླངས་ཐོན་སྐྱེད་བྱས་··ཏེ་བེད་སྤྱོད་བྱེད་པ། (རི་མོ 6–11)

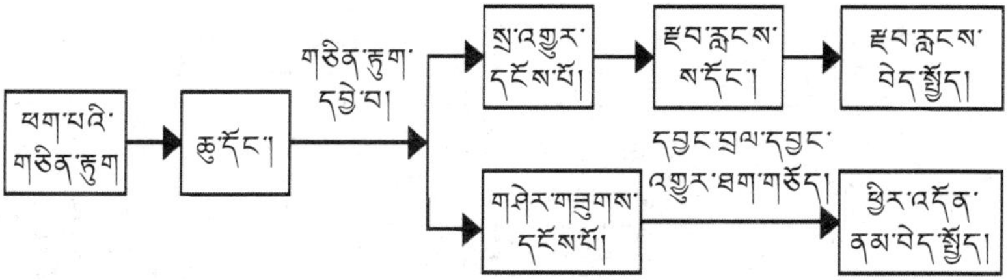

རི་མོ 6–11 གཅིན་རྒྱུག་སོ་སོར་བཀར་ནས་ཐག་གཅོད་བྱེད་པ།

ས་བཅད་བཞི་པ། ཕག་རའི་ཐོན་སྐྱེད་དོ་དམ།

གཅིག ཕག་ཕྲུའི་དོ་དམ།

རྒྱུད་འཕེལ་ཕག་ཕྲུ་ནི་ཕག་གསེབ་དང་ཕག་མ། རྗེས་གྲབས་ཕག་བཅས་ཀྱིས་གྲུབ་པ་ཡིན། སོ་སོའི་བསྟུར་ཚད་འཛིན་གྲངས་ལ་ཕག་ཕྲུའི་གྲུབ་ཚུལ་ཟེར། ཚན་རིག་དང་མཐུན་པའི་སྒོ་ནས་ཕག་ཕྲུའི་གྲུབ་ཚུལ་གཏན་ཁེལ་བྱས་ན་ད་གཟོད་ཕག་ཕྲུའི་སྐྱེ་འཕེལ་ཇེ་མགྱོགས་དང་ཐོན་སྐྱེད་ཆུ་ཚད་ཇེ་མཐོར་གཏོང་ཐུབ་པ……ཡིན། རི་མོ 6–12ནི་ཕག་མ 100རྨང་གཞི་ཡིན་པའི་ཕག་གསོ་རབའི་གྲུབ་ཚུལ་དང་འཁོར་རྒྱུག་ཅིག་ཡིན། དེ་ལས། ལོ 1.5~2ཅན་གྱི་ཕག་མ 35 (35%) དང་། ལོ 2~3ཅན་གྱི་ཕག་མ 30(30%) ལོ 3~4ཅན་གྱི་ཕག་མ 20(20%) ལོ 4~5ཅན་གྱི་ཕག་མ 10(10%) ལོ 5ཡན་གྱི་ཕག་མ 5(5%)བཅས་ཡིན།

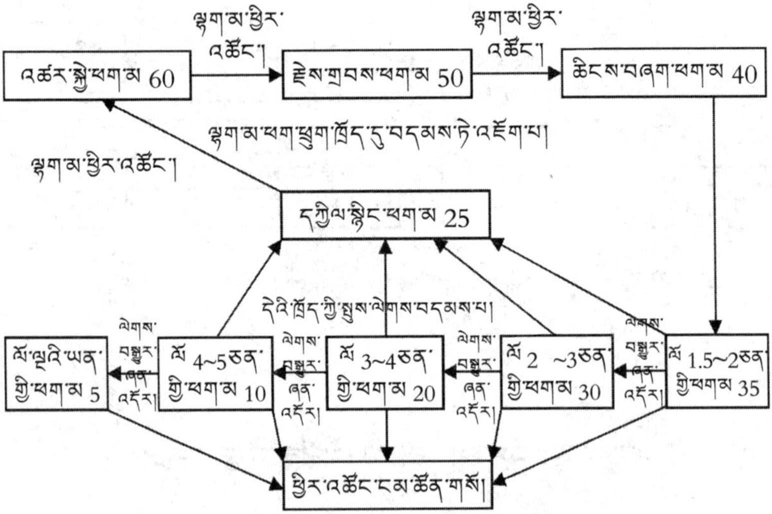

རི་མོ 6−12　ཕག་མ 100རྐང་གཞི་ཡིན་པའི་ཕག་གསོ་རབའི་གྲུབ་ཚུལ་དང་འཁོར་རྒྱུག

གཉིས། ལམ་ལུགས་ངོ་དམ།

ཕག་རའི་སྒྲིག་སྲོལ་ལམ་ལུགས་ལ་ངོ་དམ་ལམ་ལུགས་དང་ཐོན་སྐྱེད་ལག་རྩལ་བཀོལ་སྤྱོད་བྱེད་སྲོལ་སོགས་ཡོད།

1.ངོ་དམ་ལམ་ལུགས།　འདིའི་ཁོངས་སུ་ནོར་སྲིད་ངོ་དམ་ལམ་ལུགས་དང་ལས་བཟོ་པའི་སླ་ཐོགས་འཚོ་ཕན་ངོ་དམ་ལམ་ལུགས། ཕག་རའི་གཅིག་གྱུར་ཀྱིན་གོས་སྒྲིག་སྲོལ། ཐོན་སྐྱེད་བདེ་འཇགས་སློ་བུར་དུ་བྱུང་བའི་དོན་རྐྱེན་ཚོད་འཛིན་ཐག་གཅོད་ཇུས་འགོད། ཕག་རའི་གཙང་སྦྲ་དུག་སེལ་ལམ་ལུགས། ཕག་རའི་ཁོར་ཡུག་དག་གཙང་ལམ་ལུགས། ཕག་རའི་ནད་རིམས་འགོག་སྲུང་ལམ་ལུགས། ཕག་རའི་ནད་རིམས་གནས་ཚུལ་ཡར་ཞུ་ལམ་ལུགས། ཕག་རའི་ནད་རིམས་བརྟག་ཞིབ་ལམ་ལུགས། ཕག་རའི་སྲོག་ཆགས་ཀྱི་བདེ་འཇགས་ཐབས་

ལམ། སྨན་རྫས་དོ་དམ་ལམ་ལུགས། སྨན་ལྷག་བེད་མེད་དངོས་པོ་ཐག་གཅོད་བྱེད་ཐབས། ཕག་རའི་བེད་སྤྱོད་ཆུ་བོར་དོ་དམ་བྱེད་ཐབས། ཕག་རའི་མེ་འགོག་བདེ་འཛུགས་སྒྲིག་སྲོལ། ལས་རྐང་འགན་འཁྲི་ལམ་ལུགས། བདེ་འཛུགས་ཐོན་སྐྱེད་ལམ་ལུགས་སོགས་ཡོད།

2.ཐོན་སྐྱེད་ལག་རྩལ་བཀོལ་སྤྱོད་བྱེད་སྲོལ། འདིའི་ཁོངས་སུ་ཕག་གསེབ་གསོ་ཚགས་ལག་རྩལ་དང་རྗེས་གྲབས་ཕག་པའི་གསོ་ཚགས་དོ་དམ་བཀོལ་སྤྱོད་བྱེད་སྲོལ། མིས་ཐབས་ཀྱིས་ཐིག་ལེ་བླུག་པའི་ལག་རྩལ་བཀོལ་སྤྱོད་བྱེད་སྲོལ། སྦྱོར་སྡེབ་མངལ་སྦྲུམ་ཕག་རའི་གསོ་ཚགས་དོ་དམ་ལག་རྩལ་བཀོལ་སྤྱོད་བྱེད་སྲོལ། མངལ་གྲོལ་ཕག་རའི་གསོ་ཚགས་དོ་དམ་ལག་རྩལ་བཀོལ་སྤྱོད་བྱེད་སྲོལ། ཕག་ཕྲུག་གསོ་སྐྱོང་ར་བའི་གསོ་ཚགས་དོ་དམ་ལག་རྩལ་བཀོལ་སྤྱོད་བྱེད་སྲོལ། འཚར་ལོངས་ཆོན་གསོ་ཕག་རའི་གསོ་ཚགས་དོ་དམ་ལག་རྩལ་བཀོལ་སྤྱོད་བྱེད་སྲོལ། ཕག་གསེབ་ཕྱིར་འཚོང་བཀོལ་སྤྱོད་བྱེད་སྲོལ། སོན་ཕག་ཕྱིར་ཕུད་ལྡི་ཚད་ལེན་པའི་བཀོལ་སྤྱོད་བྱེད་སྲོལ། ཕག་རའི་རིམ་འགོག་བརྒྱུད་རིམ། ཕག་རའི་དུག་སེལ་འབུ་གསོད་འཆར་གཞི། ནང་འདྲེན་ལོགས་བཀར་བརྒྱུད་རིམ། ཕག་གསེབ་བླང་དོན་ཚད་གཞི་སོགས་ཡོད།

གསུམ། ཡིག་ཆགས་དོ་དམ།

ཕག་ཁྲུའི་དོ་དམ་བྱ་བ་ལེགས་བཅོས་དང་ཐོན་སྐྱེད་ཆུ་ཚད་མུ་མཐུད་དུ་རྗེ་མཐོར་གཏོང་དགོས་ན། ངེས་པར་དུ་འཐུས་སྒྲོ་ཚང་བའི་ཐོན་སྐྱེད་ཟིན་ཐོ་ཞིག་ཡོད་པའི་ཁར། དུས་ལྟར་ལེགས་སྒྲིག་དཔྱེ་ཞིབ་བྱེད་དགོས། འདི་ལ་གཙོ་བོ་རྒྱུད་བཟང་འདྲེན་གསོ་ཡིག་ཚགས་དང་རྒྱུད་གསོ་ཡིག་ཚགས། ཐོན་སྐྱེད་ཡིག་ཚགས། རིམས་འགོག་ཡིག་ཚགས། གཟན་གསོ་ཡིག་ཚགས། གཟན་ཆག་སྦྱོར་རྫས་ཡིག་ཚགས། ཐོན་རྫས་ཕྱིར་འཚོང་ཡིག་ཚགས་སོགས་ཡོད། ཟིན་ཐོ་དང

ཡིག་ཚགས་ཀྱི་ཉར་ཚགས་དུས་ཡུན་ནི་ལོ་གསུམ་ཡན་ཡིན།

《སྒོ་ཕྱུགས་དང་ཁྱིམ་བྱའི་ངོ་རྟགས་དང་གསོ་ཚགས་ཡིག་ཚགས་དོ་དམ······བྱེད་ཐབས》ཀྱི་བླང་བྱ་ལྟར། གསོ་ཚགས་ར་བས་གསོ་ཚགས་ཡིག་ཚགས་གསར་འཛུགས་བྱས་ཏེ། སྒོ་ཕྱུགས་དང་ཁྱིམ་བྱའི་གསོ་ཚགས་ར་བའི་མིང་དང་ངོ་རྟགས་ཚབ་རྟགས། སྲོག་ཆགས་རིམས་འགོག་ཚད་ལྡན་ཨང་རྟགས། སྒོ་ཕྱུགས་དང་···ཁྱིམ་བྱའི་རིགས་སྣ་སོགས་གསལ་པོར་འགོད་དགོས། གསོ་ཚགས་ཡིག་ཚགས་ལ···གཤམ་གྱི་ནང་དོན་འགའ་ཡོད་དེ།

1.སྒོ་ཕྱུགས་དང་ཁྱིམ་བྱ་གསོ་ཚགས་ར་བའི་སྙོམས་ངོས་བཀོད་པ། གསོ་ཚགས་ར་བའི་འཛུགས་སྐྲུན་གྱི་བླང་བྱ་དང་དངོས་ཡོད་བཀོད་པའི་གནས་ཚུལ······ལྟར། གསོ་ཚགས་ར་བས་ངོས་སྙོམས་བཀོད་པ་རི་མོའི་དཔེ་རིས་འབྲི་བ།

2.སྒོ་ཕྱུགས་ཁྱིམ་བྱ་གསོ་ཚགས་ར་བའི་རིམས་འགོག་བརྒྱུད་རིམ། གསོ་ཚགས་ར་བ་རང་སྟེང་གི་ནད་རིམས་སོ་སོའི་གནས་ཚུལ་ལྟར་གཏན་ཁེལ་བྱེད་པ་ཡིན།

3.ཐོན་སྐྱེད་ཟིན་ཐྲིས། རེའུ་མིག 6–9ལས་གསལ།

རེའུ་མིག 6–9 ཐོན་སྐྱེད་ཟིན་ཐྲིས་རེའུ་མིག

ཕག་རའི་ཨང་རྟགས།	དུས་ཚོད།	འགྱུར་ལྡོག་གནས་ཚུལ(གྲངས་ཀ)				ལག་ཡོད་ཕག་གྲངས།	ཟུར་མཆན།
		སྐྱེ་བ།	ནང་འདྲེན།	ཕྱིར་ཕུད།	འཆི་འདོར།		

མཆན། 1.ཕག་རའི་ཨང་རྟགས། ཕག་ར་སོ་སོའི་ཨང་རྟགས་དང་མིང་འབྲི་བ། ཕག་རར་དབྱེ་མེད་ན་ཚན་པ་འདིའི་ནང་དུ་མི་འབྲི། 2.དུས་ཚོད། སྐྱེ་བ་དང་ནང་འདྲེན།

ཕྱིར་ཕུད། འཆི་འདོར་བཅས་ཀྱི་དུས་ཚོད་འབྲི་བ། 3.འགྱུར་ལྡོག་གནས་ཚུལ(གྲངས་ཀ)སྐྱེ་བ་དང་ནང་འདྲེན། ཕྱིར་ཕུད། འཆི་འདོར་བཅས་ཀྱི་གྲངས་ཀ་འབྲི་བ། ནང་འདྲེན་བྱེད་པ་ཡིན་ན། རིམས་བཤེར་ཚད་ལྡན་དཔང་ཡིག་གི་ཨང་གྲངས་འབྲི་དགོས་པར་མ་ཟད། རིམས་བཤེར་ཚད་ལྡན་དཔང་ཡིག་ཟིན་བྲིས་འབྲི་དེབ་ཀྱི་རྒྱབ་ཕྱོགས་སུ་སྦྱར་དགོས། ཕྱིར་ཕུད་པ་ཡིན་ན་ཟུར་མཆན་ནང་དུ་ཕུད་གནས་གསལ་པོར་འབྲི་དགོས། འཆི་འདོར་བྱུང་བ་ཡིན་ན་འཆི་བའི་རྒྱུ་རྐྱེན་དང་འདོར་དགོས་པའི་རྒྱུ་མཚན་རྣམས་ཟུར་མཆན་ནང་དུ་འབྲི་དགོས། 4.ལག་ཡོད་ཕག་གྲངས། ལག་ཡོད་གསོ་ཕག་གི་སྤྱི་གྲངས་འབྲི་དགོས། ཐེངས་སྔ་མའི་ལག་ཡོད་ཕག་གྲངས་དང་འགྱུར་ལྡོག་གྲངས་ཀ་གཉིས་ཀྱི་སྤྱི་གྲངས་ཡིན།

4.གཟན་ཆག་དང་གཟན་ཆག་སྦྱོར་རྟ། སྒོ་ཕྱུགས་སྨན་རྫས་བཀོལ་སྤྱོད་ཟིན་བྲིས། རེའུ་མིག 6–10ལས་གསལ།

རེའུ་མིག 6 –10 གཟན་ཆག་དང་གཟན་ཆག་སྦྱོར་རྟ། སྒོ་ཕྱུགས་སྨན་རྫས་བཀོལ་སྤྱོད་ཟིན་བྲིས་རེའུ་མིག

དང་ཐོག་བེད་སྤྱོད་དུས་ཚོད།	ཐོན་རྫས་ཀྱི་མིང་།	ཐོན་སྐྱེད་བཟོ་གྲྭ།	ཨང་གྲངས། ལས་སྣོན་དུས་ཚོད།	གྲངས་ཚད།	བེད་སྤྱོད་མཚམས་འཇོག་དུས་ཚོད།	ཟུར་མཆན།

མཆན། 1.གསོ་ཚིགས་རང་བས་ཕྱི་ནས་གཟན་ཆག་ཉོས་ན་ཟུར་མཆན་ནང་དུ་རྒྱུ་ཆའི་གྲུབ་ཆ་འབྲི་དགོས། 2.གསོ་ཚིགས་རང་བས་གཟན་ཆག་རང་གི་ལས་སྣོན་བྱེད་པ་ཡིན་ན་ཐོན་སྐྱེད་བཟོ་གྲྭའི་ནང་དུ་རང་གི་ལས་སྣོན་ཞེས་འབྲི་དགོས་པར་མ་ཟད། ཟུར་མཆན་ནང་དུ་གཟན་ཆག་སྦྱོར་རྟའི་གྲུབ་ཚུལ་གསལ་པོར་འབྲི་དགོས།

5.དུག་སེལ་ཟིན་ཐྲིས། རེའུ་མིག 6–11ལས་གསལ།

རེའུ་མིག 6–11 དུག་སེལ་ཟིན་ཐྲིས་རེའུ་མིག

དུས་ཚོད།	དུག་སེལ་ས་གནས།	དུག་སེལ་སྨན་རྫས་ཀྱི་མིང་།	སྨན་རྫས་སྤྱོར་གྲངས།	དུག་སེལ་བྱེད་ཐབས།	བཀོལ་སྤྱོད་མི་སྣའི་མིང་འགོད།

མཆན། 1.དུས་ཚོད། དུག་སེལ་བྱེད་པའི་དུས་ཚོད་འབྲི་བ། 2.དུག་སེལ་ས་གནས། ཕག་ར་དང་ལས་བཟོ་པའི་འགྲོ་འོང་བརྒྱུད་ལམ། གཞན་པའི་ས་གནས་བཅས་འབྲི་དགོས། 3.དུག་སེལ་སྨན་རྫས་ཀྱི་མིང་། དུག་སེལ་སྨན་རྫས་ཀྱི་རྫས་འགྱུར་མིང་ཐོ་འབྲི་དགོས། 4.སྨན་རྫས་སྤྱོར་གྲངས། དུག་སེལ་སྨན་རྫས་ཀྱི་བེད་སྤྱོད་གྲངས་ཚད་དང་གར་ཚད་འབྲི་དགོས། 5.དུག་སེལ་བྱེད་ཐབས། ཚ་དང་ཐོག་པ་དང་ཆང་གཏོར་བ། སྨན་རྫས་ནང་དུ་འཇོག་པ། མེར་བསྲེགས་པ་སོགས་བྱེ་བྲག་གི་བེད་སྤྱོད་བྱེད་ཐབས་འབྲི་དགོས།

6.རིམས་འགོག་ཟིན་ཐྲིས། རེའུ་མིག 6–12ལས་གསལ།

རེའུ་མིག 6–12 རིམས་འགོག་ཟིན་ཐྲིས་རེའུ་མིག

དུས་ཚོད།	ཕག་རའི་ཨང་རྟགས།	ལག་ཡོད་ཕག་གྲངས།	འགོས་ཐར་གྲངས་ཀ	སྨན་ཁབ་ཀྱི་མིང་།	སྨན་ཁབ་ཀྱི་བཟོ་གྲྭ།	ཨང་རྟགས་དང་ནུས་ལྡན་དུས་ཡུན།	རིམས་འགོག་ཐབས་ལམ།	རིམས་འགོག་གྲངས་ཚད།	རིམས་འགོག་མི་སྣ།	ཟུར་མཆན།

མཆན། 1.དུས་ཚོད། ནད་རིམས་བཀག་འགོག་གི་དུས་ཚོད་འབྲི་བ། 2.ཕག་རའི་ཨང་རྟགས། ཕག་ར་སོ་སོའི་ཨང་རྟགས་དང་མིང་འབྲི་བ། ཕག་རར་དབྱེ་མེད་ན་ཚན་པ་འདིའི་ནང་དུ་མི་འབྲི། 3.ཨང་རྟགས། རིམས་འགོག་སྨན་ཁབ་ཀྱི་ཨང་རྟགས་འབྲི་དགོས། 4.གྲངས་ཀ སྐབས་གཅིག་རིམས་འགོག་ཕག་གྲངས་འབྲི་དགོས། 5.རིམས་འགོག་ཐབས་ལམ། བྱེ་བྲག་གི་རིམས་འགོག་ཐབས་ལམ་སྟེ། སྨན་རྫས་གཏོར་བ་དང་ཆུ་འཐུང་བ། སྨན་ཁབ་རྒྱག་པ་སོགས་ཀྱི་ཐབས་ལམ་འབྲི་དགོས། 6.ཟུར་མཆན། ཐེངས་འདིའི་རིམས་འགོག་ཁྲོད་ཀྱི་རིམས་ནད་མ་བཀག་པའི་སྲོག་ཆགས་ཀྱི་རྣ་བའི་རྟགས་གྲངས་འབྲི་དགོས།

7.ནད་བཏག་སྨན་བཅོས་ཟིན་ཐྲིས། རེའུ་མིག 6–13ལས་གསལ།

རེའུ་མིག 6–13 ནད་བརྟག་སྨན་བཅོས་ཟིན་ཐྲིས་རེའུ་མིག

དུས་ཚོད།	ཕག་པའི་ངོས་འཛིན་ཨང་རྟགས།	ཕག་རའི་ཨང་གྲངས།	ལོ་ཚོད།	ནད་འབྱུང་ཉིན་གྲངས།	ནད་རྐྱེན།	སྨན་བཅོས་མི་སྣ།	བེད་སྤྱོད་སྨན་རྫས་ཀྱི་མིང་།	སྨན་རྫས་བཏུང་ཐབས།	སྨན་བཅོས་མཇུག་འབྲས།

མཆན། 1.ཕག་པའི་ངོས་འཛིན་ཨང་རྟགས། ཨང་གྲངས 15ཁྲོད་ཀྱི་ངོས་འཛིན་ཨང་རྟགས་འབྲི་བ། ཐེངས་རེ་རེ་བཞིན་གསལ་པོར་འབྲི་དགོས། 2.ཕག་རའི་ཨང་གྲངས། ཕག་ར་སོ་སོའི་ཨང་རྟགས་དང་མིང་འབྲི་བ། ཕག་རར་དབྱེ་མེད་ན་ཚན་པ་འདིའི་ནང་དུ་མི་འབྲི། 3.སྨན་བཅོས་མི་སྣ། བརྟག་དཔྱད་སྨན་བཅོས་ལས་ཁུངས་དང་མི་སྣ་འབྲི་དགོས། 4.བེད་སྤྱོད་སྨན་རྫས་ཀྱི་མིང་། ནད་བྱུང་ཕག་པས་བེད་སྤྱོད་བྱས་པའི་སྨན་རྫས་ཀྱི་མིང་······འབྲི་དགོས། 5.སྨན་རྫས་བཏུང་ཐབས། བྱེ་བྲག་གི་བཏུང་ཐབས་ཏེ་སྨན་འཐུང་བ་དང་སྨན་ཁབ་རྒྱག་པ་སོགས་ཀྱི་གནས་ཚུལ་གསལ་པོར་འབྲི་དགོས།

8.རིམས་འགོག་ལྷ་ཞིབ་ཟིན་བྲིས། རེའུ་མིག 6–14ལས་གསལ།

རེའུ་མིག 6–14 རིམས་འགོག་ལྷ་ཞིབ་ཟིན་བྲིས་རེའུ་མིག

དཔེ་བསྡུ་དུས་ཚོད།	ཕག་རའི་ཨང་རྟགས།	དཔེ་བསྡུ་གྲངས་ཀ	ལྷ་ཞིབ་བྱེད་ཡུལ།	ལྷ་ཞིབ་ལས་ཁུངས།	ལྷ་ཞིབ་མཇུག་འབྲས།	ཐག་བཅད་གནས་ཚུལ།	ཟུར་མཆན།

མཆན། 1.ཕག་རའི་ཨང་གྲངས། ཕག་ར་སོ་སོའི་ཨང་རྟགས་དང་མིང་འབྲི་བ། ཕག་རར་དབྱེ་མེད་ན་ཚན་པ་འདིའི་ནང་དུ་མི་འབྲི། 2.ལྷ་ཞིབ་བྱེད་ཡུལ། བྱེ་བྲག་གི་ནང་དོན་ཏེ་ནད་རིམས་གང་ཞིག་ལ་ལྷ་ཞིབ་བྱས་པ་གསལ་པོར་འབྲི་དགོས། 3.ལྷ་ཞིབ་ལས་ཁུངས། ལྷ་ཞིབ་བྱེད་མཁན་གྱི་ལས་ཁུངས་ཀྱི་མིང་གསལ་པོར་འབྲི་དགོས། 4.ལྷ་ཞིབ་མཇུག་འབྲས། བྱེ་བྲག་གི་མཇུག་འབྲས་ཏེ་ཕོའི་རང་བཞིན་ནམ་མོའི་རང་བཞིན་སོགས······གང་ཡིན་པ་འབྲི་དགོས། 5.ཐག་བཅད་གནས་ཚུལ། ཇི་ལྟར་ཐག་གཅོད་བྱས་པའི་ཐབས་ལམ་དང་བརྒྱུད་རིམ་སོགས་གསལ་པོར་འབྲི་དགོས།

9.འཆི་རྐྱེན་བྱུང་བའི་སྒོ་ཕྱུགས་གནོད་མེད་ཐག་གཅོད་ཟིན་བྲིས། རེའུ་མིག 6–15ལས་གསལ།

རེའུ་མིག 6–15 འཆི་རྐྱེན་བྱུང་བའི་སྒོ་ཕྱུགས་གནོད་མེད་ཐག་གཅོད་ཐེན་ཐྲིས་རེའུ་མིག

དུས་ཚོད།	གྲངས་ཀ	ཐག་གཅོད་དང་འཆི་རྐྱེན།	སྒོ་ཕྱུགས་ངོས་འཛིན་ཨང་རྟགས།	ཐག་གཅོད་བྱེད་ཐབས།	ཐག་གཅོད་ལས་ཁུངས།	ཟུར་མཆན།

མཆན། 1.དུས་ཚོད། འཆི་རྐྱེན་བྱུང་བའི་སྒོ་ཕྱུགས་གནོད་མེད་ཐག་གཅོད་བྱས་པའི་དུས་ཚོད་འབྲི་དགོས། 2.གྲངས་ཀ ཐེངས་གཅིག་ལ་ཐག་གཅོད་བྱས་པའི་འཆི་ཕྱུགས་ཀྱི་གྲངས་ཀ་འབྲི་དགོས། 3.ཐག་གཅོད་དང་འཆི་རྐྱེན། གནོད་མེད་ཐག་གཅོད་བྱེད་པའི་རྒྱུ་རྐྱེན་ཏེ། དཔེར་ན་ནད་རིམས་འགོས་པ། ཡང་ན་གང་ཡིན་མི་གསལ་བར་འཆི་བ་སོགས་འབྲི་དགོས། 4.སྒོ་ཕྱུགས་ངོ་འཛིན་ཨང་རྟགས། ཨང་གྲངས 15ཁྲིད་ཀྱི་ངོ་འཛིན་ཨང་རྟགས་འབྲི་བ། ཐེངས་རེ་རེ་བཞིན་གསལ་པོར་འབྲི་དགོས། ཕག ནོར། ལུག་ལས་གཞན་པའི་སྒོ་ཕྱུགས་མི་འབྲི། 5.ཐག་གཅོད་བྱེད་ཐབས། 《སྒོ་ཕྱུགས་ནད་རིམས་ཅན་གྱི་ཤ་རོ་དང་དེའི་ཐོན་རྫས་གནོད་མེད་ཐག་གཅོད་བྱེད་པའི་སྲོལ་སྲོལ》ཀྱི GB16548གཏན་ཁེལ་ལྟར་གནོད་མེད་ཐག་གཅོད་བྱས་པའི་ཐབས་ལམ་འབྲི་དགོས། 6.ཐག་གཅོད་ལས་ཁུངས། ཐག་གཅོད་ལས་ཁུངས་ཀྱི་མིང་དང་གནོད་མེད་ཐག་གཅོད་བྱེད་མཁན་མི་སྣའི་མིང་འགོད་དགོས།

ཟུར་ལྟའི་དཔྱད་གཞི།

[1]ལི་པོ་ལིན་གྱིས་གཙོ་སྒྲིག་བྱས། ཕག་པའི་ཐོན་སྐྱེད། པེ་ཅིང་། ཀྲུང་གོ་ཞིང་ལས་དཔེ་སྐྲུན་ཁང་། 2001ལོར།

[2]ཡང་ཀྲུང་ཧྲིག་གིས་གཙོ་སྒྲིག་བྱས། ཕག་པའི་ཐོན་སྐྱེད་རིག་པ། པེ་ཅིང་། ཀྲུང་གོ་ཞིང་ལས་དཔེ་སྐྲུན་ཁང་། 2002ལོར།

[3]ལི་ཞིན་ཁེས་སོགས། ཕག་གསོ་རྒྱུན་བཀོལ་ལག་རྩལ། ཟི་ལིང་། མཚོ་སྔོན་མི་རིགས་དཔེ་སྐྲུན་ཁང་། 2000ལོར།

[4]ལི་ལི་ཧྭན་དང་ཀྲང་ཀྲུའུ་སོགས། ཕག་གསོ་དང་ཕག་ནད་འགོག་བཅོས། པེ་ཅིང་། ཀྲུང་གོ་ཞིང་ལས་དཔེ་སྐྲུན་ཁང་། 2006ལོར།

[5]ཧྲིན་ཁྲུང་ཞ། སྒོ་ཕྱུགས་ཁོར་ཡུག་འཁྲོད་བསྟེན། པེ་ཅིང་། ཀྲུང་གོ་ཞིང་ལས་དཔེ་སྐྲུན་ཁང་། 2001ལོར།

[6]རྒྱལ་ཡོངས་ཕྱུགས་ལས་སྤྱིའི་ས་ཚིགས། སོན་ཕག་ཚོད་ལྡན་གསོ་ཚགས་ལག་རྩལ་རི་མོའི་གློག་དེབ། པེ་ཅིང་། ཀྲུང་གོ་ཞིང་ལས་ཚན་རིག་ལག་རྩལ་དཔེ་སྐྲུན་ཁང་། 2012ལོར།

[7]ཕྲུའུ་དབྱིན་གྱིས་གཙོ་སྒྲིག་བྱས། ཕག་པའི་ཐོན་ལས་སྔོན་ཐོན་ལག་རྩལ་སྤྱི་དེབ། ཅི་ནན། ཧྲན་ཏུང་ཚན་རིག་ལག་རྩལ་དཔེ་སྐྲུན་ཁང་། 2011ལོར།